燃

最新研究，揭開身體究竟如何
燃燒卡路里、減肥、保持健康！

BURN

New Research Blows the Lid Off
How We Really Burn Calories, Lose Weight, and Stay Healthy

Herman Pontzer PhD

[杜克大學演化人類學教授]
赫曼・龐策——著
鍾沛君——譯

方舟文化

國家圖書館出版品預行編目 (CIP) 資料

燃：最新研究，揭開身體究竟如何燃燒卡路里、減肥、保持健康！／赫曼・龐策（Herman Pontzer）著；鍾沛君譯. -- 初版. -- 新北市：方舟文化出版：遠足文化事業股份有限公司發行，2022.05
面；　公分. --（醫藥新知；23）
譯自：Burn: new research blows the lid off how we really burn calories, lose weight, and stay healthy
ISBN 978-626-7095-35-5（平裝）

1.CST: 新陳代謝 2.CST: 人類演化

398.56　　111005252

方舟文化官方網站　方舟文化讀者回函

醫藥新知 0023

燃

最新研究，揭開身體究竟如何燃燒卡路里、減肥、保持健康！

Burn: New Research Blows the Lid Off How We Really Burn Calories, Lose Weight, and Stay Healthy

作者　赫曼・龐策｜**譯者**　鍾沛君｜**封面設計**　萬勝安｜**內頁設計**　黃馨慧｜**主編**　邱昌昊｜**行銷主任**　許文薰｜**總編輯**　林淑雯｜**讀書共和國出版集團**　**社長**　郭重興｜**發行人兼出版總監**　曾大福｜**業務平臺總經理**　李雪麗｜**業務平臺副總經理**　李復民｜**實體通路協理**　林詩富｜**網路暨海外通路協理**　張鑫峰｜**特販通路協理**　陳綺瑩｜**實體通路經理**　陳志峰｜**實體通路副理**　賴佩瑜｜**印務**　江域平、黃禮賢、林文義、李孟儒｜**出版者**　方舟文化／遠足文化事業股份有限公司｜**發行**　遠足文化事業股份有限公司　231 新北市新店區民權路 108-2 號 9 樓　電話：（02）2218-1417　傳真：（02）8667-1851　劃撥帳號：19504465　戶名：遠足文化事業股份有限公司　客服專線：0800-221-029　E-MAIL：service@bookrep.com.tw｜**網站**　www.bookrep.com.tw｜**印製**　通南彩印股份有限公司　電話：（02）2221-3532｜**法律顧問**　華洋法律事務所　蘇文生律師｜**定價**　480 元｜**初版一刷**　2022 年 05 月｜**初版三刷**　2022 年 09 月｜

獻給珍妮絲、艾力克斯與克拉拉

目次

推薦序

重新認識身體運作的邏輯

一分鐘健身教室／史考特醫師（王思恒）

健身圈有句話：「減脂是八分吃，兩分練。」

在二〇一四年我剛開始經營網誌「一分鐘健身教室」時，曾發表一篇文章名為〈運動減肥的真相〉。文中引述了許多研究的數據，說明運動減重的效果是如何的不理想，例如有研究讓受試者每週運動五天，十週後只減去了一．一公斤的脂肪；或是每週重訓加有氧五小時，八個月僅瘦了一．六公斤。運動瘦身不是無效，只是效果差強人意。

接著我發表了另一篇文章〈腹肌是在廚房裡練成的〉，向讀者說明，想要緊實健美的身材，關鍵在降低體脂，而減去體脂又需要良好的飲食習慣。這篇文章不是要大家在廚房裡練仰臥起坐，而是要改造飲食來得到好身材。

在資訊傳播快速的網路時代，運動不容易瘦、減重靠飲食的觀念逐漸被大眾接受，不再是離經叛道的「異端邪說」。但一直以來，我以為運動減重效果不佳的解釋只有兩個：食欲增加與活動減少。

運動後胃口大開，相信不少朋友都有這樣的經驗吧？還記得有一次，我在新北宜蘭交界的草嶺古道上健行了五個小時，下山後飢腸轆轆，顧不得滿身髒兮兮，立刻就到跑去吃到飽火鍋店大吃一頓。長時間的運動增加能量消耗，也會啟動大腦的食欲中樞，促使個體增加熱量攝取來維持能量儲存，這是演化送給人類的恆定機制。

吃完火鍋後回家，洗完澡出來的第一件事情，就是在沙發上躺下來，陷入柔軟的坐墊中動彈不得。大量運動後，身體會降低非刻意運動的身體活動，例如抖腳、站立、步行，讓人能坐就不站，能躺就不坐。而這也是身體節省能量的機制，讓我們的老祖先節省寶貴的熱量，在食物不易取得的環境中存活繁殖，也因此才有現在的我們。

《燃》一書中，作者以他長年研究人類代謝的發現，提出運動不容易瘦的第三個解釋：「運動不會增加熱量消耗」。

傳統觀念認為，基礎代謝與身體活動耗能是分開的兩項支出。基礎代謝率是維持人體基本生理需求的耗能，如心跳、呼吸、神經運作、排泄、消化吸收所需的能量，約占每日總花費的百分之七十。刻意運動如跑步、瑜伽、重量訓練，或是非刻意運動的身體活動如採買、掃除、走路，這兩者占熱量支出約百分之二十。當我們增加身體活動，例如下班後去跑個三公里，或是決定改騎共享自行車下班回家時，傳統觀念推測基礎代謝率不變，但活動耗能會增加，所以總熱量消耗應該也會上升。

但本書提出一個嶄新的觀點：活動量增加並不會增加總熱量消耗。作者長期研究非洲坦尚尼亞原始部落中的哈札人，他們沒有農業、工業，為了張羅食物，男性平均一天要走十一公里、女性走七公里，偶爾還要與野獸搏鬥、爬到樹上採蜂蜜、或是刨開地面挖樹薯。哈札人的活動量那麼大，每日總熱量消耗卻與上班久坐、下班繼續久坐看電視的美國人一樣多，這究竟是怎麼回事？

原來，人體管理熱量消耗的邏輯，就跟國家、家戶、個人的財務管理一樣，不同項目的支出會互相影響，並非獨立事件。

舉例來說，我這個月為太太買了一只戒指當禮物，贏得了太太的心，卻苦了自己的荷包，眼看這個月的支出將會大於收入，我會如何應變呢？取消週末跟朋友的應酬聚會？改吃平價餐廳？之前一直想買的的手錶得再等等了吧！正常人有額外支出時，會減少其他支出來平衡開支，避免陷入赤字，而開始吃老本甚至舉債。

身體的運作也是依循同一個邏輯，以運動增加熱量消耗時，就會降低其他非必要的開銷來達成平衡。這也是為什麼哈札人的每日熱量消耗與缺乏活動的先進國家居民類似，他們的身體非常善於節省能源，降低基礎代謝讓整日熱量需求維持恆定。

這些新的科學發現，不但可以說明運動的減重效果為何不佳，更能解釋運動不足與過量時，身體會產生的問題：

缺乏運動的現代人，有過多熱量可以花用，因此身高較高（生長好）、女性初經來得早（生殖能力好）、過敏、慢性發炎普遍（免疫系統較強）、癌症多（細胞生長旺盛）。

長距離耐力運動員如馬拉松選手，因為能量消耗大，身體會犧牲生殖、免疫系統等非維生必須的開銷，造成女性生理期紊亂、男性性欲下降，甚至頻繁的感冒。

《燃》這本書由世界頂尖科學家執筆，以深入淺出的方式解說人體代謝的運作，即使沒有醫學背景，也能對自己的身體獲得更深入的認識。運動為何不會瘦？減重如何不復胖？運動員的極限在腸道？人類如何成為友善而肥胖的猿類？以上疑問，都能在本書中找到答案。

CHAPTER 01

隱形的手

The Invisible Hand

新陳代謝是一切事物看不見的基礎，緩慢地轉變和塑造我們的生命。

獅子在凌晨兩點左右把我吵醒。那聲音雖然大，但並不響亮，比較像垃圾車的液壓後斗發出的聲音，中間穿插著空轉的哈雷重機排氣聲和呼嚕聲。我在迷濛中的第一個反應是一種感激的喜悅：啊，這就是荒野非洲的聲音！我透過帳篷的格網蓬頂，凝視著頭頂的星星，感覺夜風帶著獅子的合唱聲，穿過乾燥的草地和多刺的阿拉伯膠樹，直達帳篷的薄尼龍牆外。我覺得自己很幸福，能在這片廣闊的東非大草原中間搭起這頂小帳篷過夜，這個地方如此偏遠，沒有任何拘束，而且獅子就在我幾百公尺之外，我何其有幸能享受這樣的體驗？

但緊接著，我感受到一陣由腎上腺素和恐懼引發的緊張。這裡可不是動物園或什麼輕鬆的狩獵旅行，那些獅子也不是《國家地理雜誌》或美國公共電視網自然節目中的漂亮圖片。這是真實世界。一群身強體壯、一百多公斤重的貓科殺戮機器就在我的不遠處，而且牠們聽起來……很焦慮，甚至可能……很餓？牠們當然能聞到我的味道，畢竟在野外露營了幾天後，連我自己都能聞到我的味道。如果牠們為了一啖我這個美國人柔軟的身體而來到這裡，我會有什麼打算呢？不知道當我聽到牠們踏過高草叢的聲音時，牠們離我已有多近？或者我會在毫無預警的情況下迎來人生結局，被突如其來的利爪和冒著熱氣的凶牙襲擊。

我不停思考，試圖保持理性。從聲音傳來的方向來看，獅子必須先走過戴夫和布萊恩的帳篷。在這一場機率遊戲中，我是第三號門。換句話說，我今晚被獅子吃掉的機率是三分之一；或者說，如果你是覺得玻璃杯有三分之二滿的那種人，那麼我不被吃掉的機率就是百分之六十七。這是個令人欣慰的想法。而且我們和哈札族（Hadza）在一起，就在他們營地的外圍，這裡可沒人敢招惹哈札族。當然，鬣狗和豹偶爾會在晚上溜過他們的草屋，尋找殘羹剩飯或落單的嬰兒，但獅子似乎會保持距離。

我的恐懼開始消散，昏昏欲睡的感覺又回來了。我應該會沒事。而且，如果一定要被獅子吃掉，那最好是睡著的時候被吃，或至少盡可能睡到最後一秒。於是，我把用來當枕頭的那堆髒衣服弄得更蓬鬆些，調整了一下睡墊，就繼續睡下去了。

這是我進行哈札族研究的第一個夏天。哈札族是一個慷慨、資源豐富又狡詐的民族，他們生活在坦尚尼亞北部伊雅西湖（Lake Eyasi）周邊，有許多小營地散落在崎嶇的半乾旱無樹草原。像我這樣的人類學家和人類生物學家喜歡與哈札族一起工作，因為他們生存的方式很特殊。哈札族是狩獵採集者：他們沒有農業活動，沒有馴養的動物，不使用機器、槍或電力，每天都只靠自己的努力和機智，從周圍的野生環境中獲取食物。婦女會採集漿果，或用粗壯的尖木棍從摻雜著石塊的土壤中挖出野生塊莖，背上還經常綁著一個孩子；男性則使用他們自己用樹枝和動物筋腱製作的強大弓箭狩獵斑馬、長頸鹿、羚羊和其他動物，或用小斧頭砍開樹木，從搭建在樹枝和樹幹空洞的蜂窩裡取得野生蜂蜜；孩子會在營地的草屋周圍奔跑玩耍，或成群結隊地去撿柴火和取水；長者會和其他成年人一起出去覓食（他們即使七十多歲了也都很硬朗），或是留在營地看著東西。這種生活方式曾是全世界的常態，延續了兩百多萬年，從我們智人種的演化曙光開始，延續到一萬兩千年前農耕活動的發明為止。隨著農耕技術的散播，城鎮興起，都市化到最終工業化世界的出現，大多數文化都把自己的弓和挖土棒換成了農作物和磚房。然而有些人，例如哈札族，即使周圍的世界發生了變化，並開始侵入他們的環境，仍舊自豪地堅持著自己的傳統。今天，這些為數不多的族群已經成為能讓人一窺人類共同的狩獵採集歷史的最後一扇窗。

我和我的好朋友兼研究夥伴戴夫・雷克倫（Dave Raichlen）和布萊恩・伍德（Brian Wood）以及我們的研究助理菲德斯（Fides），一起在坦尚尼亞北部的哈札族營地（Hadzaland，這是我們對他們的家鄉不正式的稱呼）研究哈札族的生活方式會如何反映在他們的新陳代謝，也就身體燃燒能量的方式上。這是一個簡單但相當重要的問題。我們的身體所做的一切，不論是生長、移動、治療、繁殖等等，都需要能量，因此，了解身體如何消耗能量，是了解我們身體運作方式的首要基本步驟。我們想知道，人體在哈札族這種狩獵採集社會中是如何運作的。在這種生活方式中，人類仍然是一

圖 1.1 在哈札族營地的傍晚。阿拉伯膠樹的樹蔭是無樹平原上的綠洲。男女老幼輕鬆地聊著今天發生了什麼事。看看左邊的草屋。

個正常運作的生態系統中不可或缺的一部分，而且在很多重要的方面都與我們過去的生活方式相當類似。過去從來沒有人測量過狩獵採集族群每日的能量消耗，也就是每天燃燒的總卡路里，所以我們渴望在這方面搶得先機。

在現代化的世界裡，每天親手獲取食物的工作已經離我們非常遙遠，所以我們很少注意到能量的消耗。如果我們真的有想過這件事，我們想到的會是最新的飲食法、我們的運動計畫，以及我們是否已經贏得了我們渴望的甜甜圈。卡路里現在是一種嗜好，是我們智慧型手錶上的一小塊資料。相較之下，哈札族對此的認識就比我們深得多了。他們憑直覺知道食物以及當中蘊含的能量是維持生命的基本要素，他們每天都要面對一個古老而無情的算式：你獲得的能量要比你消耗的更多，否則就會挨餓。

我們醒來時，太陽還只在東方的地平線上泛著橙色的光芒，樹木和草地的顏色也被稀釋的晨光沖淡了。伍德在哈札族慣用的三塊石頭搭起的小爐灶上生火，燒了一壺水。雷克倫和我睡眼惺忪地亂晃，需要咖啡因醒醒腦。沒多久，我們就喝著熱騰騰的坦尚尼亞當地的阿芙利（Africafe）即溶咖啡，用勺子舀著塑膠碗裡滿滿的即溶燕麥片和果凍，討論今天的研究計畫。我們在夜裡都聽到了獅子的聲音，並緊張地開玩笑說牠們聽起來有多近。

接著，四名哈札族穿過高高的乾草漫步前來。他們不是從營地過來的，而是從相反方向的灌木叢那邊走過來的。每個人的肩上都扛著形狀不規則的大塊東西，我花了點時間才認出那是什麼：剛被殺死的大羚羊的腿、臀和其他血跡斑斑的部分。這些人知道我們喜歡記錄他們帶回營地的食物，所以想讓我們有機會在這些食物分給他們在營地裡的家人之前，先記錄這次的狩獵。

伍德手腳很快地清理了磅秤，找到寫著「採集收穫」的筆記本，用史瓦希利語（Swahili）開啟談話，這是我們與哈札族的共同語言。

「謝謝你們帶這些過來，」伍德說，「但你們是怎麼在早上六點抓到一隻巨大的羚羊？」

「這是一隻條紋羚（kudu），」哈札族笑著說，「而且這是我們拿走的。」

「拿走的？」伍德問。

「你們昨晚有聽到獅子的聲音吧？」哈札族說：「我們覺得牠們一定有什麼動作，所以我們去看了一下。結果發現牠們剛殺了這隻條紋羚……所以我們就拿走了。」

就是這麼一回事。這是在哈札族營地的另一天——事實上是值得慶賀的日子——由獲得難得一見的大獵物拉開序幕，提供了豐富的脂肪和蛋白質。在接下來的早上，營地裡的哈札族孩子啃著烤好的羚肉條，聽爸爸和他的夥伴們如何在黑暗中追趕一群飢餓的獅子，把食物帶回家的故事，他們會學到重要且永不過時的一課：能量就是一切，為了獲得能量，值得冒一切風險。

就算你得從獅子的嘴裡偷到早餐也在所不惜。

圖 1.2 哈札族的工作日。男人用弓箭去狩獵或從野生的蜂窩裡收集蜂蜜。左圖是一名男性在宰殺他一個小時前用弓箭獵到的一頭飛羚（impala），幫忙他追蹤那頭動物的朋友在旁觀看。女性會採集野生的漿果和其他植物性的食物。右圖的女性用木棍從摻雜岩石的土地中挖掘野生的塊莖，孩子則在背上的包巾裡打盹。

攸關生死的小事

能量是生命的通貨，沒有它，你就會死。你的身體由大約三十七兆個細胞組成，每一個細胞都像一座微型工廠，每分每秒都在嗡嗡作響。它們每二十四小時燃燒的能量，足以讓約三十公升的冰水洶湧沸騰。我們的細胞比恆星更耀眼：每盎司（約二十八．三公克）的活人體組織每天燃燒的能量，比同重量的太陽所消耗的能量多一萬倍。而這些活動當中，只有一小部分是我們的意識能控制的，也就是我們用來移動的肌肉活動；有些活動則是我們能模糊地意識到，像是我們的心跳和呼吸；但絕大部分燃燒能量的活動都隱藏在表面下進行，在我們維生所必須的細胞運作所形成的一片廣闊、無以名狀的海洋中發生。我們只有在出問題時才會注意到這些活動，而這種情況越來越多。過重、第二型糖尿病、心臟病、癌症，以及幾乎所有在現代化世界中困擾我們的種種疾病，都根源於我們身體吸收和消耗能量的方式。

然而，儘管新陳代謝（我們身體燃燒能量的方式）對生命和健康很重要，但它卻被嚴重誤解，而且幾乎是普遍的誤解。一個普通成年人每天燃燒多少能量？超市裡的所有營養標示都會告訴你，美國人的標準飲食是每天兩千卡路里，而這每一個標示都是錯誤的。九歲的孩子會燃燒兩千卡路里，但成年人則接近三千卡路里，會根據你的體重和你攜帶的脂肪量而定（在此聲明，在討論我們的每日所需能量時，正確的術語是「千卡路里」（kilocalories，以下稱「大卡」），而不是卡路里（calories））。你要跑多少公里才能消耗一個甜甜圈所含的能量？同樣的，這會依你的體重而定，但至少四．八公里。說到這個，當我們透過運動「燃燒」脂肪時，脂肪去了哪裡呢？你以為它變成熱？汗水？肌肉？錯了，錯了，錯了，其實大部分的脂肪都是以二氧化碳的形式被你呼出，其中一小部分則變成水（但不一定是汗水）。如果你還不知道這件事，你也不孤單，因為大多數醫生也不知道。

無庸置疑，我們對能量相關問題的無知，大部分源於我們教育體制裡缺了這一塊，以及人類大腦排斥日常無用細節的不沾鍋特質。如果四個美國人裡有三個說不出美國聯邦政府的三個分支——這是在我們十二年的學校教育中，每年重複向我們灌輸的重要資訊——那麼要期待大家能從高中生物課回想起克氏循環（Krebs cycle）的細節也是緣木求魚。但是我們對此主題貧瘠且錯誤的理解，其實是許多江湖術士和網路商人推波助瀾的結果，這些人常為了個人利益，宣傳錯誤的主張。面對渴望維持健康且肯定缺乏資訊的受眾，你幾乎什麼都可以推銷，無論多麼荒謬都有人買單。促進你的新陳代謝！他們這麼承諾。用這些簡單的技巧來燃燒脂肪！想維持纖細身材就少吃這些食物！那些浮誇的雜誌這麼大聲疾呼，但通常絲毫沒有真正的證據或科學支持。

但是，能量之所以被誤解，更大的結構性原因在於我們已經從根本上搞錯了能量消耗的科學。自從二十世紀初現代代謝研究開始以來，我們接受的教育一直把我們的身體看作是簡單的引擎：我們吸收食物形式的「燃料」，透過運動使我們的引擎運作來燃燒這些燃料，而任何多餘未燃燒的燃料都會累積成脂肪。引擎運轉得比較快，每天燃燒比較多燃料的人，就不太可能因為累積未燃燒的燃料而獲得脂肪。如果你已經累積了不需要的脂肪，只需要多做運動來燃燒它就可以。

這是個吸引人的簡單模型，一種空談技師式的新陳代謝觀點。這種理論有些地方是正確的：我們的身體需要食物作為燃料，而未燃燒的燃料會被儲存為脂肪。但其他部分卻大錯特錯。我們的身體並不像燃燒燃料的簡單機器那樣運作，因為身體不是工程製造的產物，而是演化的產物。

科學才剛剛開始充分體認到，五億年的演化已經使我們的新陳代謝引擎具有難以置信的活力和適應性。我們的身體變得非常靈活，能夠對運動和飲食的變化做出反應，即使這些反應使我們保持苗條和健康的努力受挫，但其實是具有演化意義的。因此，做更多運動並不一定代表每天能燃燒更多能量，燃燒更多的能量也並不能防止發胖。然而，公共衛生策略卻頑固地堅持這種簡化的空談技師式的新陳代謝觀點，反而危害了所有防治肥胖症、糖尿病、心臟病、癌症等最有可能殺死我們的疾病的努力。因為沒有更清楚了解我們的身體如何燃燒能量，所以當我們的減肥計畫失敗，發現自己就算在健身房認真努力，浴室的體重計指針依舊紋風不動，各種最新的、被誇大的新陳代謝魔法都讓我們失望時，我們的沮喪也是情有可原。

本書探討關於人類新陳代謝的新興科學。身為對我們物種的演化歷史以及未來前景感興趣的人類生物學家，十多年來我一直在人類和其他靈長類動物的代謝研究的第一線。過去幾年裡已有許多令人興奮和驚訝的發現，逐漸改變我們對於能量消耗、運動、飲食和疾病之間關聯的理解方式。在後面的內容中，我們將一一檢視這些新發現，以及它們對健康與長壽的影響。

這門新科學，很大一部分來自於對哈札族和像他們一樣的族群的研究，也就是依舊融入當地生態系的非工業化小規模社會。這些文化有很多東西是在已開發國家的我們可以學習的，但並不是像現在那種回歸原始運動中所流行的那樣，過著誇張版的狩獵採集生活。我和我的同事過去幾年裡，在這裡學到了很多東西，了解到飲食和日常身體活動如何使這些人，不受那些在現代化、城市化、工業化的國家裡常見「文明病」的困擾。我們將訪問這些團體，了解這些族群的日常生活（和進行田野調查），看看我們可以從中吸取哪些經驗與教訓。我們還將前往世界各地的動物園、雨林和考古挖掘現場，看看對現存的人猿和人類化石的研究，如何幫助我們理解健康的新陳代謝。

但我們首先必須了解，新陳代謝在我們生活中的影響和規模有多麼巨大。為了真正理解能量消耗的重要性，我們必須跳脫對健康和疾病的日常關注。就像地球的構造板塊一樣，新陳代謝是一切事物看不見的基礎，緩慢地轉變和塑造我們的生命。我們熟悉的人類生存的樣貌，從我們最初在子宮裡的九個月開始，到我們可能在這個星球上存活的八十年左右的時間，都是由我們體內燃燒的新陳代謝引擎所形成的。我們大而聰明的大腦和肉肉的嬰兒，都是新陳代謝機器所建造和驅動的，而這套機制與我們的人猿近親有很大不同。正如我們最近才了解到的，我們演化而來的新陳代謝機制，是我們成為今天這個奇異而美妙的物種的原因。

狗的年紀

「*Una miaka ngapi?*」

我在訪問一個我目測約二十多歲的哈札族男子，這是每年在我們訪問的營地中收集基本健康資訊的研究工作的一部分。我盡力用自己還算過得去但不流利的史瓦希利語與他交談：你幾歲？

他看起來很困惑，也許我發音不對？我又試了一次：

「*Una miaka ngapi?*」

他笑了出來。「*Unasema.*」你告訴我啊。

我的史瓦希利語沒有問題。蠢的是我的問題。

對我這個典型的行程爆炸的美國人來說，與哈札族生活最讓我感到震驚的文化衝擊之一，就是他們對時間不感興趣。這並不是說他們沒有時間概念。他們每天都生活在光與暗、熱與冷的節奏中，依照月亮的週期、雨季和旱季的週期過日子。他們完全了解成長和衰老，以及描繪我們生命的文化和生理里程碑。在與研究人員和其他外來者接觸幾十年之後，他們甚至對西方的時間衡量標準，也就是分鐘和小時、星期和年有了感覺。他們明白，只是似乎對此並不關心，他們對記錄時間沒有興趣。哈札族營地沒有時鐘，沒有日曆或行程表，沒有生日、假期或星期一。美國職棒大聯盟最年長出賽的投手薩吉．佩奇（Satchel Paige）留有名言：「如果你不知自己多大年紀，那你覺得自己該有多老？」但對哈札族來說，這不是什麼深刻的體悟，而是他們的日常生活。對研究人員來說，在哈札族營地裡弄清每個人的年齡，就像洗牙一樣，是年度計畫中必要的、煩人的、有點痛苦的瑣事。

這種對時間的漠不關心，放在美國是可恥的。在美國，每個父母都知道孩子每一天的預期發展軌跡，我們的權利和責任也是由我們的年齡所決定。一歲走路，兩歲說話，五歲上幼兒園，十三歲進入青春期，十八歲成為合法成年人，二十一歲可以用合法的酒精飲料來慶祝你生命中早期的一些里程碑。然後是結婚、生子、更年期、退休、衰老和死亡——所有這些都要按計畫進行，否則就會引起個人恐慌和流言蜚語。但是，無論我們是像曼哈頓的千禧世代一樣，為每一個發展里程碑焦慮不安，還是像哈札族的祖母一樣，以禪定般的淡漠任歲月流逝，人類的生命步調都是偉大的普遍現象之一，是我們共同的舒緩節奏。

然而，人類的生命步調並不尋常。說到人類的生命史，我們的成長、生育、變老和死亡的速度都是動物界中的怪胎，我們是以慢動作在生活。如果人類活得像典型的哺乳動物那樣，我們就會在兩歲前進入青春期，在二十五歲前死亡；女性每年都會生下一個兩千兩百七十公克的寶寶，平均成為祖父母的年齡是六歲。日常生活將面目全非。

在文化上我們直覺地知道自己很奇怪，但因為我們典型的人類中心主義，所以我們把它反過來看。我們的寵物其實是遵守著正常的哺乳動物時間表，但我們卻覺得牠們的生活速度是加速的，我們算狗的年紀時，認為牠們的一年相當於我們的七年，彷彿奇怪的是其他動物。但奇怪的其實是人類。反過來用狗的年紀來計算你的年齡，你就會發現你有多麼了不起：用狗的年齡來算，我已經接近三百歲了；這麼一想，感覺挺好的。

研究生命史的生物學家早就知道，生命的速度並不是上大任意賜予的固定時間表。生長率、出生率和物種老化的速度，都可以且確實會隨著演化的時間尺度而變化。我們這幾十年來也已經知道，人類和其他靈長類動物（我們在演化上的家人，包括狐猴、猴子和人猿）及其他哺乳動物相比，擁有特別緩慢的生命史。關於靈長類動物**為什麼**演化出緩慢的生命史，我們甚至有一個相當不錯的想法：讓物種比較不會在很小的時候就因掠食者，或其他不利因素造成死亡的種種條件，偏好的是緩慢的生活節奏。

所以我們知道，包括我們在內的靈長類動物有緩慢的生命史，可能是在我們演化史上遙遠的某個時候死亡率降低的結果（也許在樹上移動，使早期靈長類動物更難被掠食者抓住）。但沒人能知道的是，這是**如何**做到的？人類和其他靈長類動物是如何成功放慢一切，降低我們的生長速度，並延長我們的生命？也許這與新陳代謝有關，因為生長和繁殖都需要能量，我們將在第三章討論這個部分，但其中的關聯性是什麼呢？目前還不清楚。為了找到答案，我們走遍全球的動物園和靈長類動物保護區，揭開使「正常」的生命變得如此非凡的新陳代謝在演化上如何改變。

猩球崛起

猴子和人猿很聰明、可愛，而且非常危險。雖然有各種估計數字，不過可以保守的說，非人類靈長類動物的力量大約是人類的兩倍，這是排除體重影響後綜合比較的結果。大多數靈長類物種都有長長的、像長矛的犬齒，用來威脅對手，偶爾也會用來互相撕咬，而且效果絕佳。在人工飼養的環境中，牠們非常樂意利用自己的天賦來摧毀人類，尤其是牠們心情不好的時候，如果要我們在醫學實驗室、花招百出的動物園或某些笨蛋的車庫裡過日子，有誰不會感到無聊、煩躁，甚至有點憤恨不平？我們會在電視上看到人猿演出（幸好現在少多了），看到牠們被愚弄，我們還覺得牠們這樣很可愛。但那些都是孩子，小而天真的孩子，人類可以應付牠們，如果需要的話，甚至能使用武力。到了十歲大，人猿就會變得不可預測地凶狠，尤其是被圈養的那些，牠們前一分鐘還很安詳放鬆，下一分鐘就能撕爛你的臉和睪丸。這種從可愛的兒童演員變成衝動、具破壞性的惡棍的傾向，只是人類和人猿的又一共通點罷了。

知道了這些之後，我完全無法相信我看到的一切。那是二〇〇八年的夏末，我在愛荷華州的類人猿信託基金會（Great Ape Trust）寬敞而現代化的紅毛猩猩設施中，透過門上的小窗盯著人猿接觸區。羅伯特．舒梅克（Robert Shumaker）正在裡面平靜地將帶有同位素的無糖冰茶倒入阿齊（Azy）的大嘴裡，阿齊是一隻一百一十多公斤重的成年雄性紅毛猩猩，臉像捕手的手套那麼大，力量大到能把羅伯特的手臂從他的身上撕下來。羅伯特也不是笨蛋——他們之間有一道以粗重鋼條製成的柵欄。儘管如此，阿齊似乎很享受這種待遇，牠的眼底流露出某種類似「友善」的東西。許多人猿研究人員會信誓旦旦地說，我看到的景象不可能發生，沒有任何一隻被囚禁的人猿會願意配合研究，即使是像這樣無害的研究也一樣，也沒有任何人猿設施的負責人會自負或愚蠢到去親自嘗試。然而，羅伯特就在那裡，餵紅毛猩猩喝要價一千多美元的二重標識水*（doubly labeled water，富含同位素，用來追蹤每日的能量消耗；見第三章），就像幫家裡的植物澆水一樣輕鬆。

*編註：或譯雙標示水、雙標水。

能進行貨真價實的新研究的興奮，更放大了我的震驚感受，因為這會是有史以來，第一次能測量人猿的每日能量消耗（每天消耗的總熱量，以大卡計）。在科學界，能有機會做一些真正新穎的事情，成為第一個測量重要事物的人，是很罕見的，感覺非常重大。這是我們第一次能全面了解人猿的代謝引擎。牠們和我們一樣嗎？牠們和其他哺乳動物一樣嗎？還是說，在牠們橙色的、多毛的外表之下，將能揭曉一些新的、令人興奮的東西？

我試圖幫自己打預防針，提醒自己我們可能不會有任何有趣的發現。一個多世紀以來，研究人員一直在研究動物的基礎代謝率（basal metabolic rates，簡稱 BMR），也就是受試者完全靜止時每分鐘消耗的卡路里（見第三章）。在一九八〇年代和九〇年代，一些研究針對「靈長類動物緩慢的生命史與低代謝率，以及隨之而來的低基礎代謝率有關」這個主張，展開了測試。這一假說獲得一些人大聲疾呼的支持，例如布萊恩・麥克奈伯（Brian McNab），他主張哺乳動物的生命史和飲食變化息息相關，並與基礎代謝率有直接的關聯。這是一個很有吸引力的主張，因為生長和繁殖都需要能量，而更快的生活節奏照理說會需要更快的新陳代謝引擎。但較嚴格的統計學分析扼殺了麥克奈伯的奇思妙想，因為數據顯示，靈長類動物有正常的、不特殊的、哺乳動物的基礎代謝率——沒什麼能解釋牠們奇怪的生命史的特殊之處。其他以這些結果為基礎的研究逐漸形成了一個共識：人類、人猿、其他靈長類，甚至其他哺乳動物的身體內部，基本上都一樣，至少在新陳代謝方面是如此。不同物種只是外型不同，就像不同的車體安裝了相同的引擎而已。

我在一九九〇年代於賓夕維尼亞州的大學，以及二〇〇〇年在哈佛大學的研究所裡，學到了這

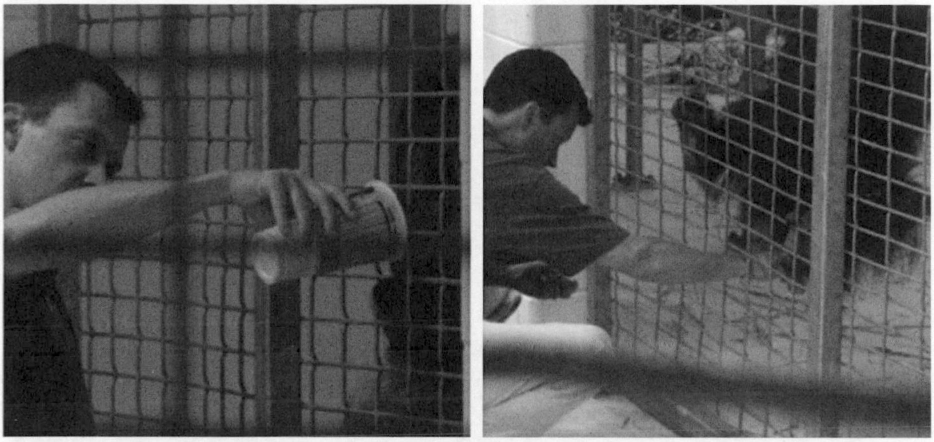

圖 1.3 第一次對於人猿進行每日能量消耗測量。羅伯特穿過厚重的柵欄，將一劑二重標識水混在無糖茶裡餵到阿齊的嘴裡（右邊可以看到阿齊毛茸茸的側面）。之後，他會在這隻紅毛猩猩腳抓住圍欄的時候，收集牠的尿液樣本。

種共識觀點，並在我的一些論文研究中盡責地應用了這種公認的智慧。但像大多數科學家一樣，我本能地抱持懷疑的態度，並且開始出現離經叛道的想法。「所有哺乳動物消耗的能量基本相同」這個共識，是以基礎代謝率的測量結果為基礎，而這在我看來就是一個明顯的問題。基礎代謝率是在受試者處於休息狀態（幾乎睡著）時測量的，因此它並不代表有機體每天燃燒的總熱量，而只是一小部分而已。此外，基礎代謝率的測量可能不是那麼地簡單。如果受試者處於激動、寒冷、生病的狀態，或者是年輕、正在成長，測量結果都可能會升高——不意外的，許多靈長類動物的資料都來自非常年輕、可馴服的猴子和人猿。

少數研究人員正在進行令人興奮的工作，他們使用二重標識水這種以同位素為基礎的複雜技術方法（見第三章），測量一系列物種的每日總能量消耗（每天燃燒的總熱量，不僅僅是基礎代謝率而已）。他們的研究顯示，不同哺乳動物之間的能量消耗差異很大，而且似乎反映了牠們的演化和生態環境。我開始懷疑，如果人類和其他人猿**沒有**相同的新陳代謝機制呢？如果各自每天的能量消耗是不同的呢？這會讓我們對於人類、人猿和所有其他靈長類動物的演化歷史有什麼進一步的了解？不幸的是，與人猿和其他靈長類動物一起工作是一項艱鉅的挑戰，我們似乎不太可能有機會得到探索這些關鍵問題所需的測量結果。

我第一次的類人猿信託基金會之旅，帶給我重大的啟示。他們有兩個巨大的、最先進的設施，一個用於羅伯特的紅毛猩猩，一個用於巴諾布猿（倭黑猩猩），兩者都有寬廣的室內外區域，全職的工作人員和綜合研究設備。人猿的福祉和生活品質是最優先的考量，研究計畫的設計是要讓人猿有參與感和樂趣，或者至少是牠們日常生活的一部分，而不是刻意外加的東西。侵入性的、痛苦的或其他有害的計畫是絕不可能發生的。

在訪問期間的某一刻，我開始喋喋不休地談論二重標識水方法、人類和其他靈長類動物的新陳代謝和演化，以及測量人猿的每日能量消耗有多麼酷，因為從來沒有人這樣做過。我向羅伯特解釋，這些方法是完全安全的，而且一直被用於人類營養研究。我們甚至可以學到一些關於管理人工飼養猿猴的飲食和卡路里攝取量的實用資訊！這些人猿只需要喝一些水，然後我們必須在一星期左右的時間裡，每隔幾天收集一次尿液樣本就好。我們有沒有可能在這裡和紅毛猩猩一起做這項研究呢？

「當然，」羅伯特說，「我們會定期收集大部分紅毛猩猩的尿液樣本來做健康檢查。」

「哇，你說真的？怎麼做？」我這麼問，聽起來好得不像真的。

「我們就向牠們提出請求，」羅伯說。我們一直在其中一個室外區的圍欄旁邊聊天。羅伯特看看洛基，一隻四歲的雄性紅毛猩猩，牠一邊玩耍一邊休息，還一邊看著我們。「洛基，過來這邊，」羅伯特說，不像叫狗那樣，比較像是在跟他的侄子說話。洛基走到我們附近的柵欄邊。「讓我看看你的嘴巴，」羅伯特說，洛基張大嘴。「你的耳朵呢？」洛基把耳朵貼到柵欄上。「另一隻。」洛基轉過頭，把另一隻耳朵對著我們。「謝謝！」羅伯特說，於是洛基就跑走去玩了。

「我們也可以要牠們在杯子裡撒尿。」羅伯特說，我則是站在那裡，對剛剛看到的人猿和人類的對話感到目瞪口呆。「不過有一點……」

「什麼？」糟，果然有問題，我心想。要面對現實了，我就知道沒有那麼順利的事……

「如果有些尿液樣本灑出來了也沒關係嗎？」

「完全沒有問題，」我說，「只要有幾毫升就能用來分析了。」

「那好，」羅伯特說。「因為有一隻成年母猩猩科諾比每次都堅持用牠的腳自己拿杯子。」

我覺得自己像是在奧茲國醒來的桃樂絲。我已經不在堪薩斯*了。我莫名其妙來到愛荷華，和我說話的人是魔法師，而這裡的居民是橙色、毛茸茸、四肢發達的生物。

---

* 編註：《綠野仙蹤》的主角桃樂絲在被龍捲風捲到奧茲國前，和叔叔嬸嬸一同生活在堪薩斯州的大草原上。

家譜裡的樹懶

那年秋天稍晚，在所有劑量都使用完畢，也收集完所有尿液樣本後，我用乾冰裝了一箱猩猩尿液載去給貝勒醫學院兒童營養研究中心（Children's Nutrition Research Center at the Baylor College of Medicine）的威廉．黃教授（William Wong）。威廉是能量學和二重標識水方法的專家，大力協助我這個紅毛猩猩研究案成立，並確認我需要使用的劑量和收集樣本的時間表。經過幾十年在人類營養和新陳代謝方面豐碩的成就和有趣的研究後，威廉似乎很喜歡透過換個角度來分析人猿樣本，也許能帶來新的研究前景。

他寄來關於第一批分析結果的電子郵件，是最早讓我覺得我們已經發現了一些有趣的東西的原因。威廉說，這些數據看起來很好，但分析結果顯示，人猿的每日能量消耗很低。**非常**低。威廉要求我把手邊所有的樣本寄給他（我們收集的樣本超過了分析所需的數量），讓他再進行一次分析，而且免費。他想確定這些數字是正確的。

再分析一輪後，結果相同。紅毛猩猩每天燃燒的熱量比人類少，而且兩者間的差異相當巨大。阿齊這頭一百一十三公斤的公紅毛猩猩一天只燃燒兩千零五十大卡，和一名約三十公斤的九歲男童一樣；一頭五十四公斤的母紅毛猩猩，每天消耗的能量更少：每天一千六百大卡，大約比這個體型的人類的少百分之三十。不意外的，紅毛猩猩的基礎代謝率也很低，遠遠低於人類的數值。在整個二重標識水測量過程中，我們也仔細監測了紅毛猩猩的日常活動，牠們行走和攀爬的次數與野外的紅毛猩猩差不多（也就是說，不多。紅毛猩猩給人最強烈的印象就是昏昏欲睡）。每日消耗的能量低並不是圈養生活造成的人為結果，而是告訴了我們紅毛猩猩的演化生理學的一些基本資訊。

所有科學家都是為了這一刻而活。我們將我們的杯子浸入未知的水域，並得到了意想不到的東西。關於靈長類動物的能量學，目前公認的知識是錯的，至少有一部分錯了。人類和我們的人猿類表親（至少其中一種）的新陳代謝率之間，存在著巨大的、有意義的差異。人類和紅毛猩猩都是我們生活在大約一千八百萬年前的單一猿類祖先物種的後代。在這幾千年裡，演化使我們兩個支系的新陳代謝率漸行漸遠。人類和人猿不僅僅是在外型和比例上不同，我們的內在也不一樣。

但是，當我用找得到的每一種胎生哺乳動物的每日能量消耗測量資料（齧齒類、肉食類、有蹄類……等等，我們跳過無尾熊和袋鼠這類有袋動物，因為牠們的生理結構比較奇怪）和紅毛猩猩的能量消耗進行比較後，真正的驚喜來了。令人震驚的是，紅毛猩猩所消耗的能量只有相同體型的胎盤哺乳動物所需能量的三分之一。牠們每天的能量消耗，在胎盤哺乳動物中屬於最低的百分之一。以這種身體大小而言，比牠們消耗得少的物種只有三趾樹懶和大熊貓。

我們對紅毛猩猩生態學和生物學的一切了解似乎都已經到位。紅毛猩猩的生命史異常緩慢，即使以靈長類動物的標準來看也是如此。在野外，雄性直到十五歲才達到成熟，而雌性直到十五歲才會生第一個孩子。雌性的繁殖速度非常慢，兩次懷孕之間有七到九年的間隔，是所有哺乳動物中生育間隔最長的。牠們還需要應付原生地印尼雨林中絕望的、不可預測的食物短缺。紅毛猩猩依賴水果，但水果產量可能會連續短缺好幾個月，牠們只能從樹上撕下樹皮，再用牙齒刮下柔軟的內層來維持生命。這些食物短缺似乎影響了牠們的社會行為，因為牠們是唯一獨居的人猿；似乎總是沒有足夠的食物養活一整個族群。

紅毛猩猩緩慢的新陳代謝將這些觀察結果以及與牠們演化的生理學聯繫在一起，對於該物種的生存也有重要的影響。在難以預測的熱帶雨林中生活，飢餓是一個長期的威脅，這導致牠們盡量減少日常能量需求以適應環境。牠們的新陳代謝引擎已經演化到緩慢運行，節約燃料以抵禦耗盡和死亡。但這也帶來了嚴峻的後果：生長和繁殖需要能量，較低的新陳代謝率不可避免地意味著較慢的生命史。反過來說這也意味著，紅毛猩猩族群從自然或人為災害中恢復的速度很慢。牠們的低代謝率是應對艱困環境的一種優雅的演化解決方案，可是在面對棲息地破壞和其他人類干擾時，紅毛猩猩就更容易被滅絕。

對人猿每日能量消耗的首次測量，揭開了一個新的代謝演化世界，對生態學、健康和生存都有很大影響。還有什麼東西等待我們去發現？人類在這一切中又有著怎麼樣的定位？只是測量少數靈長類物種的每日能量消耗無法讓我們知道答案。我們需要更多資料，收集更多物種，要涵蓋靈長類家族樹的全部範圍。

靈長類的力量

靈長類動物的能量專案花了幾年時間進行，在十幾名合作者的共同參與下逐漸拼湊成形。布萊恩・海爾（Brian Hare）是人猿認知方面的專家，也是我在研究所的老朋友，他當時在非洲的兩個人猿保護區工作，分別是剛果共和國的區龐噶黑猩猩復育中心（Tchimpounga Chimpanzee Rehabilitation Centre）和剛果民主共和國的巴諾布猿天堂復育區（Lola Ya Bonoobo）。（旅行者注意：搞清楚你要去的是哪個剛果：有一個通常滿危險的，另一個通常是非常危險。）就像類人猿信託基金會一樣，它們都是以人猿為優先的機構，只有在對黑猩猩和巴諾布猿安全和有益的情況下才會從事研究。大約在同一時間，在馬達加斯加工作的靈長類動物學家和保護主義者米契爾・厄文（Mitchell Irwin）同意將能量測量納入野生冕狐猴（diademed sifakas）的年度健康評估項目。

但是在我遇到芝加哥林肯公園動物園的費雪猿類研究和保護中心（Fisher Center for the Study and Conservation of Apes）的主任史蒂芬・羅斯（Stephen Ross）時，才真的有極大的突破。羅斯是一個非常友善、正面和樂於助人的人，這很合理，因為他是加拿大人。除了保育工作和在林肯公園動物園的大猩猩與黑猩猩研究之外，羅斯還致力於讓被關在實驗室、路邊動物園、車庫和其他悲慘地點的不快樂黑猩猩，能被送到狀況好的動物園和庇護所去。他孜孜不倦地努力，成功地使美國的黑猩猩與大猩猩、巴諾布猿和紅毛猩猩一樣，獲得聯邦法律保護。羅斯是個大好人、大英雄。

與羅斯合作後，我們才能把大猩猩、沼澤猴（Allen's swamp monkey，又名短肢猴）、長臂猿和林肯公園動物園的黑猩猩都加入這個專案。實驗用的二重標識水被送往全球各地，到芝加哥、剛果、另一個剛果，還有馬達加斯加，尿液樣本也慢慢被送回來進行分析。我們透過其他實驗室公布的少量測量資料，評估了整個靈長類家族的能量消耗的多樣性，從小小五十七公克的狐猴到兩百一十八公斤的巨大銀背大猩猩都可以。我們甚至能有一系列的環境資料，包括實驗室、動物園、庇護所和野外。到了二〇一四年，我們將資料全部匯整在一起——到底靈長類動物的代謝引擎是否與其他哺乳動物不同？

結果非常驚人。靈長類動物燃燒的熱量只有其他胎生哺乳動物的**一半**。用人類來解釋，假設人類成年人每天正常的能量消耗在兩千五百到三千大卡之間，我們會在第三章討論這一點……我們的分析顯示，我們這種體型的典型胎生哺乳動物，每天消耗的熱量遠遠超過**五千**大卡。這相當於奧林匹克運動員在訓練高峰期的每日能量消耗！但是，這並不代表其他哺乳動物都驚人地活躍；牠們每天最多只會走幾公里路，而且大部分時間都在進食和休息。只是牠們的身體燃燒能量的速度很快，比我們靈長類萎縮的新陳代謝所能維持的速度快得**多**。

最後，對於人類和其他靈長類動物的生命史**為何**能此緩慢，我們得到了一個答案。大約在六千萬年前，靈長類在演化的早期，能量消耗開始大幅減少，牠們的新陳代謝引擎大幅放緩，最後只剩下其他胎生哺乳動物一半的速度。但是這種新陳代謝的變化到底是受到較慢的生命史的演化壓力所驅使，還是飲食或環境的某些變化導致對生長、繁殖和老化的連鎖反應，目前還不清楚。不過很清楚的是，靈長類動物新陳代謝演化改變的程度，正好與生命史的變化相呼應。由於靈長類動物的每日消耗能量很低，那麼緩慢的生長、繁殖和老化速度也是可以預期的。到了現在，人類和其他靈長類動物都繼承了這種代謝遺產，比其他哺乳動物享有更長、更慢的生命。

奇怪的是，像過去的研究人員一樣，我們發現，儘管靈長類動物與其他哺乳動物每天的能量消耗有很大的不同，但兩者的基礎代謝率卻相似。我們認為基礎代謝率和每日能量總消耗之間的差異，反映的是靈長類動物大腦的大尺寸（大腦會消耗大量的能量）。此外也必須指出，能量學和生命史之間的關係依舊是一個活躍和有爭議的研究領域。我們將在第三章等其他部分深入研究這些主題和其他。現在，先讓我們把注意力轉向靈長類動物能量學的演化中的最後一個謎團，這個主題也會在本書中持續發揮影響力：我們自己這個物種所演化的代謝策略。

這就是我們

在我們分析靈長類動物能量學計畫的結果的同時，我們也在規劃一個更大、更難以捉摸的目標。紅毛猩猩和其他靈長類動物的資料顯示了新陳代謝率在演化過程中的可塑性，以及它與生態學和生命史的複雜聯繫。那麼，最顯著的問題是：能量的消耗究竟讓我們對於自己的演化有什麼了解？正如我在上面提到的，目前的共識是人猿和人類的每日能量消耗是相似的，而且在我們這個支系中根本沒有什麼變化。

萊斯利・艾略（Leslie Aiello）和彼得・惠勒（Peter Wheeler）在一九九五年發表了一篇闡述此觀點的論文，為這方面的研究建立了里程碑。他們從早期研究中收集人類和其他人猿的器官尺寸測量資料，並指出人類的大腦較大，但肝臟和內臟（胃和腸）比其他人猿小，而器官消耗能量的方式並非生而平等。大腦、內臟和肝臟都是耗費大量能量的器官——每公克的組織都會燃燒大量的卡路里，因為這些器官的細胞非常活躍，這一點我們將在第三章中詳細討論。艾略和惠勒進行了計算，發現人類較小的腸道和肝臟所節省的能量，完全都被用在我們較大的大腦所需的能量成本。基於這一重要觀察，以及對於人類和人猿的基礎代謝率與其他哺乳動物大致上相似的觀察結果，艾略和惠勒認為，人類演化中的關鍵新陳代謝變化是分配上的改變，增加向大腦輸送的熱量，同時減少向腸道輸送的能量。在這種情況下，每日能量消耗的總數依舊保持不變。人類並沒有比人猿耗費更多的能量，只是以不同的方式消耗能量。

演化的取捨，如艾略和惠勒發現的內臟換大腦的方案，正是現代生物學的基石。正如達爾文本人根據湯瑪斯・馬爾薩斯（Thomas Malthus）的著作所觀察到的那樣，自然界的居民之間總是存在著對資源的鬥爭。資源永遠都不夠用，因此所有物種都是在匱乏的條件下演化的。魚與熊掌不能兼得。如果演化有利於某些特徵的擴展——比如說，強大的後肢和長滿噁心牙齒的大頭——那麼就必須放棄其他特徵，比如前肢……登登登，暴龍就出現了；或者正如達爾文在《物種起源》（*On the Origin of Species*）裡所說的那樣（他引用歌德）：「為了在一方面進行花費，自然界被迫在另一方面進行節約。」

早在一八九〇年代，亞瑟・濟斯（Arthur Keith）就在對東南亞靈長類動物的研究中提出了大腦和內臟此消彼長的論點。他甚至試圖證明這種推論可以解釋人類和紅毛猩猩大腦大小的差異，但他的想法在他的時代過於超前，而且也超出了他的數學能力：由於他對哺乳動物的器官大小隨著整體身體大小變化而改變的方式只有最基本的了解，所以他沒能證明預期的大腦和內臟間的取捨。但這個想法在整個二十世紀都一再出現。以凱薩琳・彌爾頓（Katharine Milton）為例，她是一位營養學造詣很深的人類學家，在中美洲和南美洲與人類和其他靈長類動物進行研究數十年（並在一九七八年對野生靈長類，吼猴〔howler monkeys〕進行了首次二重標識水的研究）。她證明了吃葉子的靈長類動物有很大的腸胃來消化纖維食物，而牠們的大腦比同一森林中吃水果的物種小。蘇黎世大學的卡爾・范・謝克（Carel van Schaik）和凱倫・艾斯勒（Karen Isler）在二〇〇〇年代和二〇一〇年代進行了一系列重大的研究，主張為了擁有更大的大腦付出的代價，甚至能夠解釋靈長類動物之間演化的生命史差異。

但是，儘管這種此消彼長很重要，我們還是有理由認為它們不足以解釋人類所有獨樹一格的高耗能特徵。正如我們將在第四章討論到的，人類比其他任何人猿類生長得更慢，壽命更長，但卻能以某種方式找到能量，讓我們繁殖得比其他任何人猿都更快。我們也有巨大的、渴望能量的大腦，以及體能活躍的生活方式（至少在沒有被現代技術呵護的族群是如此）。人類在身體的維護方面投入的也更多，比其他人猿活得更久。不知為何，人類違反了大自然堅持有捨有得的秩序，卻依舊演化到能擁有一切。

我們認為人類的這套高能量成本的適應性特徵，可能是由一個加速的新陳代謝引擎所推動的。這個引擎已經演化成每天要燃燒更多的熱量。我們有大量的人類資料可供利用，但我們需要大量的人猿數據來進行正確的比較。羅斯和我制定了一項計畫，邀請全美國的動物園參與其中。我們在幾個月內與全國各地的動物園合作，安排時間表收集資料。我們聘請林肯公園動物園的實習生瑪麗·布朗（Mary Brown），她幾乎和羅斯一樣開朗和有衝勁，負責在多達十四座的動物園之間奔波，協調一切，收集我們測量的人猿的行為資料。很快，尿液開始湧進實驗室……這些都是液體黃金。

結果比我們預期的還要令人興奮。我們發現所有四個類人猿屬（黑猩猩和巴諾布猿、大猩猩、紅毛猩猩和人類）都演化出了有顯著差異的每日能量消耗值。人類的能量消耗最高，比黑猩猩和巴諾布猿多消耗約百分之二十，比大猩猩多消耗約百分之四十，考慮到身體大小的差異後，比紅毛猩猩多消耗約百分之六十。我們的基礎代謝率也不同，差異的比例同上。同樣令人震驚的是身體脂肪的差異。在我們的樣本中，人類身上的脂肪（體脂約百分之二十三至百分之四十一）是其他人猿類（約百分之九至百分之二十三）的兩倍。紅毛猩猩的脂肪含量很高，黑猩猩和巴諾布猿則特別瘦。正如我們將在第四章討論的，我們身體脂肪增加很可能是與我們更快的新陳代謝率一起演化而來的，藉此提供更大的燃料儲備，防止飢餓。

新陳代謝和身體脂肪的這些差異並不是由生活方式造成的：在我們的研究中，我們精心挑選了久坐的人類與生活在動物園的人猿進行比較。這些差異是更深層的，藏在每個物種的核心。在每個屬的演化歷史中，新陳代謝率就像瓦斯爐的火焰一樣被調大或轉小，決定性的因素是食物供應的變化、捕食行為的改變或……是什麼呢？對於紅毛猩猩來說，我們有理由相信，牠們的低代謝率和儲存脂肪的能力是對食物短缺的一種演化反應，牠們會維持對日常能量的低需求，並以脂肪的形式維持大量的儲備燃料。非洲人猿——黑猩猩、巴諾布猿和大猩猩——之間的代謝變化，則是我們還在努力解開的謎團。

在人類這個支系中，我們的細胞已經演化成要更努力工作，做更多的事，並燃燒更多能量。這些新陳代謝的適應性改變帶來了我們身體在運作和行為上的其他重大變化，我們將在後面的章節再次討論這些問題。能量消耗也會隨著飲食以及我們獲取、準備和分享食物的方式出現巨大改變，攜手同步演化。更快的新陳代謝偏好更佳的儲存脂肪能力。今天，從運動和探索到懷孕和成長的一切，都被我們演化的新陳代謝設定了限制。這些關於我們的身體燃燒能量的基本變化，對我們的大腦和獨特的生命史的演化當然至關重要。是的，取捨很重要，但使我們成為人類的，正是我們演化而來的新陳代謝。

達爾文和營養學家

正是這些發現帶來的興奮，以及保證經歷科學冒險的承諾吸引了我，使我不可自拔地走進哈札族的營地，深入隱藏在坦尚尼亞北部偏遠的堤卡山（Tli'ika），聽著獅子的合唱，量測能量消耗。我們對人猿和其他靈長類動物的研究已經推翻了幾十年來的科學共識，顯示演化劇烈地改變了人類和其他人猿的代謝策略。如果我們把注意力轉移到我們自己的物種身上，調查文化背景與生活方式大不相同的人們是如何消耗能量的，我們會有什麼發現呢？透過與在很多方面都維持我們過去的狩獵採集生活方式的哈札族合作，我們可能會學到什麼呢？住在帳篷裡，在草原上做科學研究的當時，我們還不知道與哈札族的合作可能會帶來最大的驚喜，改變我們對能量消耗和生活方式之間關係的思考。

在接下來的章節中，我們將從演化的角度來研究能量消耗、運動和飲食，用與健康雜誌或生活風格書籍封面全然不同的觀點，來檢視現代人關注的健康和代謝疾病。我們的新陳代謝引擎數百萬年來的演化，並不是為了保證我們擁有海灘上的比基尼身材，讓我們維持健美，甚至不一定是為了保持健康。相反的，我們的新陳代謝是由達爾文式的生存和繁衍指令塑造的。我們更快的新陳代謝並沒有使我們保持苗條（不像空談技師式的新陳代謝模型所預測的那樣），而是導致一種演化的趨勢，讓我們的脂肪比任何人猿都更多。但這並不是在我們體內深處運作的、唯一違反直覺和生產力的演化遺產。正如我們之後將提到的，我們的新陳代謝也會對運動和飲食的變化做出反應，從而阻礙我們對減肥的嘗試。正如我們在哈札族身上看到的那樣，我們對食物的渴求相當猛烈。如果我們演化後的食欲足以把我們推到飢餓的獅子群中吃早餐，那麼我們怎麼能有辦法讓自己遠離冰箱呢？

如果我們要扭轉肥胖和代謝疾病的趨勢，演化的觀點絕對是關鍵。在已開發國家的我們已經為自己建立了豪華的食物王國，一座飲食的伊甸園，充滿豐富、無法抗拒的食物，連動動手指都不用就能吃到。我們原本為了整天活動而演化的身體，現在懶懶地坐在舒適的椅子和沙發上，像保溫燈下的薯條一樣，透過明亮的螢幕吸收著這個世界傳來的資訊。在此同時，傷亡人數卻不斷增加：肥胖、糖尿病、心臟病、癌症、認知能力下降——這一切都在增加，而且每一個都與我們消耗和燃燒能量的方式密切相關。要扭轉局勢，使我們免受這些疾病所苦，就必須更加了解我們的身體如何運作，以及能量消耗、運動和飲食之間相互的關聯。我們越早超脫簡單化的、空談式的新陳代謝觀點，進而擁抱達爾文的觀點，我們的成功機會就越大。

因此，就讓我們深入演化的新陳代謝引擎的齒輪中，了解所有的活動零件是如何結合在一起運作的。如果我們要有效管理我們演化而來的新陳代謝，我們就必須了解它如何運作。

CHAPTER 02

新陳代謝到底是什麼？

What Is Metabolism Anyway?

如果沒有心臟、肺部和神奇的氧化磷酸化，我們就無法維持我們認爲理所當然的精力旺盛，生命也將永遠不會演化成我們今天所看到的宏偉奇觀。

「音樂是怎麼進入收音機的？」

這並不是我預期要聽到的問題。伍德和我，還有他的妻子卡拉（Carla），以及我們的田野助理赫里埃斯（Herieth），剛剛在哈札族營地附近低矮的阿拉伯膠樹下搭好了我們的帳篷。這個營地位在漫無邊際的乾旱地帶上，將伊雅西湖和岩石密布的堤卡山分開。在灰暗的午後光線下，地面塵土飛揚，伍德和我坐在露營椅上輕鬆地聊著工作，而兩名哈札族，巴葛攸（Bagayo）和吉戈（Giga），正坐在附近的地上，用哈札族語進行著彷彿很激烈的討論。他們有一臺用電池供電的小型收音機，這在哈札族營地是很珍貴的財產，因為那裡的娛樂選擇很有限。突然，他們決定要我們加入對話，改成用史瓦希利語來問他們的問題。但伍德和我的表情肯定都很困惑，因為巴葛攸又問了一遍。

「音樂是怎麼進入收音機的？」

媽的，我們早該猜到才對……

接觸新的想法和知識是旅行中最有意思的事情之一，而對於哈札族來說，這必定是一條雙向道。他們對自然界的深刻理解是令人震驚的。一個典型的哈札兒童可以告訴你幾十種動物的身體性狀和行為傾向，並告訴你環境中每一種灌木、草和樹的用途——做為食物、生火用、蓋房舍和製作工具。看著一個哈札族在沒有任何明顯跡象的情況下追蹤一隻受傷的飛羚數公里，或者一個哈札族婦女利用石頭敲擊地面，就能知道野生塊莖的大小和成熟度，簡直讓人覺得不可思議。而在我們這一方，就是與他們分享我們對外部世界的了解。我們會分享我們的書籍和小工具，偶爾舉行電影之夜，在我們的筆記型電腦上播放自然紀錄片或動作片（《侏羅紀公園》系列電影長久以來榮登大家的最愛）。我們都有與生俱來的好奇心，這是所有科學家的命脈，而這樣的好奇心似乎在哈札族文化中獲得良好的培養。他們什麼都想知道。

對話的開始通常很普通無害，但可能會發展成對地理學、宇宙學或生物學的深入討論。「走到你家需要多長時間？」這是一個很簡單的問題，但真正的答案需要討論到地球是圓的，且大得難以想像，還有巨大的陸地被巨大的海洋隔開（他們熟悉這些概念，但仍然不置可否）。「海象是真的嗎？」（如果是的話，牠們到底是什麼？）這是另一個合理的問題，特別是如果你剛剛看了一部關於北極野生動物的紀錄片，可是你對於冰、海洋或海洋哺乳動物根本不熟悉。我試圖解釋，海象實際上是真實的（儘管可以理解是一種荒謬的）生物，長得像有大象的牙齒和魚的腳的河馬。我不確定有沒有人相信我。

有一句出處不明的名言經常被認為是愛因斯坦說的：「如果你不能簡單地解釋一件事，你就不是真正地理解它。」與哈札族的討論使這句話成為現實。由於我的史瓦希利語水準有限，而他們又沒有受過正規教育，因此解釋不同的研究設備如何運作，解釋《侏羅紀公園》中的恐龍是如何透過電腦創造出來，或者解釋血壓計的測量方法，總是帶來很有趣的挑戰。經常暴露出我過去沒有察覺到的，自己對事物理解的落差。這些落差被隱藏起來，在我的腦中被空洞的術語掩蓋；這些術語聽起來很聰明，但對我其實沒有任何實際意義。

仔細想想，音樂是**如何**進入收音機的？

我試探性地開始說明。在最近的大城鎮阿魯沙（Arusha，所有哈札族都知道，儘管很少有人冒險到那麼遠的地方），有一座建築，裡面有一個人用磁帶或唱片播放音樂。（到目前為止還不錯，他們看過放錄音帶的機器。）現在，這棟樓有一臺機器會聽見音樂，並透過天線——一根很大的金屬桿——將音樂透過空氣傳出去。收音機有自己的天線，能從空氣中捕捉音樂，並透過揚聲器播放。

「好，但是從阿魯沙的大樓透過空氣發送出來的是什麼，可以一直傳到這裡？」

「呃，無線電波，」我回答，隨即就知道我有麻煩了。

「好……什麼是無線電波？」

好問題。「嗯，它們會在空氣中無形地傳播，你聽不到它們，但它們能攜帶音樂……」我的聲音漸漸變小，我不知道如何描述無線電波，因為我自己並不真正理解這個主題。在我的腦海中，它們差不多就是卡通描繪的那種從天線發射出去的小弧線。我知道它們是一種「電磁能量」，但那只是另一個空洞的行話。就像光，對嗎？但我如何解釋從一根金屬桿上發出的看不見的光，把音樂帶過來？這能算是精準的描述嗎？

「啊！」巴葛攸說，拿起他的獵弓。「就像**這樣**，」他撥動弓弦，聲音在空氣中無形地傳播，從弓弦傳到我們的耳朵裡。很好的類比！對，這正是我們在討論的那種東西！我知道聲波和無線電波是不一樣的東西，但我也知道我對它們的解釋我不可能比巴葛攸更好。

吉戈和巴葛攸很滿意，伍德和我也解脫了。下次我們進城補給的時候，我要在谷歌上搜尋「無線電波」。

揭開新陳代謝的神祕面紗

要討論人類新陳代謝的先進科學，我們必須清楚了解什麼是新陳代謝，以及它是如何運作的——而且肯定要比典型的生物學家對無線電波的理解更深入。沒有只是在腦袋裡占位置的東西，沒有太多專業術語，沒有胡說八道。讓我們從頭開始。

新陳代謝是一個廣泛的術語，涵蓋你的細胞所做的所有工作，絕大部分涉及讓分子進出細胞膜（細胞的壁），並將一種分子轉換為另一種分子。你的身體是一個行走晃蕩的水桶，含有成千上萬的分子在內部進行交互作用——酶、激素（荷爾蒙）、神經傳送素、DNA等等——它們幾乎都不能直接從你的飲食中獲得可用的形式。相反的，細胞不斷將血液中循環的營養物質和其他有用的分子透過細胞壁帶進來，作為燃料或建構材料使用，將那些分子轉化為其他東西，然後細胞再將它們建造出來的東西推出細胞壁，給身體的其他地方使用。卵巢中的細胞會將膽固醇分子拉進來，用以製造雌激素，然後再將雌激素這種對全身都有影響的激素推到血液中；神經和神經元不斷地將離子（帶正電或負電的分子）拉入和推出，維持內部的負電荷狀態；胰腺細胞在DNA的指導下，用胺基酸組成胰島素和名單落落長的各種消化酵素，種種不勝枚舉。**此刻**在你體內新陳代謝的「做功」（work）分量相當驚人。

所有做功都需要能量。事實上，功**就是**能量。我們使用相同的單位來測量功和能量，在討論時兩者也可以互換。拋出一顆棒球，根據定義，它離開你的手時的動能，恰好等於你為加速它所做的功。熱是另一種常見的能量形式。用微波爐加熱一杯牛奶給你的孩子喝，溫度的升高告訴了你牛奶獲得了多少電磁能。燃燒汽油所釋放的能量，相當於使汽車在路上行駛所做的功加上引擎產生的熱量。消耗的能量永遠等於所做的功加上獲得的熱量，無論我們在說的是你的身體、你的汽車，還是你的智慧型手機，我們都遵循同樣的物理定律。

能量也可以儲存在有**潛力**做功或產生熱量的事物中，像是油箱中的汽油。一條被拉長的橡皮筋或準備彈射的捕鼠器彈簧具有應變能（strain energy）；一個不穩定地放在高架上，可能墜落到地面的保齡球具有位能（potential energy）。將分子維繫在一起的鍵可以儲存化學能，當分子斷裂時，這些化學能就會被釋放出來。當〇．四五公斤（一磅）的硝化甘油（化學式：$4C_3H_5N_3O_9$）的分子在爆炸過程中被分解成氮氣（N_2）、水（H_2O）、一氧化碳（CO）和氧氣（O_2）時，會猛烈地釋放出足夠的能量（七百三十大卡），能將一個七十五公斤的人直接發射到四千公尺高的天空（這是功），或將他蒸發（這是熱），或兩者的某種組合。這讓我們進入關於能量的最後一點：它可以在多種形式之間轉換——動能、熱能、功、化學能等等，但它永遠不會消失。

卡路里和焦耳是用來衡量能量的兩個標準單位，無論是儲存在食物中的化學能、火的熱能，還是機器做的功都適用。在美國談起食物時，卡路里是最常見的單位，但我們已經成功把標準用法弄得亂七八糟了。一卡路里的定義是，將一毫升的水（五分之一茶匙）的溫度升高攝氏一度（華氏一．八度）所需的能量。這是一個很小的能量，小到無法在我們討論食物時成為一個有用的計量單位（就像在路牌上用公分表示駕駛距離那樣）。其實我們在討論食物中的「卡路里」時，實際上反而說的是「大卡」，也就是一千卡路里。根據盒子上的營養標示，一杯乾的早餐穀片熱量有一百卡，但實際上是一百大卡，也就是十萬卡路里。

那麼，為什麼我們不直接說「大卡」或「千卡」（kcal），而要濫用「卡路里」這個詞呢？奇怪的是，在十九世紀末，當科學家們決定採用「卡路里」作為衡量食物能量的首選單位時，很有影響力的美國先鋒營養學家威爾伯．艾華特（Wilbur Atwater）決定堅持一個早期的、難懂的慣例，也就是在提到大卡的時候，只是簡單地將英文的「卡路里」的字首c大寫。這就像用字首y大寫的「碼」（Yard）來指稱英里一樣「合理」。從那時起，我們就難以擺脫食品標示上令人困惑的卡路里（或大卡）的混亂使用。當然，這只是美國漫長且令人尷尬的量測歷史中的另一個主題罷了。一個堅持使用茶匙、英吋和華氏的國家，顯然對於討論測量單位這方面有很嚴重的心理問題。（順道一提，如果你在文明世界旅行，想把食品標示上的焦耳換成卡路里，就用焦耳數除以四。）

由於功和能量是一體兩面，所以我們可以把我們的細胞所做的所有功，和它們所消耗的所有能量，視為衡量同一事物的兩種方式。我們可以交替使用「新陳代謝」和「能量消耗」。這就是為什麼像我這樣的演化生物學家，以及醫生和公共衛生領域的人如此執著於能量消耗，因為這就是我們衡量新陳代謝的方式：它是身體活動的基本度量單位。細胞做功的速度決定新陳代謝率，即每分鐘使用的能量。把你體內所有細胞的功加起來，就是你身體的新陳代謝率，也就是你每分鐘消耗的能量。你的新陳代謝率是你的細胞管弦樂隊的火力全開的力量，是三十七兆個微觀音樂家融入演出一場複雜的交響樂。

維持我們生存，而且被我們視為理所當然的複雜新陳代謝系統是演化上的奇蹟。耗費了近十億年的時間——經歷無名的幾兆個世代、千兆次的起跑犯規和死胡同——今天最簡單的單細胞代謝系統的基本框架才在這座星球上演化出來，是一個無窮的嘗試並（幾乎都）犯錯的過程。又過了二十億年後，才演化出最簡單的多細胞生物，具備整合後的新陳代謝系統和勞務分工。在這個過程中，生命不得不面對基本化學的一些重大挑戰：油必須與水混合；氧氣這種會燃燒和殺人的化學物質，必須受到駕馭才能維持生命；脂肪和糖每公克所含的能量比硝化甘油還多，因此必須小心翼翼地燃燒作為燃料，才不會把生物體炸死或活活煮死。

這還不是最奇怪的部分。我們身體做的所有功，都是由活在你細胞內稱為粒線體（mitochondria）的微型怪異生命體所提供動力的。粒線體有自己的DNA和它們自己二十億年的演化歷史，包括將地球上的所有生命從必然的末日中拯救出來的成績。而將你的食物消化成可用碎片的大部分工作，是由活在你腸道中的一個巨大的生態系統完成的。這個微生物群落由數兆個細菌組成，而將你的嘴和你的屁股連在一起的這條長長的蛇形通道——你的消化道——就是它們的家。

我們都是行走的嵌合體（chimera），一部分是人類，一部分是其他生物，每天都不做他想地施展奇蹟，將死去的食物變成活人。這個故事你可能已經聽過了，但你聽到的版本可能已經失去了魔力，只剩下教科書上冷冰冰的內容。它很值得再聽一次。不為別的，就因為這對於了解飲食如何影響你的健康，和你的身體如何燃燒能量（生命如何實際運作），是必須的重要基礎。

「綠色食品」眞的是人做的（或可以是）

至少早在古希臘時期直到十七世紀為止，人類（包括像亞里斯多德這種非常聰明的人）都認為蒼蠅、老鼠和其他生物體，可以從泥土和爛肉等這些無生命的物體中自行生長。這是有道理的：穀倉的角落裡本來放了一堆舊抹布和一些乾草，結果第二天老鼠就出現了。蛆似乎也是從放久了的屍體中一次爆發出來，而本來沒有人把任何東西放在那裡啊。由於沒有充分地掌握微觀世界或進行嚴格的實驗，所以對人來說，這是一個很難推翻的想法。直到路易斯．巴斯德（Louis Pasteur）在一八五九年進行突破性的實驗後，上述的想法才完全消失：他將肉湯煮沸，並證明如果你不讓灰塵和蟲子跑進去，裡面就不會有任何東西生長（從此我們便會對我們的食物使用巴斯德消毒法）。時至今日，學校利用「自行生成」這個典型例子，向孩子們說明過去的人是多麼愚昧，以及科學至今已經有多大的進展。

當然，認為蒼蠅可以從一具死屍中自然地出現是很荒謬的。但正如我們過去一個世紀對新陳代謝科學研究的了解，事實其實反而更奇怪。動物、植物和所有其他生物，本質上都是「自然生成的機器」，會用食物、水和空氣組裝自己和後代的身體。畢竟，蒼蠅除了是一臺用爛肉製造出小蒼蠅的小機器之外，還能是什麼呢？

一九七三年，一部經典且刻意的科幻電影《綠色食物》（*Soylent Green*，又名《超世紀諜殺案》）中，查爾頓・赫斯頓（Charlton Heston）飾演的主角震驚地發現，每個人都吃的綠色糊狀食物，其實都是由人類製成的，於是他在最後的戲劇性一幕中不斷大喊，希望有人能聽見：「綠色食物是**人**！」快轉到二〇一八年，在一個將藝術作品生活化的例子中，你可以買到以電影中用人肉製作食物的公司名稱為品牌的混合食品，這一管一管的糊狀營養品是為了忙碌或沒有朋友一起吃午餐的人所設計的，可以取代正常食物。我不知道它們的味道如何，但其中有一個品項就和電影中的人類製品同名。我非常肯定你現在能在網路上買到的「綠色食物」不是人做的。但是，關鍵來了：它**可以**是。你只要吃掉它就行。

你身體裡的每一個分子，每一公斤的骨頭和肌肉，每一公克的大腦和腎臟，每一片指甲和每一根睫毛，在你的血管裡奔騰的所有血液，全部都是由你吃過的食物碎片重新組合而成的。維持你的行動，讓你繼續活著的能量也來自你的飲食。人如其食，這不僅僅是一個老生常談的陳詞濫調，而是生命實際運作的方式。想到有相當大比例的美國人實際上是重新組裝後，會走路、會說話的大麥克，就讓人不寒而慄。我的孩子幾乎完全是用雞塊、義大利麵、優酪乳和胡蘿蔔建造出來的，也靠這些提供能量。我自己則主要是以椒鹽脆餅和啤酒為燃料。這一切是怎麼運作的？

跟著披薩走

讓我們從午餐開始。你坐下來吃一片熱騰騰、油亮亮的義大利臘腸披薩（素食者可以用其他食材代替肉和乳酪來進行這個思想實驗）。你咬一口之後開始咀嚼，麵皮、醬汁、肉和乳酪的豪華混合物在你的味蕾上跳舞，酥脆的餅皮撞上你的牙齒，氣味飄散到你的上顎後方，往上充斥你的鼻腔。太讚了。

此時煉金術已經開始。咀嚼以及用唾液混合食物，是消化你的飯菜及其主要構成部分——巨量營養素（macronutrients）——的第一步。巨量營養素分為三類：碳水化合物、脂肪和蛋白質。碳水化合物是澱粉、糖類和纖維，主要來自食物中的植物部分——你正在吃的披薩的餅皮和番茄醬。脂肪（包括油）來自植物和動物來源，如你的披薩中的乳酪和臘腸。蛋白質主要來自動物組織和植物的葉、莖和種子（包括豆類、堅果和穀物）。臘腸和乳酪含有豐富的蛋白質，散落在你的披薩上的羅勒葉也是。餅皮中也有蛋白質，包括使其有嚼勁，但經常遭到中傷的麩質。

這片披薩裡還有水，以及微量的其他元素，例如礦物質、維生素和你的身體需要的其他元素。但是碳水化合物、脂肪和蛋白質這些巨量營養素是食物主要的吸引力。它們建造你的身體，提供動力，是新陳代謝的原料。

圖2.1的流程圖顯示了食物中的碳水化合物、脂肪和蛋白質在你體內的去向以及它們的作用。你可以把這張圖看成巨量營養素的地鐵圖——一開始很難懂，但一旦你沿著每條線路從起點到終點走一遍，就很容易了。每種巨量營養素都有自己的路線，各有三個站點：消化，建造，和燃燒。像任何良好的運輸系統一樣，有一些支線可以把你從一條線帶到另一條線。讓我們出發吧！

碳水化合物

如果你的飲食是典型的美國風格，那麼碳水化合物大約占你每天消耗熱量的一半。事實上，儘管最近流行低碳水化合物飲食，但全球各地的人類，包括像哈札族這樣的狩獵採集者，從碳水化合物中獲得的熱量通常會比他們從脂肪或蛋白質中獲得的多（第六章）。我們畢竟是靈長類動物，而靈長類動物吃植物——特別是成熟的、甜的水果。碳水化合物是我們的主要燃料來源，我們有六千五百萬年依賴碳水化合物的歷史。

碳水化合物有三種基本形式：糖、澱粉和纖維。糖類和澱粉被**消化**後，會用來**建造**肝醣（glycogen）庫存，或是被**燃燒**成為能量（見左圖）。它們也可以轉化為脂肪，這我們會在下面看到。纖維就完全是另一回事了，它們在腸道中有調節糖和澱粉的消化和吸收的重要作用，並餵養我們腸道微生物群落中的數兆的細菌和其他小生物。事實上，微生物群落在消化纖維方面扮演關鍵的角色，沒有它，我們就麻煩了。但首先，讓我們跟著澱粉和糖類開始走。

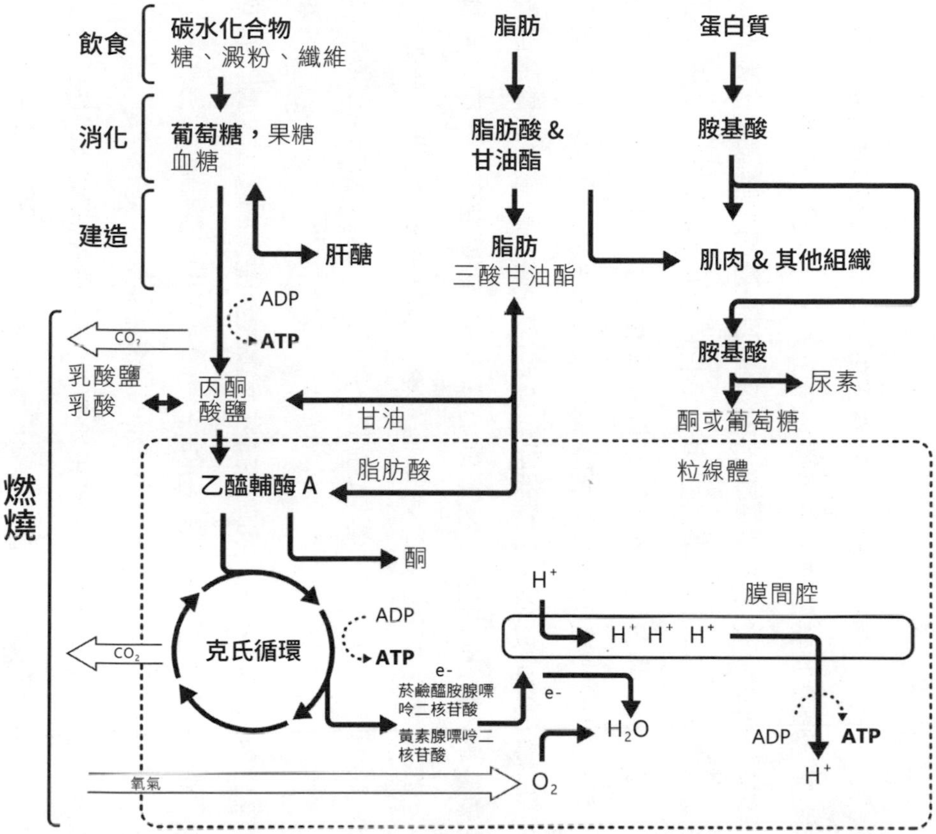

圖 2.1 巨量營養素的地鐵圖。每種巨量營養素（碳水化合物、脂肪、蛋白質）在體內都有自己的路線，各有三個主要站點：消化，建設，和燃燒。單向的箭頭表示單行道。雙向的箭頭則代表兩個方向都成立的路徑。為了清楚起見，一些路徑在這張圖被省略了。微生物群落消化纖維後產生的脂肪酸將加入脂肪的路線。糖類會被用來構建體內的一些構造，如 DNA。許多將胺基酸轉化為葡萄糖或酮類的路線沒有顯示在圖上。半乳糖是碳水化合物消化過程中最不常見的產物，所以也被省略了。e-：電子。H+：氫離子。

糖類只是小的碳水化合物——由碳、氫和氧原子形成的小鍊分子。最小的只有一個糖分子大，它們的專有名詞是單醣（monosaccharides），mono 就是「單」的意思，saccharide 就是「糖」。單醣類有葡萄糖（glucose）、果糖（fructose）和半乳糖（galactose）。其他糖——蔗糖（sucrose）、乳糖（lactose）和麥芽糖（maltose）——是由兩個單醣黏在一起組成，被稱為「雙醣」（disaccharides）。蔗糖（食糖）就是一個葡萄糖和果糖結合在一起，乳糖是葡萄糖結合半乳糖，麥芽糖則是兩個葡萄糖的結合。

澱粉就是一堆糖分子串在一起的長鏈。也因為有這麼多糖分子黏在一起，澱粉也被稱為多醣（polysaccharides，poly 就是「多」）或複合碳水化合物。到目前為止，植物澱粉中最常見的糖分子是葡萄糖，而植物澱粉分子可以有數百個葡萄糖分子長。澱粉是植物儲存能量的方式，這就是為什麼在馬鈴薯和山藥等植物的能量儲存器官中，澱粉含量很豐富。幾乎所有的植物澱粉（我們食物中的澱粉）都是由兩種多醣混合而成，稱為直鏈澱粉（amylose）和支鏈澱粉（amylopectin）。

不管來自什麼食物，澱粉和糖最後都會被消化成三種單醣之一。澱粉的消化從你的口腔開始，唾液中有一種澱粉酶（amylase），會開始將長的直鏈澱粉和支鏈澱粉分子分解成越來越小的碎片。分解分子或促進化學反應的蛋白質名稱通常以「酶」（-ase）結尾，而澱粉酶等消化酵素會將食物分子切成越來越小的碎片。澱粉在人類演化過程中非常重要，以至於我們演化得比其他任何人猿都能製造更多的澱粉酶，這一點我們將在第六章討論。

在你吞嚥食物後，食物糊最後會到達你的胃，此時酸會殺死搭食物便車進入你身體的細菌和其他有害物質。之後，食物被推出胃，進入小腸，並在這裡進行大部分的消化工作。在小腸中，澱粉和糖類會面臨腸道和胰腺產生的酶，進一步被分解。胰腺是一個大約十三公分長的器官，形狀像一根細瘦的辣椒，位於胃的下方，用一根短管連接小腸。它最有名的功能是生產胰島素（insulin），但在消化用的幾十種酶中，大部分也都是胰腺所產生（還有重碳酸鹽〔bicarbonate〕，會在胃酸進入腸道時中和胃酸）。這些酶的組合（它們的具體形狀和構造）和生成的程度（是否製造大量或少量的特定酶）都由你的基因控制。例如，如果你有乳糖不耐症，不能消化牛奶，就代表你的基因已經關閉了乳糖酶的組裝和生成，而乳糖酶是將雙醣乳糖分解成葡萄糖和半乳糖所必需的酵素，沒有其他酶能做這項工作，所以此時乳糖會完整地進入大腸，使那裡的細菌瘋狂進食，產生大量氣體和乳糖不耐症的所有可愛副作用。

澱粉和糖的消化會繼續進行，直到所有多醣和雙醣都被分解成單醣為止。由於你飲食中的大部分碳水化合物來自於澱粉，而澱粉完全由葡萄糖製成，所以你吃的澱粉和糖大約有百分之八十最後會成為葡萄糖。其餘則會被分解為果糖（約百分之十五）或半乳糖（約百分之五）。當然，如果你吃的是含糖量高的加工食品（這裡指的是蔗糖，就是葡萄糖加果糖）或高果糖玉米糖漿（大約百分之五十的果糖和百分之五十的葡萄糖與水混合），對你來說果糖的比例可能會高一點，而葡萄糖的比例會低一點。

這些糖會被腸壁吸收並進入血液中。我們的腸壁充滿了血管，在進食後，流向我們腸道的血液會增加一倍以上，以帶走營養物質，造成的結果就是人們熟悉的餐後血糖（幾乎都是葡萄糖）上升，特別在高碳水化合物的一餐後會更顯著。如果你吃的是加工食品，纖維含量低，容易消化，那麼碳水化合物就會很快被消化，糖分大量湧入血液，造成血糖急遽上升。這些食物被稱為具有較高的升糖指數（glycemic index），也就是在攝取某種特定食物兩小時後測得的血糖上升程度，和你吃純葡萄糖的上升程度的相對值。比較難消化的食物（更複雜的碳水化合物、更少的糖、更多的纖維）需要更長的時間來消化和吸收，導致血糖的上升時間較長、程度較低——以及低升糖指數。我們將在第六章討論飲食問題，但有一些證據顯示，低升糖指數的食物可能對你更好。

消化工作中的無名英雄是膳食纖維和你的微生物群落。纖維是一種我們的身體不能消化的碳水化合物（纖維有許多類別）——至少不能靠自己消化。這些堅韌的、長條的分子是賦予植物部分強度和結構的東西。來自我們食物中的纖維會像一條濕的針織毯一樣覆蓋在腸壁上，形成一個格狀的濾篩，減緩糖和其他營養物質被吸收到血液中的速度。這就是為什麼與一片柳橙相比，沒有多少纖維的柳橙汁升糖指數——糖進入血液的速度——要高出大約百分之二十五。

纖維還能養活我們的微生物群落，這是生活在我們的腸道中，幫助我們消化食物的活躍有機體生態系統。微生物群落大部分生活在大腸或結腸中，扮演處理纖維和所有其他小腸無法消化的東西的關鍵角色。我們才開始認識到微生物群落的重要性，但其規模是驚人的。微生物群落含有數兆個細菌，每個細菌都有自己的數千個基因，約莫是一個一．八公斤重的超有機體生活在你體內。這些細菌會消化我們吃下的大部分纖維，使用我們的細胞無法自行製造的酶產生短鏈脂肪酸，供我們的細胞吸收和使用能量。我們的微生物群落還會消化其他逃出小腸的東西，幫助免疫系統活動，幫助產生維生素和其他必要的營養物質，維持消化道正常運作。它對我們健康的影響是廣泛的，從肥胖到自體免疫疾病都包括在內，而且每天都有新的發現。在這一點上我們可以肯定的是，如果你的微生物群落不快樂，你就不快樂。

就我們的細胞而言，我們之所以會吃和渴望碳水化合物，就在於它們能為我們的身體提供能量，這是它們存在的理由。碳水化合物是能量。一旦糖分被吸收到血液中，它們就只有兩個去處——現在燃燒，或是儲存到以後（圖2.1）使用。這就是由胰腺產生的胰島素的作用，一些細胞會利用胰島素使葡萄糖分子通過細胞膜進入體內。

燃燒碳水化合物獲取能量是一個兩階段的過程，我們將在下面詳細討論。沒有立即燃燒的血糖會被收到你的肌肉和肝臟中的肝醣倉庫。肝醣是一種類似植物澱粉的複合碳水化合物。當需要能量時，它很容易被利用，但它相對較重，因為它的碳和水的比例相同（因此稱為「碳水化合物」）。它就像罐頭湯：調理方便，但因它與水一起儲存，所以很笨重。人類和其他動物一樣，在演化中過程中對我們身體所能容納的肝醣數量進行嚴格的限制。一旦滿了，血糖就得去別的地方，而唯一可以去的地方就是脂肪。

當你身體的能量需求得到滿足，並且你的肝醣儲存已滿，你血液中多餘的糖就會轉化為脂肪，我們將在下面討論這一點。脂肪庫存要作為燃料有點困難，因為將它們轉化為可燃燒的形式會需要更多的中間步驟。但脂肪是一種比肝醣更有效的儲存能量的方式，因為它能量密集且不含水。而且我們都很清楚，人體能夠儲存的脂肪數量幾乎沒有限制。

脂肪

脂肪的行程相當簡單——它們會被消化成脂肪酸和甘油酯（glyceride），然後在體內積聚成脂肪，最終被燃燒為能量。不過困難的地方在於脂肪很難消化。這歸結於基本的、熟悉的化學知識：油水不相溶。脂肪（包括油）都是疏水性分子，意思是它們不溶於水。但是像地球上的所有生命一樣，我們身體的系統是以水為基礎的。僅靠水，是不可能將大塊脂肪分解成微小碎片的——這就像沒有肥皂卻想洗乾淨一個油膩的鍋子一樣。演化的解決方案是什麼？膽汁。

長久以來，人們認為膽汁是四種體液之一，對於我們的情緒和氣質有影響，這是聰明人相信蠢事的一個有趣例子。非常聰明的人，從希波克拉底（Hippocrates）一直到一七〇〇年代的醫生和生理學家，都認為過多的黃色膽汁會使人具有攻擊性。如果醫生懷疑人們的體液失去平衡，就會用水蛭為他們放血，這也是現代醫學在一個多世紀前出現之前，醫生殺死的人可能比他們救的人多的原因之一。現在我們知道，膽汁是使脂肪得以消化的東西。

膽汁是肝臟產生的綠色汁液，儲存在膽囊中，膽囊是一個拇指大小的小袋子，位於肝臟和小腸之間，以短管與兩者相連。當脂肪從胃部進入小腸，膽囊會噴出一點膽汁到食物糊裡。膽酸（也稱為膽鹽）作用就像清潔劑一樣，會將脂肪和油團分解成微小的乳化液滴。一旦脂肪被乳化，由胰腺產生的「脂肪酶」（lipases）也會進入混合物，將這些乳化液滴分解得更小，變成稱為微胞（micelles）

的微型滴液，直徑只有人類頭髮的百分之一。這些微胞會形成、破裂、再形成，就像氣泡飲料中的氣泡一樣，而每次破裂時，都會釋放出它們所容納的單個脂肪酸和甘油酯（它們是連接到甘油分子上的脂肪酸），也就是脂肪和油的基本構成部分。

脂肪酸和甘油酯被腸壁吸收後，重新形成三酸甘油酯（triglycerides，三個脂肪酸像長條一樣連接在一個甘油分子上），這是體內脂肪的標準形式。在這裡，身體面臨著消化脂肪的下一個挑戰：因為它們和水不能混合得很好，所以通常會在例如血液這種水基溶液中凝結。結塊的血液會殺死你，堵塞你的大腦、肺部和其他器官中的小血管。演化的解決方案是將三酸甘油酯裝入被稱為乳糜微粒（chylomicron）的球形容器中，使脂肪不至於凝結在一起，但卻會因為包裝太大，無法經由毛細血管壁吸收後進入血液，所以也無法散布到身體各處。

因此，包裝在乳糜微粒中的脂肪分子被傾倒在淋巴管中。淋巴管一部分的功能是監視系統，另一部分是收集垃圾。它有自己的網路，遍布整個身體，會收集殘骸、細菌和其他垃圾後帶到淋巴結、脾臟和其他免疫系統器官進行處理。

它很適合收集大顆粒，如塞滿脂肪的乳糜微粒。淋巴管還會收集所有從你的血管中漏出的血漿（每天約二．八公升），再送回你的循環系統，因此它提供了一個進入血液的入口。嵌入腸壁的特化淋巴管稱為乳糜管（lacteal），它將乳糜微粒拉入淋巴系統，然後直接將它們傾倒在你的心臟上游的循環系統中。

白色的、充滿脂肪的乳糜微粒相當大，而且在高脂肪飲食後數量又如此之多，甚至能讓血液呈現奶油色調。但它們最終會被撕開，內容物會被拉入等待的細胞中儲存或使用。血管壁上的脂蛋白脂肪酶首先將三酸甘油酯分解成脂肪酸和甘油，接著會被恰如其名的脂肪酸轉運器分子拉到等待的細胞中，再被重新組合成三酸甘油酯。大多數脂肪會被儲存在脂肪細胞（adipocyte）和肌肉中，形成一個儲備燃料箱。這些儲存的三酸甘油酯是我們在腹部和大腿上感覺到的脂肪，或是在高級牛排上看到的大理石般紋路。當我們的身體開始在肝臟和其他器官中儲存大量的脂肪時，問題就出現了，可能會導致肝衰竭和其他一連串的健康問題。脂肪肝的成因還不是很清楚，但肥胖是一個主要的風險因素。

我們吃的一小部分脂肪會被用來構建細胞膜、包覆我們神經的髓鞘（myelin sheath），以及我們大腦的一部分等結構。構建這些組織所需的一些脂肪酸不能透過重新形成其他物質來製造，因此被認為是必需脂肪酸——你必須從你吃的食物中獲得它們。這就是為什麼食品廠商經常吹噓他們的魚、牛奶或雞蛋中的ω－3脂肪酸（一種必需脂肪酸）含量。像碳水化合物一樣，脂肪的最終目的——你渴望它的原因和你的身體費盡心思消化和儲存它的原因——是做為燃料燃燒。所有的動物都被演化為以脂肪的形式儲存能量，因為它在一個小包裝中儲存了大量的能量，二十八公克約有兩百五十五大卡的熱量，與噴射機的燃料相當，能量密度是硝化甘油的五倍以上，比典型的鹼性電池強近一百倍。令人高興的是，分解脂肪獲取能量的過程比炸藥爆炸的過程要慢。有一些脂肪經過消化，從腸道新鮮出爐後就立即被燃燒。但大多數時候，在兩餐之間，你的身體會以儲存的脂肪做為燃料運作：構成你儲存脂肪的三酸甘油酯會被分解成脂肪酸和甘油，用於製造能量（圖2.1），我們將在下面看到更多細節。

蛋白質

蛋白質的路線很有意思。與脂肪和碳水化合物不同，蛋白質不是能量的主要來源（除非你是肉食動物）。蛋白質的主要作用是建造和重建你的肌肉和其他組織，因為它們每天都在分解。你的身體確實會燃燒蛋白質作為能量，但它對你的日常能量預算貢獻很小。

蛋白質的消化從胃中一種叫做胃蛋白酶（pepsin）的酶為起點，它會開始將蛋白質分解。胃壁內的細胞會產生一種叫做胃蛋白酶原（pepsinogen）的酶前驅物，將胃酸轉化為胃蛋白酶，然後像剪刀手愛德華一樣，將它接觸到的所有蛋白質切碎。當食物離開胃，這個過程會由胰腺分泌的酶在小腸中繼續進行。

所有的蛋白質都被消化成它們的基本構成部分：胺基酸。胺基酸是形狀有點像風箏的分子——一個頭連著一個尾巴。它們都有相同的頭部：一個含氮的胺基（amine group）與一個羧酸（carboxyl acid）相連。不同的胺基酸是用它們的尾巴來區分，而且一定是由碳、氫和氧原子組成的某種結構。地球上有數百種胺基酸，但只有二十一種被用來在活的植物和動物體內構建蛋白質，當中有九種被認為是人類所必需的，這代表我們的身體不能自己製造它們，必須從飲食中才能獲得（別擔心，如果你還沒有死，就代表你有吃到它們）。至於其他的胺基酸，需要的時候你的身體就可以自己製造，通常是透過分解和重新組成其他胺基酸而成，但說到這我們就有些超出進度了。

胺基酸的下一站是建構組織和其他構成人體機器的東西（圖2.1）。一旦披薩片上的蛋白質被消化成胺基酸，它們就會被小腸壁吸收，進入血液。胺基酸從血液中被拉到細胞裡去構建蛋白質，也就是由胺基酸串成的鏈子。用胺基酸構建蛋白質是DNA的主要工作之一。基因只是一段DNA，根據特定的胺基酸序列排列形成蛋白質（有些基因是調節用的，本身並不會組成蛋白質，而是專門啟動或抑制組成蛋白質的基因）。DNA序列的變化（A、T、C和G的字串）會導致不同的胺基酸排列，形成略有差異的蛋白質，導致個體間的生物差異。胺基酸也被用來製造各種其他分子，如腎上腺素這種戰鬥或逃跑的激素，還有血清素，是我們的腦細胞用來溝通的神經傳送素之一。

這些相同的組織和分子會隨著時間而分解，最終會轉換回胺基酸的形式，透過血液流向肝臟。到了那裡，情況就變得有點棘手了。胺基酸中的胺基有一個與氨的化學式NH_3非常相似的結構：NH_2，（注意名稱的相似性，胺和氨）。就像喝含氨的家用清潔劑肯定會殺死你一樣，累積分解胺基酸產生的氨也會致命。值得高興的是，我們演化出了一個機制可以將氨轉換為尿素，然後透過血液進入腎臟，從尿液排出。正是我們尿液中的尿素使它具有刺鼻的氣味，這也很合理，畢竟它是由氨組成。

我們每天尿出相當於五十公克（約兩盎司）的蛋白質。運動會增加肌肉分解，使得尿液中的蛋白質含量增加。我們必須吃足夠的蛋白質來補充我們每天失去的量，以免處於蛋白質不足的狀態。如果我們吃的蛋白質超過所需，多餘的胺基酸就會轉化為尿素並透過尿液排出。所以如果你過度服用蛋白質保健食品，可能會使你排出非常昂貴的尿液。

蛋白質列車路線的最後一站，是燃燒胺基酸作為燃料（圖 2.1）。胺基酸含氮的頭部被切碎轉化為尿素後，繼續朝自己的路線前進，尾部則會被用來製造葡萄糖（這個過程稱為糖質新生〔gluconeogenesis〕，字面意思是「製造新的糖」）或酮，兩種物質都可以用來產生能量，後面會加以說明。蛋白質通常只是日常能量預算中的一小部分，每天提供約百分之十五的熱量。但在我們挨餓時，它們就會是極度重要的緊急能量供應來源，有點像燃燒家具好讓屋子暖和起來那樣。集中營受害者骨瘦如柴的模樣，是這個過程走向極端的可怕例子，因為他們的身體竭盡全力地自我消耗，藉此維持生命存活。

燒吧，寶貝，燒吧

在我們新陳代謝列車的路線圖上，所有的路線最終都會抵達一個地方：燃料。碳水化合物、脂肪和蛋白質都會將化學能量儲存在將它們的分子連接在一起的鏈當中。破壞這些鏈結就能釋放那些能量，那些用來為我們身體提供動力的能量。

在所有的生物系統中，包括我們的身體，能量有一個基本的、共同的形式：三磷酸腺苷（adenosine triphosphate），簡稱 ATP。ATP 分子就像微型充電電池，透過在二磷酸腺苷（adenosine diphosphate，ADP）分子上添加一個磷酸鹽分子來「充電」（注意它們名稱中的「三」和「二」表示 ATP 上有三個磷酸鹽，而 ADP 上有兩個）。一公克的 ATP 可保存約十五卡路里的能量（是卡路里，不是大卡），而人體在任何時候都只能保存約五十公克的ATP。這代表每個分子每天會從ADP變成ATP再變回來，重複三千次以上這樣的循環，為我們的身體提供能量。那麼，燃燒碳水化合物、脂肪和蛋白質，就是將糖、脂肪和胺基酸分子中的化學能量，轉移到將第三個磷酸鹽固定在ATP分子上的化學鍵的過程。當我們用食物來製造能量時，我們製造的是ATP。

讓我們從一個葡萄糖分子開始，這是我們身體用來獲取能量的最主要的糖類形式（果糖和半乳糖的故事基本相同）。這個葡萄糖分子可能直接來自於我們剛剛吃的碳水化合物，也可能來自於儲存在體內，剛剛被重新轉化為葡萄糖的肝醣。正如我們在碳水化合物那個段落的最後開始討論到的，燃燒糖類獲得能量是一個兩階段的過程。首先，葡萄糖（$C_6H_{12}O_6$）會在一個由兩個ATP分子提供能量的十步驟過程中轉化為丙酮酸（$C_3H_4O_3$）分子，但共產生四個ATP分子，最終是淨增加兩個ATP。這是一個相對快的過程，我們就是用它來為短時間衝刺的活動提供動力，如一百公尺短跑或在健身房舉重。

這是新陳代謝的第一階段，稱為無氧代謝，因為它不需要氧氣，你在電視上看第五十屆奧運比賽時就能體會到這一點：賽程中，頂尖短跑選手幾乎不會呼吸，舉重選手則會摒住呼吸。如果沒有足夠的氧氣，可能是因為我們沒有有效地呼吸，或者（更有可能）是因為我們的肌肉工作得太辛苦、太快，所以氧氣供應跟不上所有正在產生的丙酮酸的速度，此時丙酮酸會轉化為乳酸鹽，而乳酸鹽可以重新轉化為丙酮酸成為燃料，但如果累積太多，也可能成為可怕的乳酸，讓我們在努力工作和挑戰極限時覺得肌肉彷彿在燃燒。

第二階段，有氧代謝，就是我們需要氧氣的地方了。如果細胞中有足夠的氧氣，第一階段結束時產生的丙酮酸會被拉到細胞內一個叫做粒線體的腔室中。一個典型的細胞內會有幾十個粒線體，它們被稱為「細胞的動力室」，因為大部分ATP的產生都發生在粒線體內。這裡就是魔法發生的地方，是讓我們活著的化學之舞。

在粒線體中，丙酮酸被轉化為乙醯輔酶A（acetyl coenzyme A），或稱乙醯CoA，它會和ATP爭奪你可能從未聽說過，或已經完全忘記的「最重要化學物質」的稱號。乙醯輔酶A就像一節滿載乘客的火車車廂——碳、氫和氧原子——但沒有引擎來拉動它。隨之而來的是草醯乙酸（oxaloacetate），它與乙醯CoA扣在一起，並開始沿著一個被稱為克氏循環的圓形軌道拉動這輛列車，這列車將停靠八站，每站都有一些碳、氫和氧乘客上車或下車。這些原子的上上下下產生了兩個ATP。到了最後一站會只剩下草醯乙酸引擎，然後它就再扣上另一個乙醯CoA，重複這個循環。

重要的是，一些乘客在登上克氏循環列車時會被搶劫，它們的電子會被NADH（還原態的菸鹼醯胺腺嘌呤二核苷酸）和FADH（黃素腺嘌呤二核苷酸）分子偷走。這些NADH和FADH分子會衝到粒線體的後巷，把它們偷來的電子裝到膜上的一個特殊受體複合物中——牆上的一道門。粒線體是雙壁結構，就像一個保溫瓶，在內膜和外膜之間有一個小空間，稱為膜間腔。當偷來的電子被放到內膜複合構造上，帶正電的氫離子（供應量相當充足）會追逐帶負電的電子，最終讓自己被困在膜間腔裡。氫離子就像困在堰塞湖裡的魚，因電子的拉力流過內膜，卻發現自己被困在膜間腔裡，而且這裡很擁擠。

由於所有帶正電的氫離子都擠在一起，會有一種電化學力量將它們推出去，以達到內膜兩側的電荷平衡。但是，氫離子只有一個方法可以逃離這個內膜空間：內膜上一個像旋轉門的特殊構造。氫離子要在電荷的驅動下才能穿過這道旋轉門。當旋轉門開始轉動，會迫使ADP和磷酸鹽分子結合，製造出ATP。這才能真的發大財：一次產生三十二個ATP。電子和氫離子在內膜的複雜舞步被稱為「氧化磷酸化」（oxidative phosphorylation），是為你的身體提供能量的主要發電機。

那麼，葡萄糖分子本身，也就是一開始的碳、氧和氫原子，會變成什麼呢？請記住，我們使用的是將這些原子結合在一起的鍵所儲存的能量為ATP充電，而不是這些原子本身。相反的，組成葡萄糖分子百分之九十三質量的碳原子和氧原子，在葡萄糖轉化為丙酮酸的過程與克氏循環過程中，會被轉化為二氧化碳（CO_2）。氫在氧化磷酸化結束時會與氧結合形成水，也就是H_2O。我們吃碳水化合物只是為了把它們呼出來，讓我們周圍的空氣中充滿過去的馬鈴薯的骨骸；剩下的部分最終則會成為我們身體海洋中的水滴。

燃燒脂肪、發胖和生酮

我們使用完全相同的有氧呼吸步驟來燃燒脂肪，但這次不是從一個葡萄糖分子開始，而是從一個三酸甘油酯分子開始。它可能是從我們剛吃完的披薩而來的，被包裝在乳糜微粒中，或者是從我們儲存的大量身體脂肪中新釋放出來的。不管是從哪裡來的，三酸甘油酯都會被分解成脂肪酸和甘油，並轉化為乙醯 CoA（甘油會先被轉化為丙酮酸鹽；圖 2.1）。就像葡萄糖一樣，構成這些脂肪酸和甘油的碳、氧和氫原子，會以二氧化碳的形式被呼出或形成水。除了一小部分轉化為水之外，你燃燒的脂肪會經由空氣離開你的身體，由肺部排出。你呼出了你的食物。

如果我們燃燒大量的脂肪，無論是因為我們採取極低碳水化合物的飲食或是因為飢餓，產生的乙醯 CoA 中會有一些將被轉化為稱為「酮」（ketones）的分子。大部分的酮會在肝臟產生，是一種旅行版的乙醯 CoA，可以在血液中旅行到其他細胞，再重新轉化為乙醯 CoA，用於生成 ATP。像許多代謝轉換一樣，雖然大多數的酮是在肝臟中產生的，但整個身體都會使用。這是流行的那種生酮飲食所採取的途徑，推崇僅攝取脂肪和蛋白質，幾乎沒有碳水化合物的那套系統。由於碳水化合物列車的路線基本上已被關閉，所以所有交通流量都轉移到脂肪和蛋白質途徑。

由於酮類物質在血液中流動，所以也會在你的小便中出現。好奇和無聊的人可以在大多數藥局買到試紙。尿液中出現的酮類物質表明身體處於「生酮」狀態，並強烈依賴脂肪提供能量。

一旦你熟悉了圖 2.1 中的脂肪和葡萄糖途徑，就會明白為什麼極低碳水化合物的生酮飲食，如阿特金斯（Atkins）或流行的原始人（Paleo）飲食（我們將在第六章看到這根本不是原始人的飲食法）會導致大量脂肪流失。如果你不攝取碳水化合物，產生乙醯 CoA 的唯一途徑就是燃燒脂肪。當然，你也可以透過將胺基酸轉化為酮類或葡萄糖來燃燒蛋白質（有些胺基酸甚至可以形成分子，跳入克氏循環當中，就像一個孩子跳入旋轉中的交互繩裡），但就每天的卡路里而言，蛋白質通常只是扮演一個小角色。脂肪是低碳水化合物飲食的主要燃料，如果你吃的卡路里比你燃燒的熱量少，不足的部分會透過燃燒儲存的脂肪來滿足能量，而其中一些脂肪在燃燒前會被加工成酮類物質。舉例來說，大腦是一個特別挑剔的食客，一般只使用葡萄糖進行代謝，但如果沒有葡萄糖可用，它就會轉而燃燒酮類。

將脂肪轉化為能量的黑暗面是，軌道是雙向的。正如你在圖2.1中看到的，一個糖分子（葡萄糖或果糖）可以轉化為乙醯CoA，然後跳上脂肪酸的路線，而不是進入克氏循環，然後變變變！你把糖轉化為脂肪了。這是將脂肪轉化為乙醯CoA的相同過程，只是反向運行。

事實上，就像任何好的、有彈性的交通系統一樣，我們的新陳代謝途徑已經演化為會對交通狀況做出反應，並將分子送到最合理的目的地。*體內的糖供過於求？那就把多餘的葡萄糖和果糖轉換成肝醣。肝醣儲存滿了？把多餘的糖轉換成乙醯CoA。如果克氏循環列車因為能量需求太低而過度擁擠，就開始把乙醯CoA送到脂肪，那裡總是有很多可用的空間。肝醣倉庫會被裝滿，你無法儲存多餘的蛋白質，但你能增加多少脂肪是沒有限制的。

這就是為什麼我們應該懷疑任何以一種特定的營養素為目標，將之視為減肥的英雄或惡棍的飲食法。任何食物只要如果吃得太過量都不可能無害。熱量只要沒有被燃燒，不管是來自澱粉、糖、脂肪還是蛋白質，都會在你的身體裡變成多餘的組織。如果你是孕婦，或在健身房練身體的人，這些多餘的組織可能是有用的東西，如器官或肌肉。但如果你不是，這些額外的熱量，不管它們的飲食源頭為何，最終都會變成脂肪。這是我們需要了解的基礎知識，才能讓我們開始討論飲食和代謝健康實際層面上的複雜性。我們將在第五章和第六章中討論更多飲食法，以及哪些有效、哪些無效的證據。

被植物毒害

生活在幸福的、浪漫的無知中是否更好？我當然可以想像這種主張。當你覺得大自然只想給你一個大大的溫暖擁抱時，你會更容易面對這一天——相信自然界，甚至你的人類同伴本質上都是好的。痛苦和死亡可能不可避免，但那只是因為我們笨拙、容易犯錯，而且與宇宙的的和諧原則不一致。只要我們放開心胸，感受業力的流動，懷抱慷慨和善良，世界一定會有所回報。只要我們能回到自然狀態，像我們的狩獵採集者祖先一樣就好。

是嗎？

今晚是大草原上的電影之夜。整個哈札族營地的人都在黑暗中聚集在伍德的筆記型電腦周圍，電腦上正在播放一部自然紀錄片，每個人都很喜歡。每當一個新的動物主角走進畫面裡，人群中就會湧現出討論聲。喔！看那隻牛羚！哇，老兄，那隻長頸鹿好大！接著是在水坑邊的夜晚場景。大象來喝水了，在這旱季的高峰期，牠們非常渴，但獅子就潛伏在附近。獅群撲向一頭小象，牠驚恐

＊原註：我知道對於生活在像美國這種「發展中」國家的讀者來說，這個類比可能會失去意義，因為這些國家缺乏正常的公共交通系統，但相信我：這就是公共交通系統該運作的方式。

地逃跑，但獅子咬上牠的後頸。小象舉起小象鼻，發出痛苦的小象哭聲。包括我在內的觀眾們都看得全神貫注。成年大象試圖趕走獅子，但沒有用。獅子太多了，牠們如忍者一般發起進攻，一個接著一個，從深深的傷口中吸血。很快地，一切都結束了。一隻小象！天哪，太可怕了。當然，大自然犯錯了。這種令人厭惡的事情不應該發生。

哈札族中爆出一陣歡呼。哈！獅子抓到牠們了！

我目瞪口呆。哪一種變態居然會支持獅子？*

接著我開始體會到，為大象感到難過是在工業世界中生活的一種奢侈，我們是透過電視螢幕體驗自然。在這裡長大，每天生活在大自然中的人，就明白它可沒有要和你相親相愛的意思。大自然可不是為了讓你在精神上有所成長而上演什麼精彩戲碼。相反的，你只是一大群亂糟糟的物種裡的其中之一，有些物種是惡毒的，有些是冷漠的，但沒有一個是你的朋友。哈札族討厭大象，因為大象體型龐大，脾氣暴躁，偶爾還會殺死哈札族。他們對大象的感情就像他們對蛇的看法一樣，而哈札族**討厭**蛇。

哈札族不會為他們獵殺的動物哭泣，就像你不會為一杯優格哭泣一樣。他們並不憤世嫉俗也不頹廢，但他們知道這就是種交易。身為生態系統的一部分代表你會吃掉對方，無論那是植物還是動物。那些在微風中捕捉到你的氣味並轉身跟隨的野生鬣狗，在撕咬你的內臟時不會感到任何悔意。這不是針對你，只是討生活而已。要在真實的、正常運作的生態系統中理解生命，就必須放棄浪漫的、迪士尼式的神話，因為這些神話是我們在受到庇護的郊區中發展出來的。

透過演化論的角度理解世界，也敲醒了同樣令人迷惑的警鐘。達爾文第一次清楚地看到，物種都在為有限的資源而競爭，努力尋找食物而不成為食物。自然界中既沒有「好」也沒有「壞」——是**我們**把這些文化評價放在一群原本不具道德觀念、目空一切的角色身上。即使是那些看起來明顯是為了我們的利益而做的事情，也是由演化中的自私的、別有用心的動機所驅動。果實，那些來自樹上的禮物，沉甸甸的香甜果肉，只是一種散播種子的聰明方式；狗已經演化成以我們的情感為獵物，牠們要我們的愛，因為人類是狗食的重要來源；而那些讓我們的星球充滿生機的、茂盛的綠色植物呢？它們已經悄悄地毒害了我們二十五億年了。

生命需要能量，而在我們星球上演化出的第一個燃料系統是光合作用。最早利用太陽能量的細菌在進行光合作用時靠的是氫氣和硫磺，而不是水。然後大約在二十三億年前，在年輕、遍布岩石的地球的某個淺水池裡，演化出一種新的光合作用配方，將水（H_2O）和二氧化碳（CO_2）轉換為葡萄糖（$C_6H_{12}O_6$）和氧氣（O_2）。陽光提供了這種轉換所需的能量——這些能量會被儲存在葡萄糖的分子鍵中。

這種新型的光合作用被稱為**含氧**光合作用，因為它產生的廢物是氧氣，這徹底改變了遊戲規則。含氧光合作用的生命在地球上開始殖民，吸收二氧化碳和水並噴出氧氣。我們傾向認為氧氣是好東

＊原註：這問題在底特律的足球迷身上也同樣適用。

西，是維持生命所需，但它真正的化學性質是破壞性的。它會偷走電子並與其他分子結合，完全改變它們，並經常使它們四分五裂。氧氣是毀滅之神濕婆（Shiva），使它接觸到的一切緩慢地（生鏽）或猛烈地（燃燒）被抹煞。

起初，植物產生的新氧氣被泥土和岩石中的鐵吸收，在地殼中形成巨大的、被氧化的「紅色岩層」（red bed），然後海洋吸收了它們所能容納的所有氧氣。之後，大氣層的氧氣含量開始從零攀升到超過百分之二十，因為全球各地的光合作用植物有增無減地持續噴出這有毒的東西。隨著氧氣含量飆升，它開始扼殺生命，這一事件被稱為「氧氣大浩劫」（Great Oxygen Catastrophe）。地球正處於成為一個死亡星球的邊緣。

體內異種：粒線體和氧的歡樂頌

在難以想像的漫長演化時間裡，不可能發生的事會成為常態。想想被閃電擊中的機率，在美國，一個人每年有七十萬分之一的機率被擊中，就算你活到七十歲，你一生中被擊中的機率仍然是令人放心的低，是一萬分之一。但是如果你活了三十億年，眼看著地球上生命的全部歷史發展呢？在這個時間範圍內，你可能會被閃電擊中超過四千兩百次。

當我們考慮到細菌和其他單細胞生物數量龐大的微觀群落演化時，這些數字就更難掌握了。二十八・三五公克的「乾淨」飲用水中有超過一百萬個細菌，而地球上大約有十三・八六億立方公里的水。這使得這座星球上水生細菌的總數（不考慮陸地上的任何細菌）約為四十乘十的二十七次方，也就是四十後面有二十七個零。就算它們每天只複製一次，一年也會複製十四乘十的三十次方次。一個隨機突變的出現改變了一個代謝途徑，使一些以前無法使用的化學物質成為食物的來源，這個機率有多大？就算機率只有一百兆分之一，我們也可以預計每年會有超過十萬兆次這樣的變異。在演化歷經的數百萬年裡，這種突變幾乎不可避免。

隨著年輕的地球在漫長歲月中慢慢充滿有毒的氧氣，也帶來了一個契機。數十億年來那些數不清的活著、變異和繁殖的細菌當中，有些意外找到了一個似乎不可能的解決方案，一種利用氧氣製造燃料的方法：氧化磷酸化。穿梭在膜間腔的電子使這些細菌能夠逆轉光合作用的過程，利用氧氣來分解葡萄糖的鍵，釋放出儲存在其中的太陽能，產出的廢物則是二氧化碳和水，也就是進行光合作用的原料。

這是生命演化過程中的一個里程碑事件。有氧代謝開闢了一個新的、不受約束的領域，一種生命運作的新方式。使用氧氣的細菌很快稱霸了整個地球，多元地形成了新的物種和家族，迅速變得無處不在。

接著發生了另一個不可能的事件。在早期簡單形式生命的世界裡，會有邪惡的細胞吃細胞的情況，大量增生的有氧細菌本來可能會是另一道美味的新菜色。當一個細胞吃另一個細胞時（無論是後院溪流中的阿米巴蟲吞噬草履蟲，還是你血液中的免疫細胞殺死入侵的細菌），它會吞噬獵物，將受害者帶入自己的膜內分解和燃燒，作為生命的燃料。但是，當數不清的數十億有氧細菌在數億年中被吃掉，有一小部分（也許只有一兩個）逃脫了毀滅的命運。它們克服了種種不利因素，完好無損地存活下來，在它們的新宿主體內繼續生活。它們是鯨魚肚子裡的小小約拿。

而且效果非常好。

這些嵌合細胞（chimeric cell）在中土的海洋中擁有比其他細胞更多的優勢。有了專門產生能量的細菌，這些雜交細胞在將能量轉化為後代的戰鬥中勝過了其他細胞，擁有一個內部的細菌引擎從此成為常態。今天地球上的每一種動物，從蠕蟲到章魚到大象，都繼承了這一項偉大的演化躍進。和所有其他動物一樣，我們的細胞中也攜帶著那些拯救地球的有氧細菌的後代，它們就是我們的粒線體。

「粒線體是由共生細菌演化而來的」這個革命性的觀點，是由獨具見解的演化生物學家琳・馬古利斯（Lynn Margulis）所主張的。雖然早在一八〇〇年代，研究者就透過顯微鏡發現了粒線體和細菌在視覺上的相似性，並提出粒線體起源於細菌的可能性，但馬古利斯才真正賦予了這個想法生命和重量。她在一九六〇年代末寫了一篇關於這個理論的里程碑論文，但這篇論文卻被十幾家期刊拒絕，因為它太離經叛道，但她依舊堅持主張。在之後的幾十年裡，人們清楚地看到馬古利斯的離譜想法是完全正確的。

我們細胞內的粒線體保留了它們自己奇怪的DNA環，殘留的片段洩漏了它們身為細菌的歷史。我們盡職盡責地餵養和照顧它們，就像我們寶貴的寵物一樣，我們的心臟和肺部致力於為我們的粒線體提供氧氣，並運走它們產生的二氧化碳廢物。如果沒有它們和神奇的氧化磷酸化，我們就無法維持我們認為理所當然的精力旺盛，生命也將永遠不會演化成我們今天所看到的宏偉奇觀。

正因為氧氣是電子小偷——這也是使它具有如此強大破壞力的原因——所以它是氧化磷酸化的基本成分。氧氣是所謂的電子傳輸鏈中的最後一個電子受體，這支接力的隊伍會沿著粒線體的內膜傳遞電子，將氫離子拉入膜間腔。沒有氧氣，電子傳輸鏈就會停止，克氏循環會倒退，粒線體隨即關閉。當電子從電子傳輸鏈的末端跳到氧氣上，它們會吸引氫離子形成水，即 H_2O。你的粒線體能從你每天吸入的氧氣中，形成超過一杯的水（約三百毫升）。

準備起跑

在巨量營養素和粒線體、路徑和 ATP 生產的基本層面上，所有動物（包括人類）基本上都是一樣的。圖 2.1 同樣適用於蟑螂、牛，還有加州人。然而，在有氧代謝和粒線體出現後的近二十億年裡，生命演化出了驚人的多樣性，但都使用相同的基本代謝框架。新陳代謝被加速和減慢，被調整和塑造，為動物移動、生長、繁殖和修復的無數方式添柴加薪。正如我們在上一章中所看到的，這些新陳代謝的變化已經以關鍵的方式塑造了我們自己的物種。

現在我們已經建立了所有動物都有的新陳代謝基礎知識，接著讓我們來探索演化如何塑造牠們

＊編註：在《聖經》的〈約拿書〉中，先知約拿因不願前往尼尼微傳教而在海上遭大魚吞噬，在魚腹中待了三天三夜後才被吐出。

成為各形各色的模樣。讓我們看看吃氧引擎能帶我們到哪裡，以及它們在現實世界中如何日常運作。我們每天到底燃燒了多少能量，這些能量都花在什麼地方？走一公里、戰勝感冒或製造一個嬰兒需要多少能量？我們真的能用咖啡、飲食或超級食物來「促進」新陳代謝嗎？我們的身體如何設法提供適量的燃料來滿足我們的日常需要？為什麼我們的新陳代謝引擎會耗損和失效？死亡是燃燒能量不可避免的代價嗎？是為了獲得在人世享樂的機會而進行的魔鬼交易嗎？

最重要的是，我得跑多遠才能擺脫因為吃了一個美味甜甜圈帶來的罪惡感？

CHAPTER 03

我將為此付出什麼代價？

What Is This Going to Cost Me?

大自然下的是西洋棋而非西洋跳棋。地球上有多少物種，就有多少種贏得生命遊戲的策略。

在波士頓郊外半小時車程的森林深處，一座除役的冷戰導彈發射場的地面上，隱藏著一群奇怪的生物和一群正在努力揭開生命之謎、滿腔熱血的書呆子。這裡是哈佛大學的田野研究站，是新英格蘭古老農場和瘋狂科學家實驗室的混合體。當秋天的樹葉色彩繽紛地飛舞，鴯鶓像暴躁的恐龍一樣在牧場上大搖大擺地走來走去，小袋鼠在附近的草地上蹦跳，山上的山羊和綿羊似乎是典型的田園牧歌式的羊群，但請注意牠們項圈上的小黑盒，就像七四七飛機上的飛行記錄器一樣記錄著牠們的一舉一動。在低矮的水泥磚建築內，你會發現有珍珠雞在微型跑步機上跑步，或者青蛙在微小的儀器化平臺上跳躍，藉此測量牠們的加速度；蝙蝠和鳥類在走廊上飛來飛去，而靠咖啡因保持清醒的研究生則和高速紅外攝影機一起觀察牠們。

那是二〇〇三年的夏末，我正在親愛的哈佛大學攻讀博士學位，在這裡學習為我的論文測量能量消耗的每個步驟。我到現在還記得我剛開始在田野研究站工作的那幾個星期，我覺得自己就像是特務詹姆士龐德的祕密實驗室裡那個新來的、毫無準備的實習生——不過這個〇〇七計畫是以動物為對象，而不是超級惡棍。山羊在北邊的圍欄裡，跑步機在那扇門後，氧氣分析儀在推車上。祝你好運，盡量不要打破任何東西，還有別忘了清理山羊的糞便。在某些日子裡，你很難區分沉浸式學習和溺水的之間的差異。我愛極了這種處境。

我曾花一上午的時間把名為奧斯卡的狗放上跑步機，測量牠行走和小跑時消耗的能量。在我的研究中，狗必須戴上一個大的透明塑膠面罩——一個用三公升汽水瓶做成的臨時太空人頭盔——才能把牠們呼出的氣引導進氧氣分析儀。奧斯卡是一隻被收容所救援的混血鬥牛犬，也是我研究生同學莫妮卡的忠實夥伴，牠對跑步機的喜愛程度近乎狂熱。我用熱狗在面罩的內側抹了幾圈，這招對牠很有用。莫妮卡的辦公室就在跑步機實驗室的走廊盡頭，每當有其他狗在跑步機上跑步時，她就必須確保奧斯卡被關在裡面，以免牠妒火中燒。

一開始這只是一個測量人類、狗和山羊行走和跑步成本的天真計畫，後來卻漸漸發展成為一種對測量能量消耗的專業痴迷。沒多久我就前往加州參加另一個計畫，測量黑猩猩用兩條腿或四條腿走路的耗能。接下來我又要求人類在跑步時將雙臂交叉在胸前，想藉此弄清楚擺動雙臂的能量優勢（很微小）。雷克倫、伍德和我在二〇一〇年和二〇一五年的夏天，帶著一個可攜式代謝實驗室，在哈札族營地測量我們能想到的每一項哈札族活動的能量成本，包括走路、爬樹、砍伐蜜蜂的巢穴、挖掘塊莖。就在去年，我與堀內雅弘（Masahiro Horiuchi）以及其他在日本的合作者一起工作，計算人類每次呼吸和心跳所消耗的能量。

你可能會以為這種冷僻的興趣會使我成為一個異類，甚至是被學界排擠，但事實上，世界各地的大學都有專門測量能量消耗的實驗室。這是一個充滿活力、甚至兼容並蓄的生物學和醫學領域，每年還會舉辦研討會。但如果說不是只有我一個人對此痴迷，聽起來只會更奇怪。為什麼有人會把自己的職業生涯奉獻給測量這些活動的耗能成本？

在生命的經濟學中，卡路里（熱量）就是通貨。資源總是有限的，花在一項任務上的能量，就不能花在另一項任務上。演化是一個無情的會計：在生命結束時，唯一重要的就是一個有機體產生了多少存活下來的後代。從天擇的角度來看，那些不精打細算熱量耗損的有機體，勢必減少繁殖。下一代將充滿那些謹慎的、精明的花費者的後代——那些最善於獲取能量、最有效地分配這些熱量的生物。由於生理和行為傾向是遺傳的，所以這些後代會傾向以與父母相同的方式耗費自己的熱量。新的一代會再次重複這個競賽，但這一輪的競爭更加激烈，因為最沒有效果的競爭者已經被淘汰了。經過漫長的歲月後，剩下的有機體都是那些在獲取和消耗熱量方面有著精明策略的生物。每個物種都代表一種特殊的代謝策略，並會根據其環境進行校準——在這場永無止境的生命遊戲中擬定最新策略。

想知道一個物種的生理學是如何被演化所塑造嗎？想了解不同的任務是如何在艱困的情況中依照輕重緩急被排序嗎？那就跟著卡路里走吧。

站在巨人的肩膀上

沒有什麼比吃和呼吸的需求更明顯了，但新陳代謝的科學卻花了很長的時間發展。我們在第二章中所談到的每一個細節，圖2.1中的每一個字和箭頭，都是某人——或者更多的時候是許多人——花了好幾年時間才弄明白的。這段歷史可以追溯到兩個多世紀以前。

新陳代謝科學的早期突破是在十八世紀中晚期，當時歐洲和美國的研究人員發現了氧氣和食物的作用。那個時代的科學家就像自古以來的所有人一樣，知道人類和其他動物需要吃和呼吸才能生存，甚至已經把火和新陳代謝連結，體認到人類和其他哺乳動物會產生體溫，但這兩方面的細節都很模糊。沒有人知道我們到底需要從空氣中獲得**什麼**，或是我們的身體確切來說是**如何**使用食物的。當時對我們第二章中提到的科學一無所知。

早期的新陳代謝研究是從完全落後的世界觀開始的，這一點也沒有幫助。隨著啟蒙運動展開以及現代西方科學在十七世紀誕生，人們普遍認為我們並沒有從空氣中獲得**任何**重要的東西。相反的，科學家認為身體的熱（以及火的熱）代表了一種他們稱之為「燃素」（Phlogiston）的物質離開身體。燃素被認為是可燃物中的基本物質，使這樣的材質易燃，並會在燃燒時被釋放出來。空氣會吸收燃素，但容量有限。這就是為什麼用罐子蓋住蠟燭後蠟燭會熄滅：一旦罐內的空氣達到燃素飽和，燃素就不能再釋放出來，蠟燭就無法燃燒。

直到一七七四年，化學家約瑟夫・普里斯特利（Joseph Priestley）才發現了氧氣。他將氧氣稱為

「去燃素空氣」，認為氧氣是一種空氣淨化後的形式，不含燃素。普里斯特利在訪問巴黎時，將這種物質介紹給了化學家安東萬．拉瓦錫（Antoine Lavoisier）。兩人都被燃燒的科學所吸引，不過被許多人認為是現代化學之父的拉瓦錫，不接受普里斯特利所謂「去燃素」空氣的觀點，相反的，拉瓦錫認為這種氣體本身就是一種物質，並稱之為「氧氣」或「酸製造者」，因為它喜歡偷竊電子並形成酸（這些特性使氧氣在電子傳輸鏈中如此關鍵）。拉瓦錫是第一個發現到火會消耗氧氣的人。他有一種直覺，認為有機體也會這樣。

一七八二年，拉瓦錫和他的夥伴皮耶－西蒙．拉普拉斯（Pierre-Simon Laplace）進行了一個巧妙的實驗，為代謝科學帶來根本性的突破。他們把一隻天竺鼠放在一個小的金屬容器裡（蓋上蓋子，但有呼吸孔），並把牠放在一個部分裝了冰的更大的水桶裡。然後他們在天竺鼠容器的兩側和上方也裝上冰塊，在水桶的底部打開一個排水口。透過測量從桶中排出的水，他們就能夠測量天竺鼠發出的熱量。拉瓦錫和拉普拉斯計算了燃燒的熱量與天竺鼠產生的二氧化碳量的比例，發現與燃燒木材或蠟燭蠟的比例相同。拉瓦錫得出結論，呼吸就是燃燒，亦即新陳代謝的本質就是燃燒。

想像一下，如果拉瓦錫沒有在幾年後的法國大革命中被送上斷頭臺，他還會有什麼發現。

經過數十年艱苦的實驗，科學家才證明了食物在火中燃燒時產生的熱量，與食物在體內燃燒時產生的熱量完全相同，而且消耗的氧氣和產生的二氧化碳量也相同。建立起這些基本規則後，科學家們有了兩種測量能量消耗的一般方法：他們可以測量產生的熱量（稱為「直接量熱法」〔direct calorimetry〕）或測量氧氣消耗和產生的二氧化碳（稱為「間接量熱法」〔indirect calorimetry〕）。從實際的層面來看，測量氣體要比測量熱量容易得多。因此，到了十九世紀末，新興的營養學和能量學領域的先驅都使用耗氧量和二氧化碳產生量，做為測量人類和動物燃燒的熱量的主要方法。

再快轉一百年，我還是用一樣的方法來測量奧斯卡在跑步機上行走和小跑時的能量消耗。正如你在圖2.1中看到的，燃燒碳水化合物、脂肪和蛋白質會消耗氧氣並產生二氧化碳。測量氧氣消耗和二氧化碳是測量卡路里的標準方法，氧氣和二氧化碳本身並不是能量，但它們與ATP的產生及能量消耗關係密切，是能夠衡量新陳代謝的可靠、準確的方法。

現在說說細節。由於氧氣和二氧化碳是間接測量能量消耗的方法，所以在用它們測量新陳代謝時，有一些重要的細節需要考慮。首先，身體在達到氧氣消耗和產生二氧化碳的穩定狀態之前，需要先進行幾分鐘的活動。如果你經常運動，你就已經知道了這一點：你的呼吸和心跳要在運動一段時間後才能達到運動中期的節奏；短跑或舉重這類短暫爆發的活動，因為持續的時間不夠長，所以無法達到穩定狀態，而且它們依靠的是不消耗氧氣的無氧代謝，因此很難測量。此外，即使是相同分量的氧氣消耗或產生的二氧化碳，燃燒的能量也會依據你燃燒的是較多的碳水化合物、蛋白質，還是脂肪而有一些變化。不過很方便的是，燃料的混合成分比可以從消耗的氧氣和二氧化碳產生的比率（稱為呼吸交換率或呼吸商）中計算出來，精準測量能量的消耗。

儘管有這些挑戰，研究人員依舊成功調查了人類驚人的多樣活動所需的能量成本，這些測量結果就是每種健身器材和那些在網路上能告訴你燃燒了多少卡路里的計算機所使用的參考資料。在滑步機上運動、搖動你的智慧手錶，或者在你的飛輪課上像個瘋子一樣狂踩所甩掉的卡路里數，都是以在實驗室裡辛苦工作的某個測試團隊測量出的氧氣消耗和二氧化碳產出為基礎所算出的——至少應該是這樣，不過可沒有什麼新陳代謝警察來檢查這些數字是不是捏造的。

能量消耗，通常會以代謝當量（metabolic equivalent），或簡稱MET來描述記錄。一個MET的定義是每小時每公斤體重消耗一大卡，大約是休息時的能量成本。自一九九三年以來，芭芭拉・安斯沃思（Barbara Ainsworth）和她的團隊每隔幾年就會編寫《身體活動綱要》（*The Compendium of Physical Activity*），對於任何想知道某項活動的熱量成本的人來說，這是一項權威的資料來源。書中列出八百多種活動的MET值，從日常活動（「打字：電動、手動或電腦」，一・三MET）到意想不到的活動（「用魚叉

表 3.1 各種活動的能量成本

說明：1 MET = 每 1 公斤體重每小時消耗 1 大卡

活動	MET	註
休息	1.0	睡眠比較低，是 0.95 MET
坐著	1.3	與閱讀、看電視、使用電腦相同
站著	1.8	雙腳行走
瑜伽	2.5	哈達瑜伽
行走	3.0	在堅硬的平地上，時速 2.5 英里（4 公里）
運動	6.0-8.0	足球、籃球、網球等有氧運動
家務	2.3-4.0	清掃、洗曬衣、擦地等
高強度	10-13	海軍海豹部隊訓練、拳擊、激烈划船等

捕魚，站立」，二・三MET），從莫名模糊其詞的活動（「性活動，一般，中等強度」，一・八MET）到有點令人擔心的具體活動（「步行，倒退，時速三・五英里，上坡，坡度百分之五」，六・〇MET）都有。我在表3.1中列出了一些常見的活動和它們的能量成本。

到處走走：走路、跑步、游泳、和騎自行車的成本

「七點四十五分，走路。」

還不到早上八點，在陽光下已感炎熱。原本在哈札族營地的一個涼爽早晨，現在又成了另一個酷熱日子。我和一群在吃她們每日外出覓食成果的哈札族婦女在一起。這一天，她們吃的是康果羅比莓果（Kongolobi berry）：豌豆大小的堅硬球體，幾乎全是種子，只有一層薄薄的香甜果肉。

我們在早上七點前離開營地，我和女人們排成一列鬆散的隊伍，沿著偶爾被荒原路華越野車或小貨車在路上開出的一條模糊的小路大約行軍了半個小時。這條小路沿著伊雅西湖東部湖岸的平地爬上來，越過多石的堤卡山，讓那些有理由前往多漫佳（Domanga）村（以及有著良好汽車懸吊系統）的稀有旅人有一條捷徑能走。每隔幾星期就會有一輛卡車從這裡經過，恰到好處的車流量讓金黃色的草地和堅韌的灌木叢不至於被完全抹去。當這條路沿著堤卡山頂蜿蜒前行時，有一個彎道經過了森格利營地（Sengeli Camp），住在那裡的哈札族經常把這個彎道當作進出家門的道路。

「早上七點五十分，走路。」

我們走過一望無際的金色乾草海洋，經過阿拉伯膠樹群、高聳的猴麵包樹，以及茂密的乾燥、木質灌木叢。最後，我們來到了一片康果羅比灌木林，婦女們離開了荒原路華越野車的車道，分散開來。她們有效率地從細莖上剝下一把漿果，塞進她們的congas裡面。congas是五顏六色的長方形薄布，大小與海灘巾相當，像斜背包一樣綁在她們肩上，形成一個掛在臀部位置的深口袋。我當天的任務是跟著六十五歲的婦女米萊（Milé）早上去採摘漿果。米萊同意讓我跟著她並做記錄，但有一項不言而喻的默契，就是我要盡量不妨礙別人，也不要太煩人。

這種所謂的重點追蹤是人類學維生的工具——進行日常觀察，累積一段時間後，便能詳細描繪一個特定族群的生活。訣竅是不要顯得唐突，這樣一天的工作才能在不受你干擾的情況下展開。手忙腳亂地拿筆記本或因熱衰竭而昏倒，都是很糟糕的形式。我的身體還算不錯，背包裡有一瓶水和一條燕麥棒；我並不擔心會中暑。我按照伍德的指示做筆記，他已經做了幾十次這樣的跟蹤調查，是一位合格的人類學家。我右手拿著一枝錄音筆，每隔五分鐘就小聲記錄米萊在那一刻在做什麼。

「七點五十五分，走路。」

我唯一的問題是，我越來越意識到自己的突兀。我不僅默默地在周圍徘徊不去，像天主教學校舞會的監護人一樣觀察每個人，而且每隔五分鐘就對著錄音筆說話，彷彿我是世界上最糟糕的間諜。我越想安靜下來，就越覺得荒唐，在非洲大草原的廣闊曠野中對著一個小黑盒子說悄悄話。而且幾乎總是說同一個詞：走路。

身為哈札族就是要走路、走路和走路。每天都一樣。一個哈札族婦女平均每天約走八公里；哈札族男子則是約十三・七公里。米萊這個年齡的女性，一生會行走十六萬公里以上，足以繞地球四圈。一個哈札族男性如果活到七十歲，可能會走完到達月球所需的三十八・五萬公里。

「早上八點，走路。」

我們在幾個小時後終於回到營地，伍德問起我的跟隊情況如何。我告訴他，很好。一切順利。沒有問題。我不好意思提起我對內容只有「走路」的紀錄感到惱怒。當然，這反映了我作為一個成年人和一個人類學家的糟糕表現。伍德和我是在哈佛讀研究所時認識的朋友，雖然我們都在人類學系，但我們接受了非常不同的訓練。當我在田野研究站把狗和山羊放在跑步機上學習代謝生理學時，他正與哈札族一起生活，學習真正的人類學田野工作的規矩——重點追蹤、採訪、覓食生態學。多年後的今天，在與哈札族進行田野工作時，我急著想避免自己成為最弱的一環。我也不想承認自己在使用錄音筆時感覺像個白痴。認真、專注的人類學家不會讓虛榮心之類的東西阻礙到他們的工作。

不過，後來在吃飯的時候，當伍德、雷克倫和我談起今天的事，並規劃下一步時，我還是坦白了。我說，每隔五分鐘就對著錄音筆重複「走路」，感覺有點……奇怪，就像一個遊蕩在賓州車站，對著壞掉的 iPhone 說話的瘋子。

「其實……你不必那麼做，」伍德說。

什麼?!不以精確的五分鐘間隔來記錄所發生的事情，似乎嚴重違反了人類學家的觀察守則——如果有這種東西的話。守則一：每五分鐘做一次記錄。守則二：不要死（這樣會把筆記弄髒）。守則三：不要搞砸守則一。

伍德解釋他是怎麼做的：在紀錄中如果出現跳過五分鐘一次的簽到，就可以被視為那段時間是在走路。走路是一種預設的活動，就像呼吸一樣。記錄某人在走路並無大礙，但注意到他們何時停止行走則更為重要和有用。對於像伍德這樣經驗豐富的田野工作者來說，這種邏輯是顯而易見的。

「和哈札族在一起的時候，你**總是**在走路。」

走路是哈札族生活的核心特徵，所以當雷克倫、伍德和我在二〇〇九年開始進行哈札族能量計畫時，這就是我們測量的第一個活動。在我們與他們共同生活、使用二重標識水測量每日總能量消耗的第一個季節，我們還帶了一個可攜式呼吸測量系統。那東西很重，價格是我那輛本田喜美的兩倍，但小得可以裝在一個公事包裡，測量氧氣消耗和產生的二氧化碳的能力也很強。參與研究者會戴上一個輕型塑膠面具，覆蓋他們的鼻子和嘴巴，類似醫院裡常見的氧氣面罩。面罩上有一根細管連接感測器，感測器大約是一本厚的平裝小說大小，夾在胸前的安全帶上。是一個微型的代謝實驗室。

為了進行實驗，我們在營地周圍清理出一條平坦的步道，讓哈札族男女以穩定的速度走五到七分鐘，用面罩和感測器裝置根據測量的氧氣消耗和二氧化碳產生數據，計算他們的能量消耗率（每分鐘消耗的大卡數）。我們發現哈札族和其他人一樣，走路會耗費很多能量：

圖 3.1 走路。與哈札族一起工作和生活代表要步行很遠的距離。這張照片是我們跟著兩名哈札族追蹤兩小時前射殺的飛羚。儘管他們盡了最大的努力追蹤模糊的蹄印和乾涸的血跡，但他們還是沒找到牠。

行走成本（每英里消耗大卡）＝0.36×體重（磅）*

這個公式出自於約納斯・魯本森（Jonas Rubenson）與同僚結合了二十個不同研究的資料，所得出的大型整合分析結果，我們的哈札族數據也和這個樣本群體更大的研究結果相符。顯然，走一輩子的路，也不能讓人做這件事的效率變得更好。

使用行走成本的算式計算，你會發現一般一百五十磅（六十八公斤）的人走一英里（一・六公里）要消耗五十四大卡的熱量；體型較小的人，例如體重一百磅（四十五・四公斤），將燃燒三十六大卡的熱量。（這些是高於並超過休息成本的成本，我們將在下面討論。）如果我們想把攜帶背包或嬰兒所耗費的力氣考慮進去，我們只需在「重量」項上加上這些物品的重量，再乘以〇・三六就可以。因此，一個一百八十磅（約八十二公斤）的人背著一個二十磅（約九公斤）的背包，總重量為兩百磅（約九十・七公斤），走一英里會消耗七十二大卡的熱量。

跑步比行走的能量成本更高。魯本森與同僚的同一項研究中，調查了二十三項研究中關於跑步能量消耗的資料，發現跑一英里的成本會隨著體重的增加而增加，具體如下：

跑步成本（每英里消耗大卡）＝0.69×體重（磅）

因此，一個一百五十磅的人跑一英里可望燃燒一百零二大卡。由於一百五十磅是一個成年人的典型體重，所以一個好用的黃金準則就是，行走每英里要花費五十大卡，而跑步要花費一百大卡。跑步的成本是行走的兩倍，但仍然遠遠低於游泳的成本。寶拉・贊帕羅（Paola Zamparo）、卡洛・卡佩利（Carlo Capelli）與同僚對頂尖游泳運動員的研究表明，游泳的成本為：

游泳成本（每英里消耗大卡）＝1.98×體重（磅）

這幾乎是跑步成本的三倍。相比之下，騎自行車要便宜得多：

騎自行車成本（每英里消耗大卡）＝0.11×體重（磅）

在速度一樣只有每小時十五英里（時速四公里）的情況下，騎自行車的消耗只有行走成本的三分之一。但騎車的成本會隨著速度的提高而成倍增加，還會受到風、路面、輪胎設計和壓力（影響滾動阻力）等因素的影響。無論如何，騎自行車的經濟性，甚至會比最環保的汽油動力汽車還要好。一輛豐田普銳斯（Prius），重量大約三千磅（一千三百六十一公斤），燃燒一加侖汽油（三・八公升，兩萬八千八百大卡）才能行駛五十五英里（八十八・五公里），這代表著它的每磅成本（每英里〇・

＊譯註：一英里＝一・六一公里；一磅＝〇・四五公斤。

一百七十五大卡）比騎自行車要高百分之六十。

終於要為我們的人力旅行之旅劃下句點，讓我們來看看攀爬的成本。無論你是一個爬上猴麵包樹、從樹冠的蜂巢裡採蜜的哈札族，或是在某個高山峭壁上攀岩的人，還是一個在工作時間會上下樓梯的會計，向上的成本都會隨著體重的增加而增加：

攀爬（每英尺*消耗大卡）＝0.025×體重（磅）

乍看之下，攀爬的成本似乎很低。但請注意，與行走、跑步、游泳和騎自行車的成本不同，攀爬公式用的是海拔每上升一英尺（〇．三公尺）增加的成本；其他的是每英里的成本。實際上，以相同距離而言，攀爬的成本是行走的三十六倍，很容易成為成本最昂貴的人力移動方式。當然，只要下坡不是陡峭到你得費力往下走，走路或跑步下坡都會比在平地上移動的成本要低。方便的是，就我們通常在小路和人行道上遇到的山丘而言（坡度小於百分之十），上坡的額外成本與下坡的節省的能量差不多。如果你外出的地方淨海拔高度差小到可以忽略，那麼當你估算能量成本時，上坡和下坡的成本通常也可以忽略。

速度、訓練和技巧的影響

根據經驗，你知道你走路、跑步、騎自行車、攀爬或游泳的速度越快，呼吸就越困難，燃燒的能量就越多。而頂尖運動員運動時似乎不費吹灰之力，我們這些凡人卻都氣喘吁吁。事實上，速度會以兩種不同的方式影響能量消耗，但效果並不一定與我們的感覺相符。而訓練和技巧的重要性比你想像的弱得多。

速度主要影響成本的方式是直截了當的：我們移動得越快，我們的肌肉就必須越快移動身體，我們燃燒熱量的速度就越快。如果跑一英里要花費一百大卡，我們每小時跑六英里（九．六五公里，每十分鐘一英里的速度）會燃燒六百大卡，或者每小時跑十英里（十六公里，每六分鐘一英里的速度）會燃燒一千大卡。換句話說，我們燃燒能量的速度（每分鐘消耗大卡，或每小時消耗大卡）將隨著速度的提高而直接增加。圖3.2顯示行走、跑步、游泳和騎自行車的每分鐘能量消耗的增加。這可能符合你的直覺（更快的速度代表更快的消耗），但當中也有一個令人驚訝的暗示：無論你跑得多快，你每單位距離燃燒的熱量是一樣的。這代表你以最快的速度跑三英里，和隨意慢跑相同距離所消耗的卡路里是一樣的——只是在跑得快的時候，你消耗卡路里的速度比較快（並且更早結束）。跑得快感覺更難，因為疲勞與我們工作的努力程度有關（也就是每分鐘的卡路里消耗），而不是僅僅受到燃燒的熱量總量影響。我們將在第八章討論耐力和疲勞問題。現在只要知道我們跑步的「油耗」不會隨著速度變化就夠了。

但是游泳、行走和騎自行車就不是這樣了。進行這些活動時，速度也會影響我們的油耗，也

---

* 譯註：一英尺＝〇．三公尺。

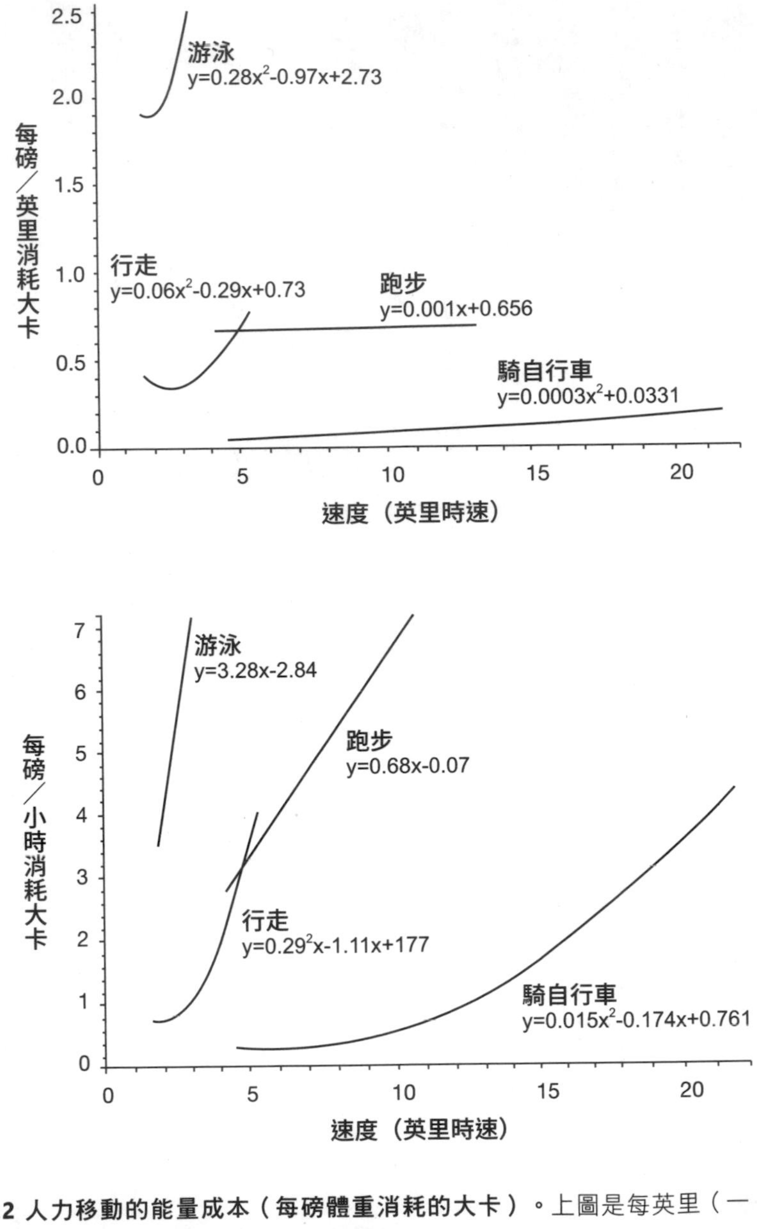

圖 3.2 人力移動的能量成本（每磅體重消耗的大卡）。上圖是每英里（一．六公里）前進消耗的能量；下圖是每小時消耗的能量。

就是每單位距離所消耗的能量。這種影響從圖3.2中速度和每英里消耗能量之間的曲線關係中就能看得出來。以走路為例。我們最經濟的行走速度，大約是每小時走二．五英里（約四公里），這對於一個一百五十磅的人來說，大約是每英里燃燒五十大卡。我們可以把這想成一個消耗能量的最佳速度，因為此時每單位距離需要的能量最少。如果走得更快，每小時四英里（約六．四公里），會多消耗大約百分之四十的能量，每英里大約消耗七十大卡。行走速度在每小時五英里（約八公里）左右時，行走的成本就超過了跑步的成本；以這個速度**跑步**，實際上會比走路更划算。

我們已經演化到對行走成本的這些變化非常敏感，所以如果把一個人放在跑步機上後，再慢慢提高速度，他就會自然而然地從走路轉為跑步，而且速度會非常接近跑步的能量消耗更為划算的代謝過渡速度。*要求受試者以他們的正常速度在跑道上行走，或者觀察人們在人行道上行走時，你就會發現他們會非常接近能量上的最佳速度，而且能夠維持不變。我們習慣的行走速度也取決於我們的目標和環境。在快節奏大城市裡的人和外出覓食的哈札族相比，通常會走得比他們的能量最佳速度快一點。顯然，在適當的情況下，我們願意為每單位距離多花一點能量，以節省時間和橫越更多的土地。和其他動物一樣，我們已經演化到對於如何花費我們的能量非常有策略。

由於行走步態本身的力學，行走成本（大卡／英里）會隨著速度的增加而增加。我們走每一步

---

*原註：關於從行走過渡到跑步的力學或生理觸發因素有激烈的爭論，但所有人都同意我們傾向於在能量使用最佳化的過渡速度附近轉換動作。

的時候，身體都會上升和下降，重心也會在行走時遵循雲霄飛車式的軌跡改變。當我們走得越快，這種上下運動就越難做到，而一旦我們轉為跑步，我們的腿就會從僵硬的支柱變成彈力十足的彈弓，讓每一步都是彈跳的。我們依舊會在每一步中上升和下降，但跑步時如彈簧的力學，會導致能量消耗成本與速度維持平緩。騎自行車和游泳每單位距離的成本會隨著速度的增加而增加，但原因與行走不同。在游泳或騎自行車時，你的身體是在流體（水或空氣）中移動，於是在與阻力抗衡時會消耗能量。你移動得越快，阻力就越大，拖慢你的速度。這種影響在游泳時是非常強烈的：把你的速度從每小時兩英里（約三・二公里）提高到每小時三英里（約四・八公里），就會使每英里消耗的能量增加約百分之四十。對自行車運動來說，在時速低於每小時十英里（約十六公里）的情況下，對抗阻力的成本並不明顯（這也是空氣阻力在跑步中不是一個因素的原因之一）。但超過時速十英里，阻力的影響就會顯著增加。一個一百五十磅重的自行車選手，如果把速度從時速十英里提高到時速二十英里（約三十二公里），每英里將多花費一百五十五大卡，再提高到時速三十英里（約四十八・二公里），每英里將再多花費二十五大卡。而所有這些都是假設環境中沒有風，因為風會透過增加或減少相對於騎士的氣流影響到阻力。在時速十英里的逆風中以時速二十英里的速度騎行，將導致與在無風環境中以時速三十英里騎行時相同的阻力。

令人驚訝的是，訓練和技巧對移動的成本只有很小的影響。對優秀跑者的研究出現了不盡相同的結果；有一些人發現受過訓練的運動員每英里消耗的能量較少，但其他的報告則顯示沒有區別。還有其他研究採取了更多控制的方法，在數星期或數月內對受試者進行訓練，並在過程中測量能量消耗。這些研究在每單位距離的能量成本上，並未盡皆顯示出顯著影響，即使在發現有差異的研究裡，影響通常也很小，大約只有百分之一到四的差異。這種大小的影響在頂尖選手的比賽中可能很重要，因為勝負往往就在幾分之一秒之間，但對於普通人來說，不太可能注意到這種差異。

技巧和設備造成的影響也同樣微乎其微。卡佩利與同僚對游泳能量的研究提出，自由式、仰式或蝶式的運動員，移動每單位距離的能量成本是相同的（蛙式的成本則明顯較高）。顯然，不管你用哪一種泳式，對每次消耗的能量成本影響都不大。跑步也一樣。網路上有很多文章，建議你跑步時手臂要怎麼擺之類的枝微末節，但大多都是胡說八道，至少在能量學方面一點也不成立。不管你是將雙臂交叉在胸前、背在身後或舉過頭頂來走路或跑步，只會增加百分之三到十三的卡路里消耗。最新流行的跑步科技是耐吉的 Vaporfly 跑鞋，要價兩百五十美元，宣稱將你的跑步成本降低約百分之四。以工程技術來說，這相當令人刮目相看，但對於一個一百五十磅的運動員來說，節省百分之四相當於每英里節省四大卡能量，大約是一顆 M&M's 巧克力提供的能量。除非你參加的是頂尖選手的比賽，否則這數字不太可能有什麼意義。由於每單位距離的成本會隨著體重的增加而直接增加，所以一般超重的美國人只要減去幾公斤體重，就會看到跑步（和其他一切運動）的能量成本有更大的改善。體重每下降一個百分點，就代表每單位距離所消耗的能量也會差不多減少一個百分點。

每個甜甜圈幾英里

我們可以用行走、跑步和攀爬成本的公式，來理解不同活動所消耗的能量。在大多數情況下，體力活動所需的成本是令人失望的小。假設一個典型的六十八公斤的成年人，就算他們每天走一萬步（大約八公里），也只消耗兩百五十大卡左右，大約是一瓶五百六十七公克（二十盎司）的汽水（兩百四十大卡）或半個大麥克（兩百七十大卡）的熱量。爬一段樓梯（大約三公尺高）會燃燒大約三．五大卡，比他們從 M&M's 中得到的熱量要少。你必須跑大約五．六公里才能消耗掉一個巧克力甜甜圈的熱量（三百四十大卡），而超過十三公里才能消耗掉相當於一杯麥當勞大杯奶昔的熱量（八百四十大卡）。

當然，對於更極端的活動來說，能量成本會更大。以體重六十八公斤的運動員來說，跑馬拉松需燃燒大約兩千六百九十大卡。鐵人三項賽（游泳四公里、騎自行車一百一十三公里、跑步四十二公里）會燃燒大約八千大卡，這是基於自行車賽段的平均速度為每小時四十公里，以及游泳游得很快的假設下。跑一百六十一公里的西部州際超級馬拉松，會消耗約一萬六千五百大卡，這還沒有考慮海拔上升的成本。背著十三．六公斤的背包徒步走完阿帕拉契小徑，會燃燒大約十四萬大卡。

那麼，米萊和其他哈札族婦女每天行走尋找帶回家的食物，又會耗費多少能量呢？哈札族的男性和女性的身材往往比工業化世界的成年人小，哈札族婦女平均體重約四十三公斤。儘管如此，一個典型的哈札族婦女會每天走八公里，一年中僅靠行走就能消耗大約六萬三千大卡的熱量。這是很多的能量。

但這依舊比打造一個寶寶的成本來得低。

休息中的身體

我們的細胞為了維持身體活著與運作的所有基本功能並不會因為我們開始運動而停止。相反的，這些功能會一直在後臺運行，燃燒能量——這是活著不可避免的代價。根據上述公式算出的行走、騎自行車、游泳和爬山的能量消耗估計值，是在這些背景成本**以外的成本**。當我們說到運動和能量消耗時，我們常常忽略這些看不見的成本，但它們遠遠大於你可能會在健身房做的任何事情。

背景能量消耗有幾個名稱：基礎代謝率（basal metabolic rate）、基礎能量消耗（basal energy expenditure）、靜止能量消耗（resting energy expenditure）、靜止代謝率（resting metabolic rate）和標準代謝率（standard metabolic rate）等等。這些區別反映了這些代謝率的測量方式的微妙差異。而研究人員不一定都會注意他們所使用的術語，更增加了混淆的可能性。基礎代謝率，或稱BMR，是定義最明確的測量方法：這是在清晨測量的能量消耗率，受試者躺下，清醒但平靜，空腹（之前六小時沒有進食），溫度舒適。如果不符合這些標準當中的一個或多個，測量結果通常被稱為「靜止能量消耗」或其他變體，並會對測量時的條件進行解釋。

基礎代謝率（以及它的許多變體）是你的身體在不做任何體力勞動、不消化任何食物或不努力保暖時燃燒的能量。那麼，最好理解基礎代謝率的方式，就是把它想成是你的器官在執行各種任務時的能量消耗總加值。你的體型越大，器官就越大，它們每天做的工作就越多。因此，基礎代謝率（以大卡／每日為單位）會隨著體重（以磅為單位）的增加而增加也不奇怪：

嬰兒（零至三歲）：基礎代謝率＝27×體重－30
兒童（三歲至青春期）：基礎代謝率＝10×體重＋511
婦女：基礎代謝率＝5×體重＋607
男性：基礎代謝率＝7×體重＋551

我們需要為嬰兒、兒童、男性和女性建立不同算式的原因有二。首先，體型大小對代謝率有一個奇怪的非線性影響。正如我們將在下面討論的，對於體型較小的有機體（包括小的人類）來說，每單位體重消耗的能量曲線會比大的有機體陡峭得多。這就是為什麼在上面的公式中，嬰兒的斜率（二十七）會比男性（七）和女性（五）的斜率要陡峭四到五倍。第二，我們的新陳代謝會隨著我們成熟而改變，我們的身體會將生理機能從**生長**轉向**繁殖**。身體的組成在青春期也發生變化，女性會比男性增加更多的身體脂肪，而脂肪不像其他組織那樣會消耗能量，因此，平均而言，女性每磅燃燒的熱量（五）比男性（七）低。

上面的基礎代謝率公式讓你知道你的身體每天所需的背景能量，但那只是粗略的估計。你的基礎代謝率很容易高於或低於上述公式預測的數值，每天上下兩百大卡。這種變化很大程度上與你的身體組成有關。如果你的大部分體重是脂肪，你的基礎代謝率可能會低於預測值。如果你大部分的體重是瘦肉組織，你可能就會高於這個數值。這就是人們注意到他們的新陳代謝會隨著年齡的增長而「變慢」的一個重要原因：當我們步入中年，我們傾向於用肌肉交換脂肪。

就算都是瘦肉組織，每天燃燒的熱量也有很大的差異。你的一些器官在新陳代謝方面是相當安靜的，但其他器官每天燃燒的能量則足以為四．八公里的跑步提供動力。不同器官的個別尺寸差異，特別是肌肉和器官質量的比例，都會對基礎代謝率產生明顯的影響。以下是對你的器官的祕密代謝生活的幕後觀察。

肌肉、皮膚、脂肪和骨骼

最大的器官最安靜。以一個典型美國成年人來說，肌肉占體重的百分之四十二，但只占基礎代謝率的百分之十六，每天約兩百八十大卡（約每磅六大卡／天）。你的皮膚有十一磅（約五公斤）重，但每天只燃燒三十大卡；你的骨架更重一點，但燃燒的熱量更少。脂肪細胞比你想像的更活躍，它們會製造激素，輸送葡萄糖和脂質，維持身體的能量供應。但以一個典型的一百五十磅，身體脂肪含量百分之三十的成年人來說，每磅脂肪每天只消耗近兩大卡，換算下來每天共消耗約八十五大卡。

心臟和肺部

你的心臟是一個由肌肉組成的泵。它有自己的電氣系統，這就是為什麼古代瑪雅統治者從犧牲者的胸口撕下心臟後它還能繼續跳動。每一次跳動，心臟都會將大約七十毫升的血液，透過主動脈打進身體裡，相當於每分鐘五公升左右，幾乎就是你身體裡所有的血液。而這還只是在休息時的基本數據而已！在運動當中，心臟輸出量可以輕鬆變成三倍。令人驚訝的是，所有這些工作都是以每次跳動僅消耗兩卡路里的低廉成本完成的。不是大卡喔，是只有兩卡（〇．〇〇二大卡）。在靜止心率為每分鐘六十次的情況下，你的心臟每小時燃燒約八大卡能量，相當於兩顆M&M's的熱量。心臟約占基礎代謝率的百分之十二。相比之下，肺的體積是心臟的兩倍多，但每天只燃燒約八十大卡的能量，大約只占基礎代謝率的百分之五。

腎臟

腎臟是你身體的清潔人員：永遠不喊累、是維生關鍵，而且不被重視。除了精確地維持你體內的水量之外，腎臟還肩負著清除廢物和毒素的巨大任務，每天過濾一百八十公升血液。數以百萬計的微型篩子（腎小球）每天對每一滴血進行三十次清潔，將鹽和其他分子泵入和泵出，排除壞東西，保留好東西。然而，人們仍然會花費數不清的金錢和時間（主要是在馬桶上），使用那些承諾為身體排毒的時尚「清潔」產品。這些產品大多數只是讓腎臟有更多的垃圾需要清理（說真的，別再這麼做了）。腎臟還執行一項重要的代謝任務，稱為「糖質新生」，將乳酸、甘油（來自脂肪）和胺基酸（來自蛋白質）轉換為葡萄糖（圖2.1）。所有這些代謝工作都需要大量能量。你的兩顆腎臟加起來只有〇．二公斤重，但它們每天燃燒約一百四十大卡，占基礎代謝率的百分之九。

肝臟

肝臟是你身體的無名英雄。這個一．六公斤重的代謝工廠幾乎參與了所有維持生命的過程，包括圖2.1中的每個主要途徑。它是肝醣的主要儲存庫，會負責將葡萄糖轉化為肝醣，以及將肝醣轉化為葡萄糖的大部分工作。它將果糖代謝成脂肪儲存起來，或代謝成可燃燒的葡萄糖形式。肝臟會分解未使用的乳糜微粒並儲存脂肪，或將其重新包裝進其他脂蛋白容器（包括你的膽固醇報告中的低密度脂蛋白ＬＤＬ，以及高密度脂蛋白ＨＤＬ）。肝臟是糖質新生的主要場所，在需要時將脂肪和胺基酸轉化為葡萄糖，並將胺基酸的含氮頭轉化為尿素，隨著尿液排出體外。肝臟也是酮體生成（ketogenesis）的主要場所。對了，它還能分解各種毒素，從酒精到砷都可以（但你應該還是**一定**要做那個什麼葡萄柚和楓糖漿排毒……）。所有這些無止境的新陳代謝工作，每天燃燒約三百大卡，占基礎代謝率的百分之二十。

胃腸道

和其他有明顯的嘴和屁股的動物一樣，我們實際上只是一條經過精心設計的管道。這條管子就是你的胃腸道，從你的嘴一路通到你的胃，然後經過你的小腸和大腸，到你的肛門。它是消化食物並將其轉化為營養物質的加工廠，正如我們在第二章所討論過的那樣。人類的胃腸道重約一．一公斤，每小時燃燒約十二大卡，而這只是在空腹休息時而已。消化的成本要高得多，大約占每天消耗熱量的百分之十，相當於典型的成年人每天要消耗兩百五十到三百大卡的熱量。目前還不清楚腸道燃燒的能量有多少，要歸因於在我們體內的微生物群中辛勤工作的數兆細菌，莎拉．巴爾（Sarah Bahr）、約翰．科比（John Kirby）與同僚最近在老鼠身上進行的研究顯示，微生物群燃燒的能量，可能占人類基礎代謝率的百分之十六，這代表胃腸道的靜止能量消耗（大約每小時十二大卡）幾乎完全要歸功於腸道細菌的活動。目前需要進行更多的研究來確定這項估計是否正確，但在一定程度上說明了我們的細菌朋友每天所消耗的能量。

大腦

大腦和肝臟共享了「最昂貴器官」的稱號。你的大腦比一．三公斤略輕一點，但每天要燃燒大約三百大卡，占基礎代謝率的百分之二十。維持大腦組織的高成本，是大體積腦部在動物中如此罕見的主因。只有在罕見的情況下，演化才會偏好於將大量的能量導入大腦，而不是直接用於生存和繁殖。大腦也是一個難伺候的天后。它幾乎完全只靠葡萄糖運作（但在緊要關頭可以燃燒酮體）。神經元，即負責認知和控制、發送和接收信號的灰質細胞，很少自己處理雜事，相反的，數量幾乎是神經元十倍的膠質細胞（白質），負責很多支援工作，提供營養和清理廢物。

大腦所做的大部分工作完全在我們的意識經驗之外。它不停地忙著發送和接收信號，調節和協調從體溫到繁殖等生命的各個方面，思考只占這項工作的一小部分，因此，認知的成本也很小。測量進行心智活動之前和期間的能量消耗研究發現，思考的影響微乎其微。不論是經驗豐富的棋手與一個優秀對手（電腦程式）對弈，或是從事具挑戰性的記憶任務的受試者，每小時的代謝率僅增加約四大卡，相當於一顆 M&M's 的熱量。

但是，雖然思考的成本低廉得令人難以置信，但學習卻需要相當高昂的能量。學習是大腦中的一個物理過程。神經元蜿蜒的樹突和軸突像樹枝一樣伸展開來，與其他神經元形成新的連結（稱為突觸），構成新的神經迴路，其他突觸和迴路則會被破壞，或「修剪」。我們的大腦在一生中持續地形成、加強和修剪突觸（當你閱讀這本書形成新的記憶時，這些過程也正在你的大腦中發生），但到目前為止，最活躍的時期是我們在吸收我們周圍世界一切的童年時期。克里斯多夫．庫薩瓦（Christopher Kuzawa）與同僚的研究顯示，在三至七歲的兒童中，大腦占基礎代謝率的百分之六十以上，比成年人多三倍。因為在這些早期的關鍵時期被輸送到大腦的能量如此多，實際上也減緩了身體其他部位的生長。

在基礎代謝率之外

既然你的所有器官整天都在工作，也難怪基礎代謝率占了你每天燃燒的大部分熱量。對大多數人來說，這比例大約是百分之六十。然而，這些只是最低成本，是在舒適地休息時消耗的能量，而生活當然很少是舒適和平靜的。我們的身體並不是為了整天躺在床上而演化的，而是為了在外面的世界生存、抵抗感染、對抗冷熱、長大成人以生育小孩而演化的。

體溫調節

哺乳動物和鳥類已經演化成以熱能運作，我們每天燃燒的能量比爬蟲動物、魚類和其他冷血動物多得多。這種急遽上升的新陳代謝率使我們能夠更快地生長和繁殖（見下文），但有一個問題：維持我們生命的複雜化學反應代謝混合物，必須在一個很狹窄的溫度範圍內才能保存，如果我們的體溫比正常溫度（華氏九十八．六度，或攝氏三十七度）高或低個幾度，我們就會死亡。

所有鳥類和哺乳動物都有一個環境溫度適中範圍（thermo neutral zone），在這個範圍內，不需要任何努力就能維持體溫。對於人類來說，這個範圍大致在攝氏二十四度到三十四度之間。如果你覺得這個溫度範圍看起來很大，是因為你可能不會經常裸體走動。穿著商務服裝（有扣子的襯衫、褲子、西裝外套）時，溫度適中範圍會往低溫移動，在攝氏十八度到攝氏二十四度之間，這可能是你房子裡的溫度。人類是利用衣服和建築環境在皮膚周圍創造溫度適中微環境的大師。我們的天然絕緣體——脂肪，也可以改變我們的溫度適中範圍。肥胖的成年人的溫度適中範圍比不肥胖的成年人要低幾度。

當我們覺得冷的時候，我們的身體有兩種方法來產生更多的熱量。首先，我們可以燃燒一種特殊類型的脂肪，稱為「褐色脂肪組織」（brown adipose tissue）或「褐色脂肪」（brown fat），它在你的身體脂肪中只占很小的比例。褐色脂肪會修改其粒線體中的電子傳輸系統來創造熱量：被封存在膜間腔的質子能通過膜回滲，而不會產生任何 ATP，而原本在 ATP 中捕獲的能量會以熱能的形式流失。生活在北極的人的基礎代謝率，通常比生活在溫暖氣候下的人的基礎代謝率高百分之十，部分可能是由於棕色脂肪的活動所導致。我們產生熱量的第二種方式是透過顫抖，這只是不自主的肌肉收縮。稍微暴露在寒冷中，例如在攝氏十八度的房間裡穿著短褲和T恤閒逛，就能將你的基礎代謝率提高百分之二十五（對我們大多數人來說，這相當於每小時增加十六大卡）。在極度寒冷的情況下，顫抖可以使我們的靜止代謝率攀升到基礎代謝率的三倍以上，比燃燒褐色脂肪的效果大得多。

變得太熱也可能會致命。人類為了處理熱的問題，已經演化為地球上出汗最多的動物。然而，出汗的能量成本還沒有被仔細測量，它們可能非常小。應對高溫的主要成本，似乎是維持含水量和避免中暑的挑戰。

免疫功能

正如新冠肺炎疫情讓我們明白的，這世界上充滿了討厭的病原體。但是，歸功於現代化的勝利之一，容易獲得有效醫療的情況造成了某種文化上的失憶症。我們大多會忘記傳染病有多麼可怕。哈札族的孩子十個有四個會在十五歲生日前因為急性感染而死；在其他狩獵採集和自給自足的農業社會裡，也差不多是這個無情的數字。已開發國家中那些能大膽地不讓孩子吃藥或打疫苗的父母，應該跟這些哈札族的媽媽聊聊。

我們一直都受到細菌、病毒和寄生蟲的威脅，牠們只想把我們的身體當成鬧烘烘的煙花地。在我們的屋子外，遠離了室內管道和消毒劑之後，疾病在那個骯髒的有機世界裡是無可避免的。我有個朋友在印尼的雨林深處從事紅毛猩猩和長臂猿的研究，而他受到一位習慣記錄多年來所有看到物種的鳥類觀察家的啟發，也把他曾經感染過的每一種熱帶疾病記錄在一份「生命清單」上。那份清單可不短。不可避免的，每次結束田野調查季後回家，就代表他要吃殺菌劑咪唑尼達（Flagyl），把那些把他的腸道變成狂歡派對場地的那些野獸殺死。服用這種藥物的期間不能喝酒，這似乎是他認為整件事最討厭的地方。

為了對感染做出反應，免疫系統的細胞會增生並製造各種分子。這種新陳代謝的工作全都會燃燒卡路里。針對二十五名到學生健康診所報到的美國大學男生的研究發現，他們的基礎代謝率平均會比一般人高百分之八。值得一提的是，這項研究排除了那些正在發燒的男性。提高體溫讓自己發燒以殺死感染源會更提高基礎代謝率，這是一種古老的哺乳類防禦方式。

麥可・古爾文（Michael Gurven）與同僚對玻利維亞農村的齊曼內人（Tsimane）進行研究，測量這種沒有現代化消毒優勢的族群耗費在免疫防禦上的日常成本。齊曼內人居住在亞馬遜雨林中偏僻的小村落裡。他們的經濟活動混合了狩獵與採集野生食物，以及親手種植芭蕉、水稻、木薯或玉米。有少數人住在比較接近城鎮的村落，從事一些體力勞動取得現金。對他們每個人來說，日常生活意味著在戶外的森林和河上與自然界互動，接觸大量迫切想找到宿主的細菌、病毒與寄生蟲。不令人意外的是，他們的感染率很高。他們隨時都有大約百分之七十的人口感染寄生蟲（通常是蠕蟲），而且白血球數（身體為處理感染而聚集的免疫系統細胞數量）比美國成人高十倍。由於所有的免疫系統活動都會燃燒能量，齊曼內族的成人的基礎代謝率，比工業化世界的人每天高兩百五十到三百五十大卡。

對孩子來說，對抗感染的成本對生長會造成嚴重的後果。我在杜克大學實驗室的博士後研究生山姆・烏拉賀（Sam Urlacher）花了很多年研究厄瓜多的舒阿爾人（Shuar）的孩童。舒阿爾人的日常生活和齊曼內人非常相似，在亞馬遜雨林內混合了狩獵與採集以及簡單的農耕。和齊曼內人一樣，舒阿爾人的感染率非常高。山姆發現，五到十二歲的舒阿爾孩童的基礎代謝率每天大約比歐美孩童多兩百大卡，這是百分之二十的差別。為對抗感染，身體偷走了成長所需的能量。當我們的免疫系統對感染做出反應時會製造一些分子（免疫球蛋白、抗體和其他蛋白質）在血液中循環，洩漏了對抗細菌、病毒、寄生蟲戰役的跡象。山姆發現，血液裡這些標記比較多的舒阿爾孩童，會比那些標記較少的孩童生長得慢。就熱量和生長而言，進行免疫反應耗費的成本可能是舒阿爾人、齊曼內人和哈札族這些土著族群往往身材矮小的一個重要原因。

生長與繁殖

自然界的一個基本法則是，質量和能量永遠不能被創造或破壞，只能四處移動，從一種形式轉化為另一種形式。製造一個人類也一樣。無論是媽媽製造一個胎兒，或是小孩自己生長，都需要食物和能量。更精確地說，增加的組織中含有的能量，必須相當於用來建造組織的營養物質所含有的能量。那麼，一公斤的肉需要多少製造成本？

我們的身體是由蛋白質、脂肪和碳水化合物所組成的，也就是我們吃的那些巨量營養素。這些積木的能量成分與食物的成分相同：每公克碳水化合物（如肝醣）或蛋白質（如肌肉）有四大卡能量，每公克脂肪含九大卡能量（見第二章）。活體組織還含有大量的水（約占百分之六十五的重量），而這些水沒有熱量。隨著兒童成長，新組織的能量是由大約百分之七十五的瘦肉組織和百分之二十五的脂肪混合而成的，每〇・四五公斤約為一千五百大卡。此外，我們還必須加上分解飲食中的營養物質並將其重新組合成組織所消耗的能量，大約是每〇・四五公斤耗費七百大卡。所以生長的成本約為每〇・四五公斤需兩千兩百大卡。

增加的組織類型也會影響成本。增加較高比例的脂肪成本較高，而增加較高比例的瘦肉組織（如肌肉）成本較低，因為脂肪的能量含量是蛋白質的兩倍以上。對這種差異的一種觀察角度，是看看我們變瘦時消耗的能量——也就是成長的鏡像。我們為減輕體重所消耗的能量，必須與所失去的組織的能量含量相等。由於我們在體重變輕過程中失去的組織主要是脂肪，所以一般的規則是，燃燒每〇・四五公斤需要大約三千五百大卡的能量。

對母親來說，胎兒生長的成本只是懷孕和哺乳成本的一小部分。一個新生兒的平均體重在三千一百到三千六百公克之間，要長出這麼大的嬰兒，成本只有大約一萬七千大卡。但是，母親自己也增加了組織（懷孕期間典型的體重增加約為十一到十三公斤），並且必須付出維持所有這些新組織——胎兒和她自己——的每日代謝成本。健康的懷孕九個月的總成本約為八萬大卡，比典型的哈札族族婦女一年行走所花費的能量高百分之二十七。

哺乳的代價甚至更高。小孩只喝母乳（沒有其他食物）的母親，每天光是要哺乳所需耗費的熱量約五百大卡，這相當於每年大約十八萬大卡——比徒步行走阿帕拉契山小徑還多。其中一些能量會來自懷孕期間儲存的脂肪（每〇．四五公斤換得約三千五百大卡）。而且，就像在懷孕期間一樣，這些能量大部分是嬰兒的基礎代謝率和其他支出的來源，只有一小部分用於新組織的生長。

生命的遊戲

但是，僅僅把生長和繁殖看作是成本，就忽略了一個根本問題：那些熱量不只是花費，而是投資。就演化而言，生命是一場將能量轉化為後代的遊戲。用於繁殖的能量越多代表後代越多，這就是贏得遊戲的方法：讓傳承你基因的下一代比傳承他人基因的下一代更多。更多能量用於生長和繁殖，也代表有更多後代能有更好的機會存活下來，繼續進行自我繁殖。任何其他支出——免疫防禦、大腦、消化——都是值得的，前提是從長遠來看，它們可以提高將能量用於繁殖的能力。

因此，生命史——生長、繁殖和老化的速度——與新陳代謝率緊密相連，也不令人驚訝了。從冷血爬蟲動物到溫血鳥類，以及到（獨立一類的）溫血哺乳動物，新陳代謝演化的兩大躍進都與這些動物生長和繁殖方式的變化直接相關。哺乳動物和鳥類演化出了加速的新陳代謝，每天燃燒的熱量比它們的爬蟲動物祖先多十倍。在每一個例子中，這種激進的新陳代謝加速都受到天擇的青睞，因為它增加了生長和繁殖的能量。哺乳動物的生長速度比爬蟲動物快五倍，並將大約四倍的能量用於繁殖。鳥類也有類似的高成長率和繁殖產出。

大自然下的是西洋棋而非西洋跳棋。地球上有多少物種，就有多少種贏得生命遊戲的策略。當地的條件以及周遭生物的策略，會決定什麼是最好的做法。大量耗費能量的策略有明顯的優勢，但低耗能、規避風險的策略也可能會是贏家。儘管哺乳動物和鳥類進展優秀，爬蟲動物、魚類、昆蟲和其他冷血、代謝速度慢的群體，依舊獲得了令人難以置信的成功。我們這個群體的最早成員——靈長類，大約在六千五百萬年前演化出比較慢的新陳代謝率和生命史（見第一章），結果被證明是一個明智之舉。短期的生長和繁殖減少了，但較慢的代謝率也延長了壽命，並提高終生的繁殖成功率。靈長類動物在短跑中失利，但在馬拉松中獲勝，成為最成功和最多產的哺乳動物群體之一。

新陳代謝率也影響群體內的生命史。脊椎動物中的每一個主要群體——有腦哺乳動物（靈長類和非靈長類）、有袋動物、爬蟲動物、鳥類、魚類、兩棲動物——代謝率都會隨著身體大小而增加，形成一條明顯的曲線（圖3.3）。正如我們在人類基礎代謝率（上文）所看到的，小型動物的每日熱量上升曲線陡峭，但大型動物則較為平緩。這就是克萊伯代謝定律（Kleiber's law of metabolism），以具開創精神的營養學家馬克斯・克萊伯（Max Kleiber）命名，他和其他人一起在一九三〇年代描述了代謝率和身

◀ **圖 3.3 非靈長類（NP）哺乳動物、鳥類、靈長類和爬蟲動物的每日能量消耗。**鳥類和非靈長類哺乳動物每日消耗的能量比靈長類、有袋動物和爬蟲動物多得多。較大型的動物每天燃燒的能量較多（上圖）。但是，按照克萊伯定律，較小型的動物每磅燃燒的能量遠遠多於大型動物（下圖）。每磅消耗能量較多的物種，往往比每磅消耗能量較小的物種成長更快、繁殖更多、死亡更早。靈長類動物（包括人類）每天燃燒的能量比其他哺乳動物少得多，這與靈長類動物緩慢的生命史時間表和較長的壽命一致。

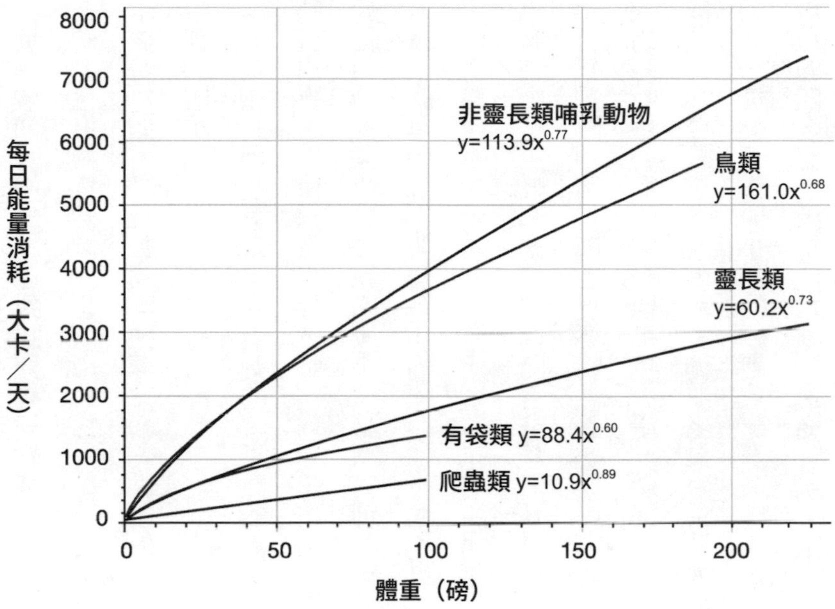
每日能量消耗（大卡／天）
8000
7000
6000
5000
4000
3000
2000
1000
0
0
50
100
150
200
體重（磅）
非靈長類哺乳動物
y=113.9x0.77
鳥類
y=161.0x0.68
靈長類
y=60.2x0.73
有袋類 y=88.4x0.60
爬蟲類 y=10.9x0.89

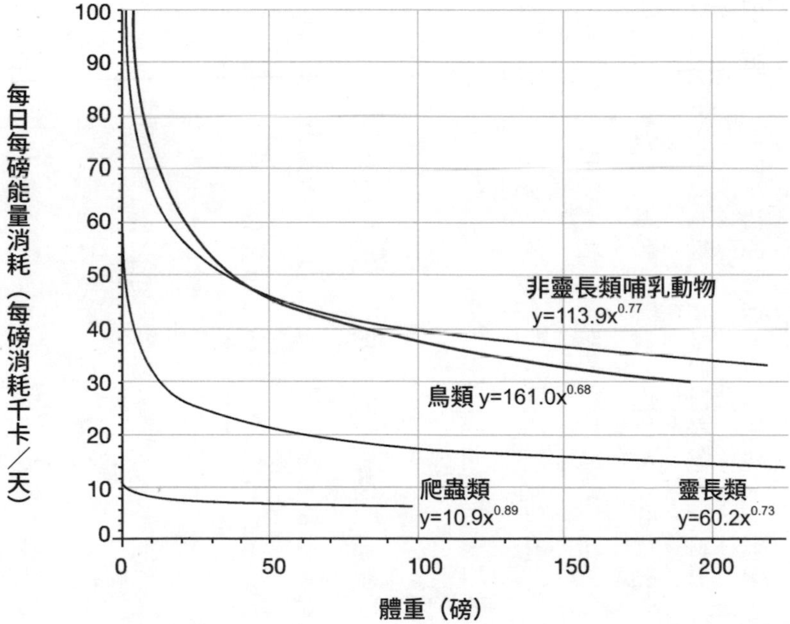
每日每磅能量消耗（每磅消耗千卡／天）
100
90
80
70
60
50
40
30
20
10
0
0
50
100
150
200
體重（磅）
非靈長類哺乳動物
y=113.9x0.77
鳥類 y=161.0x0.68
爬蟲類
y=10.9x0.89
靈長類
y=60.2x0.73

體大小之間的關係。克萊伯利用對一系列物種測量基礎代謝率的結果，主張新陳代謝率會隨著身體質量的增加而增加，達到四分之三的冪次關係，就是質量的〇．七五次方。近一個世紀後，我們現在知道，這個比例關係也適用於每天的總能量支出，而不僅僅是基礎代謝率而已。各組的曲線高度不同（例如，爬蟲動物的曲線比哺乳動物低），但都有一個〇．七五左右的指數（曲線的形狀），如圖3.3所示。

正如我們在圖3.3中所看到的，每天的能量消耗是身體大小的一個函數：較大的動物每天燃燒的熱量也更多。但指數小於一時，代表小型動物**每單位重量**的組織燃燒的能量比大型動物多得多。由於目前仍不甚清楚的原因，小型動物的細胞比大型動物的細胞更努力工作，燃燒能量更快。老鼠的每個細胞每天燃燒的能量比馴鹿的細胞多十倍。

生長和繁殖的速度也遵循著這些不同的曲線。在鳥類、哺乳動物（靈長類和其他動物）和爬蟲動物中，生長和繁殖率會隨著身體質量增加而增加，指數在克萊伯的〇．七五附近，範圍在〇．四五到〇．八二之間。這代表，就其身體大小而言，小型動物比大型動物成長得更快，繁殖得更多。一頭約一百公斤的雌馴鹿每年生產一頭約六公斤的小鹿，相當於自身體重的百分之六。在同樣的時間裡，一隻約二十八公克重的雌老鼠會生產大約五窩小老鼠，每窩七隻，相當於自身體重的百分之五百。這一差異與小鼠的細胞代謝率高出十倍的情況相當吻合。生長速度也是這樣比較。小老鼠在短短的四十二天內可以長到出生體重的三十倍；馴鹿長到出生體重的十五倍，則需要將近兩年時間。新陳代謝率並不是決定生長和繁殖率的唯一因素，但它們似乎確實設定了一個大框架。

十億次心跳

代謝率似乎也決定了我們在這個地球上的時間長短。當我們環顧四周的狗、貓、倉鼠和我們生活中的其他動物時，我們注意到不同物種的預期壽命有很大差異。倉鼠能活三年就很幸運了；貓可能會活到十幾歲。我們人類可以合理地希望活到八十歲或更久，沒有人有機會活到兩百歲，但這是北極鯨的典型壽命。即使我們避免意外和疾病，我們也將不可避免地屈服於「自然死因」。但是，為什麼死亡是自然的？為什麼有些物種能活上幾個世紀，有些物種只能活幾個月，而且兩種都是自然的？

死亡生物學是一個熱情而活躍的研究領域，研究人員也很早就意識到這與新陳代謝的明顯聯繫：一個物種燃燒能量的速度越慢，壽命往往會越長。這是長久以來的觀察結果。亞里斯多德在西元前三五〇年寫的《論長壽和生命的短促》（*On Longevity and the Shortness of Life*）中，將生命比作燃燒的蠟燭，並觀察到「（小火焰）需要長時間消耗的營養物質，也就是煙霧，會被大火焰迅速消耗掉。」體型較小的物種的細胞燃燒能量比較快，因此與新陳代謝率的聯繫也有助於解釋為什麼它們的預期壽命往往較短。亞里斯多德也注意到了這一點，他寫道：「一般來說，體型大的人比體型小的人活得長。」他對機制的理解是錯誤的（他認為動物老化是因為牠們乾涸了），他當然也不知道克萊伯定律，但這很清楚顯示，人類很早就注意到死亡與新陳代謝在本質上有聯繫的跡象。

馬克斯．魯伯納（Max Rubner）是十九世紀末到二十世紀初新陳代謝科學領域的巨擘，也是把這些碎片拼成一個連貫的新陳代謝和老化理論的第一人。透過比較天竺鼠、貓、狗、牛和馬的代謝率和壽命，魯伯納觀察到，儘管動物的體型和新陳代謝存在巨大差異，但每公克組織在一生中消耗的總能量幾乎是恒定的。魯伯納提出，細胞一生的能量消耗有一些固有的限制，當用完一生的分配額度時，它們就會死亡，就像蠟燭用盡了蠟。美國生物學家雷蒙・珀爾（Raymond Pearl）在一九二〇年代進一步發展和宣導這個「生命速率」理論，他也是研究老化的早期先鋒。

魯伯納的生命速率理論很有見解，並且符合早期的資料，但最終依舊不受青睞。隨著更多的新陳代謝和生命史資料的出現，我們現在知道新陳代謝率類似的物種，壽命長短經常有很大的差異。新陳代謝率比較快，不一定代表壽命會比較短。例如，小鳥往往比相同體型的哺乳動物的新陳代謝率更快，但壽命通常更長。

對於長壽和新陳代謝之間的明顯聯繫，一個更有希望的解釋在一九五〇年代出現：老化的自由基理論。自由基理論首先由擁有醫學和化學學位的美國研究者德漢・哈曼（Denham Harman）提出，他主張老化是由氧化磷酸化的有毒副產品造成的損害積累。在電子傳輸鏈中，粒線體製造ATP的最終過程（第二章）裡，氧分子偶爾會轉化為自由基（也稱為活性氧類〔reactive oxygen species〕），也就是失去一個電子的氧分子。這些變異的氧類會貪婪地撕扯周圍的分子的電子，對DNA、脂質和蛋白質造成損害。哈曼認為，老化就是這些自由基造成的損害（有時稱為「氧化壓力」或「氧化損害」）積累的結果。由於自由基是製造ATP不可避免的副產品，因此我們細胞的新陳代謝率（同時也是它們ATP的生產率）決定了我們老化和死亡的速度。

自由基理論也可以解釋許多代謝率和壽命出現分歧的情況。有些演化的機制可以中和自由基，並修復它們造成的損害。但是，就像每一項生理任務一樣，這些對抗策略需要能量——天下沒有白吃的午餐。根據演化的利基，物種投入修復氧化損傷的能量可能隨演化變得更多或更少。一隻老鼠，在不斷受到大量掠食者威脅下，可能會演化成將更多的能量用於在當下進行繁殖，而將較少的能量用於修復可能永遠不會到來的氧化損傷。另一方面，麻雀可能有類似的新陳代謝率，但由於牠有較好的能力的來躲避捕食，因此可能演化為將更多資源用於維護和修復，獲得更長的壽命。

老化的自由基理論也有自己的問題。首先，針對人類和其他動物的抗氧化劑消耗的研究，不一定都會顯示出對壽命的預期影響。在新陳代謝和壽命之間找到明確有力的關聯時所面臨的困難，使得一些研究人員對於這種關聯是否存在感到失望。儘管死亡是如此必然不可違抗，它卻意外地被證明是生物學中一個充滿不確定性的主題。明確的答案仍很遙遠。

然而，新陳代謝率和長壽之間的相似性是難以忽視的。實驗室對猴子、老鼠和其他物種的研究表明，透過減少進食量來降低新陳代謝率，能使牠們的壽命更長；而對人類進行類似的卡路里限制研究，則顯示出令人期待的結果。哺乳動物、鳥類和爬蟲動物之間的預期壽命差異，符合我們對與體型相關的代謝率差異的預期。老鼠的細胞燃燒能量的速度比馴鹿的細胞快十倍，牠們的壽命也短十倍左右（即使牠們死於「自然原因」）。正如我們在第一章所討論的，靈長類動物每天燃燒的熱量只有其他胎生哺乳動物的一半（圖 3.3），清楚說明了人類和其他靈長類動物享有的長壽。其他低能量的物種也很長壽。冷血的格陵蘭鯊魚可以活四百歲。就像生長率和繁殖率一樣，新陳代謝並不是影響動物壽命的唯一因素，但它似乎決定了大略的模式。

無論新陳代謝和死亡率之間的關係是簡單的巧合，還是（如我所懷疑的）有更深層次的聯繫，從壽命和新陳代謝率隨體型和不同動物群體而變化的方式中，浮現了一些奇怪而美妙的東西。由於心臟必須向身體的所有組織輸送足夠的血液，滿足它們對營養物質和氧氣的需求，心率（每分鐘心跳數）會與細胞代謝率相符：小型動物的心率較快，大型動物則較慢。但由於小型動物也比大型動物死得早，所以從最迷你的樹鼩到最龐大的鯨魚，不同物種一生中的心跳總數是一樣的。我們都有大約十億次的心跳。

每日能量消耗的魔鬼算術

由於對行走、跑步、消化、呼吸、繁殖和其他一切活動的成本已經有很豐富的研究，你可能會以為計算你的每日總能量消耗是一個簡單的算術問題：計算你的基礎代謝率，再加上一天的活動成本就好。很多人都和你想的一樣，但你還是錯的。事實上，每日能量消耗出乎意料地難以確定，而且經過半個多世紀的努力，我們還是會弄錯。正如我們在第一章開始討論的那樣，問題在於我們的身體不是簡單的機器。我們的新陳代謝引擎是動態的、適應性的演化產物。每日消耗不是簡單的加總結果。

對新陳代謝那種簡單的空談觀點，可以追溯到美國和歐洲的戰後時代。由於第一次世界大戰中普遍的饑荒和其他慘況歷歷在目，研究者對於弄清楚人類的日常營養需求相當感興趣。他們擁有大量關於人類能量消耗的資料；像法蘭西斯．班尼迪克（Francis Benedict）與同僚亞瑟．哈里斯（J. Arthur Harris）這些人自一九〇〇年代初以來，一直在積累大量的資料集。但至關重要的是，沒有人有任何關於每日總能量消耗的測量結果（這才是他們真正想要的資料），因為沒人知道如何測量。不過，他們有基礎代謝率的測量結果。每個人都知道，基礎代謝率只是每日總支出的一個組成部分，其餘部分則是謎團。因此，科學家做了任何人在這種情況下都會做的事情：他們想盡辦法來猜。

世界衛生組織的營養學家利用實驗室對各種活動的能量成本的測量結果，建立了一個每日估計支出的框架。首先，你使用類似上面提到的那些算式，根據一個人的體重、身高和年齡來估計他的基礎代謝率。然後你要知道這個人一天做些什麼活動：他們睡多少覺，花多少時間走路、坐著、工作和做其他任務。每項任務都有一個能量成本，以基礎代謝率的某個倍數表示，稱為身體活動比（physical activity ratio），簡稱PAR。PAR與表3.1中的MET值基本相同。將每天的行程與每項活動的能量成本結合起來，你會得到一個以基礎代謝率的某個倍數來表示的平均每日支出標準。例如，如果一個人花十二個小時睡覺（一．〇PAR），十二個小時洗衣服和做其他輕度家務（二．〇PAR），他們的平均二十四小時支出將是一．五PAR，也就是基礎代謝率的一．五倍。所以

＊原註：大約上下幾億次不等。不，你不能透過分配你的心臟跳動來避免死亡。事實上，透過運動提高心率才是延長壽命最可靠的方法之一（第七章）。

將他們的基礎代謝率估計值乘以一．五，就是他們的每日能量消耗估計值。

這種被稱為因數法的方法雖然很粗糙，但似乎能得到合理的結果。這種算法至今仍然活躍：世界衛生組織仍然使用這個方法來計算相關族群的每日熱量需求，也是每個網路計算機背後的數學：根據身高、體重、年齡（這些都是用來估計你的基礎代謝率）和你的身體活動水準（用於決定一個平均每日PAR值）的組合，估計你的每日熱量需求。

發展了幾十年後，因數法仍一如既往：猜得滿準的。因數法對每日支出的估計是正確的，因為基礎代謝率是可以從體型和年齡預測的。基礎代謝率構成了每天大部分的能量燃燒，所以如果你的估計值沒太大問題，最終估計的每日總支出也會是合理的。但你從因數法得到的合理估計值，卻隱藏了它根本上的缺陷：它假設每天的能量支出只是基礎代謝率加上身體活動和消化的消耗。這種觀點已被接受和廣泛傳播，以至於很難想像有其他的觀點。這是每個營養和新陳代謝專業的學生所學到的，也是每個有抱負的醫生在醫學院所學到的，而且是每個運動減肥計畫的指導信念。但正如我們將在第五章討論的，事情並非那麼簡單——遠遠沒那麼簡單。基本上，你的日常活動水準，對你每天燃燒的熱量幾乎沒有影響。

別浪費力氣問了

在確定能量支出方面的下一個重大創新，就像許多重大創新一樣，是一個完全失敗和嚴重的退步。一切始於一個比因數法更簡單的前提：如果我們想知道人每天吃多少食物，直接問他們就好啊！這似乎很合理（你記得你昨天吃了什麼，對嗎？），而且幾乎不費吹灰之力就可以收集到數百萬人的資料。不需要獲得身高、體重和年齡，也不必監測日常活動，計算PAR值之類的東西。只要讓人們填寫一份問卷調查就好。

這個想法並不是全然荒謬的。由於大多數人在大多數時間都處於能量平衡狀態（每天攝取的卡路里與消耗的卡路里相符），所以，獲得食物攝取的可靠資料，原則上應該就能好好地測量每日支出。但是，就像大多數依賴人類的誠實與自覺的方法一樣，它打從一開始就註定失敗。

事實證明，大家在記錄飲食方面令人震驚地糟糕。當你調查一個人的飲食，要他們回憶吃了什麼，答案並不可靠。這就像問人們對布萊德・彼特有多少次不純潔的想法：每個人都會少報。在最近對五個國家三百二十四名男性和女性的研究中，成年人平均少報了百分之二十九的實際食物攝取量，這相當於**每天**忘記了一整頓飯。他們回報的能量攝取量根本沒有辦法追蹤到能量消耗。飲食調查根本是亂數產生器，提供的每日卡路里消耗資料毫無用處。而一旦把這當成真正的資料，甚至以它為基礎制定營養計畫，那就更糟糕了。

所以在一九九〇年，美國食品藥物管理局（FDA）便以飲食調查為基礎，設定國家公共營養計畫。當時實施的新法規要求食品包裝必須貼上營養標籤，FDA希望標籤上要標明一些每日攝取能量的基準值。他們利用大規模的全國健康和營養檢查調查結果，發現女性報告的食物攝取量約為每天一千六百至兩千兩百大卡，而男性報告的攝取量為兩千至三千。這使所有成年人的粗略平均數落在每天兩千至兩千五百大卡左右。為了阻止過度飲食，並得出一個漂亮的整數，他們就把數字四捨五入到兩千，從此堅持到底。如果你認為典型的美國人飲食熱量是兩千大卡，現在你就知道該怪誰了。

納森・利夫森的傳奇

在一九五〇年代，大約是研究者開發因數法的同時，明尼蘇達大學的生理學家納森・利夫森（Nathan Lifson）正在探索用一種相當不同的方法來計算每日能量消耗。利夫森是明尼蘇達人，一九一一年出生於鼴鼠之州（即明尼蘇達州），成年生活幾乎都是在明尼蘇達大學度過。他於一九三一年獲得學士學位，一九四三年取得博士學位，除了在聖地牙哥待過兩年外（顯然他在那裡學會了討厭陽光和溫暖），整個五十多年的職業生涯都在明尼蘇達大學度過。他的研究所生涯期間恰逢克萊伯和他同時代的研究者在代謝科學方面有重大進展，這應該能說明為什麼利夫森最後會受到吸引，加入測量每日能量消耗的挑戰。

要了解利夫森的突破，我們需要從身體本質上是一個大水池（你的身體約有百分之六十五是水）這個觀察結果開始。事實上，我們體內的水就像一座湖，有流入和流出。我們身體水庫中的氫和氧原子在不斷變化，水從我們的食物和飲料中進入身體，並以尿液、糞便、汗水，以及我們呼吸中的水蒸氣的形式離開身體。

在他的早期研究中，利夫森發現身體水庫中的氧原子有另一種離開身體的方式。當一些碳基分子在新陳代謝過程中形成二氧化碳時（見第二章），新的二氧化碳分子中的一個氧原子會是從體內的水裡被取出的。然後，那顆氧原子會在我們呼出的二氧化碳中被呼出。基本上是這樣的：氫只會以水的形式離開身體，而氧會以水和二氧化碳的形式離開。

利夫森意識到，如果他能追蹤氫原子和氧原子離開身體的速度，就能計算出二氧化碳的產生速度。由於不產生和呼出二氧化碳就無法燃燒能量，所以利夫森知道，如果他能測量二氧化碳的產生率，他就能測量出能量消耗。最重要的是，受試者不必被困在一個新陳代謝室中。只要他能偶爾透過尿液樣本追蹤受試者的氫和氧流動率，他們就能隨心所欲。

麻煩的部分是追蹤人體水中的氫原子和氧原子。利夫森想到了使用同位素的辦法。同位素是具有正常質子數但中子數不正常的原子，例如，正常的氧有八個質子和八個中子，而同位素氧十八則有八個質子和十個中子。氘是氫的一種同位素，有一個中子（正常的氫沒有任何中子）。你每天喝的水中都有微量的這些同位素。它們不會有害。（只有一些同位素具有放射性，會在它們衰變為其他類型的原子時產生有害的輻射。）

研究老鼠時，利夫森就使用這些同位素來追蹤離開身體的氧和氫原子的流動。這些同位素的作用就像體內正常的氧和氫原子一樣，但他可以把它們當作追蹤器使用。如果星期一時受試者體內的氫有百分之十是氘，但星期三只有百分之五是氘，他就知道星期一體內的水有一半被沖走了，並補充了正常的水。然後他可以用這些測量值來計算氫原子的損失率。同樣的方法也可以告訴他氧原子的損失率。這兩個速率之間的差異必須反映出二氧化碳的產生速率。利夫森的老鼠研究顯示，同位素測量與新陳代謝室測量的二氧化碳產生量完全吻合。

由於不產生二氧化碳就無法燃燒卡路里，利夫森的方法便提供了對每日能量消耗的精確和準確測量。最重要的是，受試者不需要坐在代謝室裡：只要他們每隔幾天提供尿液或血液樣本來測量他們的同位素含量，受試者就可以繼續做他們想做的事情。他發明了不可能的事情：一種可靠的方法來測量正常生活中的日常消耗。

只有一個小問題，那就是價格。測量所需的同位素數量與受試者的身體大小成正比。因此對老鼠或其他小動物的研究相對便宜，但用這個方法研究人類卻是挑戰。在一九五五年，一個六十八公斤重的人所需的同位素數量，以今日的美元計算將超過二十五萬美元。到了一九七〇年代，一些有創意的動物生理學研究人員，如肯・納吉（Ken Nagy）和珂拉斯・威斯特托普（Klaas Westerterp），開始在野外的鳥類和蜥蜴身上使用利夫森的方法。納吉甚至與靈長類學家彌爾頓合作，測量野生吼猴的每日能量消耗。但是除了在小型物種的少數研究外，利夫森的方法並沒有普遍被採用。

同位素的生產和測量要再過十年的發展，才足以使人類研究的成本進入一個更容易管理的範圍。到了一九八〇年代，氘和氧十八已經便宜到足以測量一個成年人，而且費用只有五〇或六〇年代的百分之一。一九八〇年代也是全球肥胖症流行的早期階段，因此研究人員渴望有一種方法來在實驗室外測量能量消耗。當時在芝加哥阿貢國家實驗室（Argonne National Laboratory）的戴爾・舒勒（Dale Schoeller）在研究一項使用氧十八測量身體水含量的研究時，偶然發現了利夫森的研究。舒勒意識到技術和成本的變化已足以使這個方法具成本效益，因此開始將利夫森的方法用於人類。舒勒在一九八二年發表了第一份人體二重標識水的研究報告。一個新的人類代謝領域由此誕生。

很快地，大家就清楚認識到，許多我們以為的能量消耗的資訊都是錯誤的。利夫森的方法將人類新陳代謝科學推向一個新時代。那時距離他最初發表這項方法已經過了近三十年，利夫森已成為名譽教授（半退休），要加入這個大發現的時代為時已晚。但他活得夠長，可以看到他的貢獻在代謝研究中引發了一場革命，並獲得一些應有的肯定。舒勒在第一個人類研究的早期階段曾致電利夫森，他對此表達熱情的支持，也很高興聽到自己的點子即將起飛。一九八六年，劍橋大學的安德魯．普倫帝斯（Andrew Prentice）召開了一次英國營養學會關於二重標識水法的研討會，利夫森也擔任嘉賓出席。隔年，利夫森因這項發現獲得了著名的蘭克營養學獎（Rank Prize）。他在兩年後去世。

二重標識水革命

有了利夫森的方法——通常稱為二重標識水法——我們終於可以準確可靠地測量人們在正常日常生活中的每日能量消耗。如今，像我這樣的各家實驗室可以用二重標識水測量一個人的每日能量消耗，費用約為六百美元。從舒勒開始將這個方法應用於人類三十年以來，這個領域已在世界各地測量了成千上萬的人，橫跨完整的壽命範圍。那麼，最後結果是什麼呢？我們每天耗費了多少熱量呢？當然，每個人的數字不一定，不過決定性的因素和你想的不一樣。

每日能量消耗的最大預測因素，是你身體的體型和組成。體型越大的人，組成的細胞更多，而細胞更多代表代謝工作更多，每天就會燃燒更多的熱量。正如我們在前面看到的，我們有一些器官和組織比其他器官和組織燃燒更多的熱量。最重要的是，脂肪細胞每天燃燒的能量會比瘦肉組織（構成我們肌肉和其他器官的細胞）更少。如果脂肪細胞占你體重的比例較大，你每天燃燒的熱量就會比體重相同但較瘦的人少。由於女性往往比男性攜帶更多的身體脂肪，所以女性每天燃燒的熱量往往比體重相同的男性要少。

我將數百名男性、女性和兒童的二重標識水測量資料彙編成一個男性和女性每日能量消耗與體重的關係圖（圖3.4）。正如你在圖中所看到的，每日能量消耗（以大卡為單位）會隨著體重（以磅為單位）的增加而呈曲線上升，類似克萊伯法則，不同物種的能量消耗會和體型成比例（圖3.3）。

圖3.4中的算式為所有人類，從嬰兒到老人，從瘦弱到強壯，提供了可靠的每日能量消耗估計。你可以將你的體重放入適當的算式中，計算出你每日能量消耗的估計值。不過請注意，每個算式中都有ln函數。這代表在將結果乘以七八六（女性）或一一〇五（男性），並減去適當的截距值之前，你需要先取體重的自然對數。如果你的數學技能有點生疏，也可以直接在圖3.4中找到你的位置，計算你每日能量消耗估計值。一名六十三．五公斤的女性，每日能量消耗的估計值是兩千三百大卡。對於一個六十八公斤的男性，每日能量消耗的估計值是三千三百大卡。

◀ **圖 3.4 人類每日能量消耗（大卡／天）**。這些粗曲線和算式提供某體重的預期每日能量消耗。要判斷你的每日消耗量估計值，要先在水平 X 軸上找到你的體重，然後垂直向上追蹤到趨勢線，再水平向左找到垂直 Y 軸上你的消耗估計值。你也可以用算式來計算。小於九公斤的兒童則使用女性的圖表。每個灰點代表用於編製此圖的兩百八十四位二重標識水研究受試者之一的平均體重和消耗。變化是很大的，一個人每天的消耗與預期值相差正負三百大卡的情況並不罕見。淺色的線則表示美日能量消耗的百分位數，分別是第十、二十五、七十五和九十。

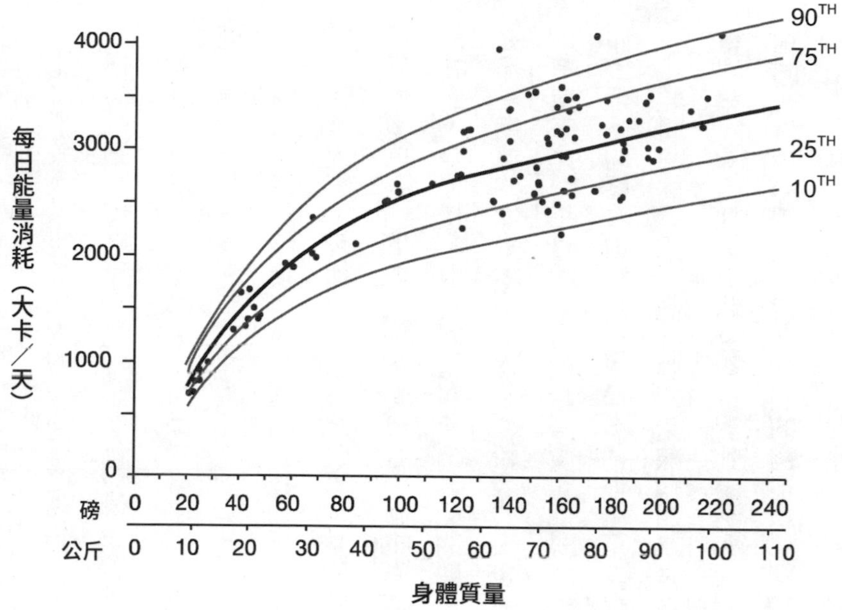

男性：每日能量消耗＝ 1105 x *LN*（體重）-2613

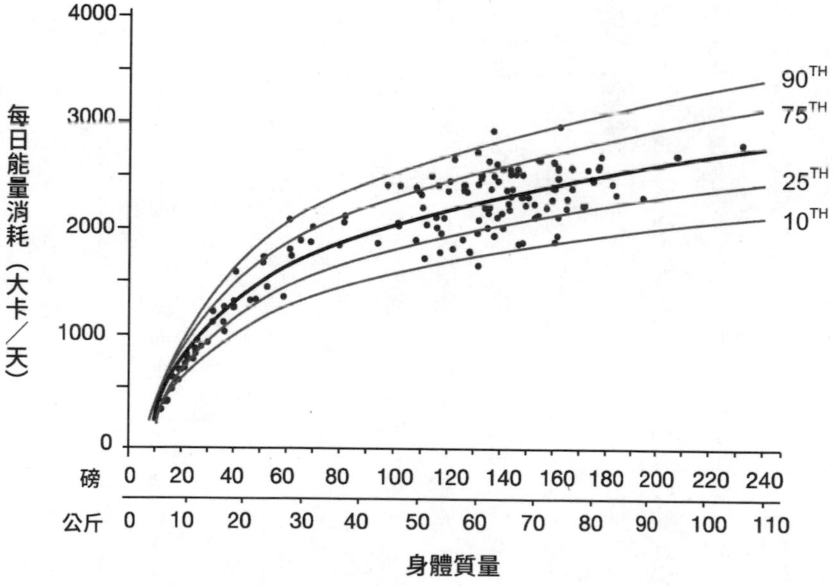

女性：每日能量消耗＝ 786 x *LN*（體重）-1582

體型對支出的影響相當驚人。支出與體型關係的形狀，類似我們在克萊伯定律裡看到的物種間曲線的遞減（圖3.3）。兒童每日能量消耗會隨著身體的大小陡然上升。他們的細胞每天燃燒的能量，會比體型較大、年齡較大的人要還要多得多。如果你曾經緊緊抱過一個嬰兒，感覺她的心臟在小胸口裡的跳動，你就會感覺到她的身體是多麼努力地工作。一個典型的三歲孩子每磅（〇．四五公斤）的體重，每天要燃燒大約三十五大卡。這個數字在童年和青春期會穩定下降，到了我們二十歲出頭時，開始維持在每天每磅十五大卡左右。

體重和每日能量消耗之間的曲線關係代表我們在比較個體之間的能量消耗時，需要有全面的考慮。通常大家（包括照理來說應該更清楚的研究人員和醫生）會簡單地將能量支出除以體重，比較不同體型的人之間的代謝率。這種方法的基本假設是每磅的能量消耗對每個人來說應該是一樣的。但其實不是這樣，因為體型和支出之間的關係是一條曲線（圖3.4），所以體型較小的人每磅（或每公斤）燃燒的能量本來就比體型較大的人多。這是生物學和算術的配合，如果我們只是用代謝率除以體型來比較每日能量消耗（其實也就是基礎代謝率），我們會得到一個錯誤的印象，就是小個子和大個子的能量消耗是天壤之別，但事實上他們都遵守了同樣的基本關係。

要問一個人或一個群體的新陳代謝率是否特別高或特別低，更好的方法是在圖3.4這樣的圖表上畫出來，看看他們與趨勢線的對比。這和兒科醫生在成長圖上畫出孩子的身高或體重時使用的方法相同。這樣的圖表（或在我們的例子中，圖3.4）能讓醫生看到孩子是否高於或低於預期。圖3.4中的小灰點是兩百八十四個男性和女性受試者的平均數。粗的黑色曲線是能量消耗的趨勢線：所有體型的平均每日能量消耗。與所有平均數一樣，有一半的人會落在趨勢線之上，一半的人落在下面。我們可以說落在趨勢線以上的人，每日能量消耗高於預期；落在趨勢線以下的人，每日能量消耗低於預期。

圖3.4中需要注意的一點是，即使在我們考慮了體型後，每日能量消耗的變化還是很大，許多人都高於或低於趨勢線——他們的每日預期消耗——三百大卡或更多。這是網路基礎代謝率和每日能量計算機的一個不體面的小祕密：即使我們考慮了體型和性別，代謝率也有很大的變化。當你使用你的資訊得到每日能量消耗或基礎代謝率的結果時——或使用圖3.4找到你的每日預期消耗時——你可能會相當難以置信，因為那個數字可能很容易就少了幾百大卡的熱量。有些人新陳代謝「快」，有些人則「慢」，這不是飲食雜誌的胡言亂語。這就是現實。

我們曾經以為我們知道為什麼人們的每日能量消耗會有差異。我們以為理所當然的是，只要簡單地將用於身體活動、器官功能、生長、體溫調節、消化和其他方面的熱量加起來，就能計算出一個人的每日能量消耗。沒有錯，每日能量消耗必須包括所有這些成本，但是二重標識水的革命是一個警鐘，讓人面對意外的現實。日常能量消耗的所有部分——活動、免疫功能、生長和其他方面——不是像採買後的帳單那樣簡單地相加，而是以動態和複雜的方式相互作用和影響。每日能量消耗不是簡單的加總結果。

人類新陳代謝的新科學

新陳代謝科學的悠久歷史讓這個領域有一種熟悉和穩定的感覺。它可以追溯到兩個多世紀前拉瓦錫和他的同時代啟蒙者的富有遠見的研究。兩位馬克斯（魯伯納和克萊伯）等先驅者發現的黃金時代距今已有近百年歷史。用於估計能量消耗的最常用方法——因數法和飲食調查——已經存在了幾十年……我們很容易認為我們對於身體如何燃燒能量的一切瞭若指掌。

但是，個人、群體和物種之間存在著大量的代謝多樣性，而關於能量消耗的既定觀點無法解釋這些差異。物種之間的代謝差異，包括我們自己這個物種，都比克萊伯定律大得多。人和物種群體每天燃燒的能量各不相同，而因數法的簡單算術無法充分說明我們的身體到底在做什麼。為什麼人類每天燃燒大約兩千五百到三千大卡的能量？為什麼有些人每天燃燒的能量比體型預期的還要多，而其他人燃燒的能量卻很少？我們的新陳代謝如何影響我們的健康和壽命？我們的生活方式、我們的日常身體活動和飲食習慣，又會如何影響我們的能量消耗和新陳代謝健康？

本書的其餘部分將處理這些大哉問。透過第二與第三章，我們已經對身體的新陳代謝機制如何運作有扎實的理解，接著我們要開始進入人類新陳代謝科學的新發現時代。我們要從一個不太可能的地方開始：位於古代絲路沿線的高加索山脈山腳下，喬治亞共和國的一座小村莊。

CHAPTER 04

人類如何演化成最友善、最健壯、最肥胖的猿類

How Humans Evolved to Be the Nicest, Fittest, and Fattest Apes

分享，意味著有更多能量用於生命的基本任務。生存和繁殖，這些天擇的通貨，獲得了改進。分享的人和他們的親屬，勝過了他們不那麼慷慨的鄰居。

在一個涼爽的、帶著露水的七月清晨，我在我的小帳篷裡醒來，小心翼翼地從睡袋裡出來，走出潮濕的拉鍊門。在黃色尼龍圓頂之外的，是深綠森林的山丘和蒼綠色牧場的全景。我的帳篷和其他幾個帳篷散落在挖掘屋（dig house）旁亂糟糟的草地上，挖掘屋是兩層樓的宿舍和廚房，供我們這個由考古學家、地質學家和古人類學家組成的擁擠團隊使用。我們的年度田野考察季已進行到一半，目前正在挖掘石器和直立人的化石。

在我腳下遙遠的地方，遠得聽不見的地方，皮納薩烏里河（Pinasaouri River）淹過了曾歡迎行經古絲路的旅者和商人的古老澡堂廢墟。在山谷對面，蒙古入侵者的倒塌石墓散落在遠處山坡上的田野。上方，沿著山脊的一個制高點，座落著一座驕傲的中世紀城市遺跡。而在這些廢墟下的土壤裡，埋藏了有一百八十萬年歷史的遠古近人類骨骼化石。整片景觀就像一座層層疊疊的紀念碑，闡述著萬事無常，野心和愚行的浪潮此起彼伏。

有某個東西開始在我體內升起，一股黑暗和洶湧的潮水。我搖搖晃晃地走到小空地的邊緣，在灌木叢中吐得一塌糊塗。某位復仇之神的手抓住了我的身體，猛烈地擠壓著，以驅除我內在的邪惡。我雙手放在膝蓋上，眼睛流淚，從口中噴出熱呼呼的泡沫狀垃圾。在最初的噴發之後，抽搐的餘震逐漸平緩。嘔吐蝕刻著我的身體使我衰弱，我的眼球彷彿從眼眶中跳了出來，無助地垂在視神經上。終於，感謝老天，結束了。我像一管舊牙膏一樣被擰得皺巴巴的，我用手背擦了擦嘴，慢慢地挺起身子。

在這種討人厭的過程結束後，我感到一種深深的、完美的平靜，從頭痛、噁心和步步逼近的真正可怕的宿醉厄運中，獲得短暫的喘息。在這些清晰的時刻，我注意到我當下所處的環境。種種不可能發生的情況和歷史上的意外，造就了這個神奇的地方，而我極端地幸運才能來到這裡。啊，但我一直不知感激。真是被寵壞了。光是來到這裡還不夠，我還過於放縱，讓昨晚晚宴上的第一杯酒變成了星空下的醉酒派對。但我並不孤單。我轉身走向挖掘屋門廊上的公共長桌，看到幾個昨晚狂歡的同伴，眼冒金星，開始勇敢地面對他們的茶和麵包。

我慢慢走過去加入他們，腦中有個模糊的想法，要扭轉局面，利用這個時刻成長和成熟，把這種自我毀滅的愚蠢行為永遠拋在身後。隨著我每次呼吸都帶著電池酸液的氣味，我默默地為各地的白痴祈禱：下次會不一樣的。這不是我第一次下定決心。我知道真正改革的機會渺茫，但當我站在平靜的颱風眼裡的時候，我還是很樂觀。畢竟我們是一群聰明人，是在世界各地的著名學術機構攻讀博士學位的科學家。我們有足夠的智慧和氣質，在頂尖的研究生計畫中獲得競爭優勢，到這個地球上最令人興奮的化石地點之一工作。我們一定有足夠的理智，能謹慎和節制，確保我們能自制。確實，我們昨晚都沒有表現出任何自我克制的才能，但那又沒什麼。我們當然可以享受人類智慧和集體努力的演化成果，而不會讓好奇心和享樂主義毀了我們……

這個想法還沒來得及想完，很快又煙消雲散。該是試著吃點早餐的時候。還有化石等著被發現，它們可不會自己把自己挖掘出來。我癱坐在桌子旁的長椅上，抖著手抓起一片麵包，塗上一些奶油和蜂蜜。我喝一口茶。我已經能感覺到我的宿醉又要來了，就像蒙古部落遠遠傳來的馬蹄聲。

這是我每年到喬治亞共和國的舊石器時代早期遺址德馬尼西（Dmanisi）的朝聖之旅。研究所期間的每個夏天，我都會從跑步機和新陳代謝中抽出時間，跋涉到高加索山麓的小農村帕塔拉德馬尼西（Patara Dmanisi）。如果想在研究所成功畢業，從論文研究中抽出一個月的時間不是個好建議，但這實在太有趣、太好玩了，不能錯過。當時我沒有意識到這地方與我的人類能量學研究有多大關係，以及它會如何將我們新陳代謝演化的關鍵時期具體化。我們脫離猿猴的世界，朝著更像人類的方向邁出的演化第一步，就在這裡被保存了下來。而一切成功的祕訣，就是我們獲取食物和燃燒卡路里方式的改變——而我們今天仍在想辦法應對這些改變。

一個不可能的地方

以人類演化中最重要的遺址之一來說，德馬尼西是一個相當不起眼的地方。大約兩百萬年前這一時期的所有其他人類化石，都是在東非和南非乾燥、多礫石的環境中發現的，任何翻閱過《國家地理雜誌》的人對這些地點都不會陌生：奧杜瓦峽谷（Olduvai Gorge）、東非大裂谷、南非的山洞遺址等。與此形成鮮明對比的德馬尼西綠樹成蔭，而喬治亞這個因有著豐富歷史而自豪的美麗國家，對這個地區以外的大多數人來說是遙遠而模糊的。然而，它的地理環境，恰恰是使德馬尼西如此重要的原因。

人類的支系大約在七百萬年前從黑猩猩和巴諾布猿分裂出來（圖4.1）。但在最初的五百萬年裡，我們的祖先一直都在非洲生活，被限制在一個他們與人猿相似的策略能發揮功效的特定棲息地裡。然後在大約兩百萬年前，我們跨越了生態圍欄。人族（Hominin，人猿家譜上的人類分支物種）變得聰明且適應性強，足以在任何地方繁衍。他們的人口成長，遍布非洲，然後進入歐亞大陸，從南非擴散到摩洛哥到印尼。這徹底打破了與人猿相似的過去，進入了更像人類的生活。德馬尼西提供我們這個關鍵時期最早的粗略快照。這裡有一百八十萬年的歷史，是非洲以外最早的人族化石地點。埋在土壤下的石頭和骨頭，保留了使我們成為人類的第一批演化線索，而使這些人類如此成功，為他們在全球擴張推波助瀾的關鍵演化優勢，就是他們獲取和燃燒能量方式的改變。

我的第一次德馬尼西之行始於與奧弗・巴約瑟夫（Ofer BarYosef）的一次談話，這位頭髮灰白、難以捉摸的哈佛大學舊石器時代考古學教授，因在中東地區挖掘尼安德塔人（Neanderthal）的墓葬而聞名。身為一個初來乍到的熱情博士班一年級學生，人們告訴我，如果我想在接下來的夏天進行考古學實地考察，就必須找到他。一天下午，我在離開皮博迪考古學和人種學博物館（Peabody Museum of Archaeology and Ethnology）的辦公室時發現了奧弗。他邀請我和他一起走到哈佛廣場去拿一些照片（那時候還是沖洗照片的時代）。「窩們邊謅邊說。沒人會浪非時間，」他帶著義大利口音這麼說。我當然同意了。

在路上，他向我解釋，他有兩個地方可以安排，歡迎我去做田野調查：法國南部的尼安德塔人洞穴遺址和德馬尼西。法國的遺址規模比較大，比較有組織，而且更容易到達。「而且法國的東西比較好疵，」他補充說。但在喬治亞的工作聽起來更有趣。就在一年前，那裡發現了兩塊頭骨化石，而且那個地方在人類演化的領域引發了震撼。經過一番討論，奧弗同意為我做必要的安排。我問我是否應該要特別準備什麼東西帶著，有什麼東西是我在喬治亞會需要用到，但不在典型的夏季田野調查的打包清單上的？奧弗停了下來，轉過身來面對我，隔著厚厚的眼鏡打量我。

「大概是一副額外的肝吧。」

陌生土地上的陌生人

就在一百八十五萬年前，低矮的山丘間有一座巨大的火山在一場大災難中爆發，震動了數英里外的地面，將天空變黑，這裡有一天會成為帕塔拉德馬尼西村的所在地。熔岩沿著附近的馬沙維拉山谷（Mashavera valley）流了數英里，填滿了山谷並淹沒了馬沙維拉河（Mashavera River）。岩漿流過皮納薩里這個小支流時倒流到旁邊的山谷中，也堵住了那條河。接著熔岩冷卻成黑色玄武岩，在部分地區形成三十．五公尺厚的高牆。皮納薩里河被新形成的玄武岩大壩阻擋，形成了一個湖。

經過千年的歲月，至少還有兩次噴發使天空充滿了火山灰。在這片土地上遊蕩的動物——包括現已滅絕的一些鴕鳥、長頸鹿、馬、瞪羚、劍齒虎、狼、熊和犀牛等物種——一定都被火山灰嗆到，而且抓破頭也想不出來到底發生了什麼事。這些火山灰覆蓋了所有地方，包括被充滿玄武岩的馬沙維拉河谷和皮納薩里湖擠壓的狹窄岬角。後來，這些灰燼便成為了土壤。

在這一切中，人屬（human genus）的早期成員，勇敢的直立人（*Homo erectus*，人屬直立人種），在皮納薩里湖周圍連綿起伏的林地中過起了他們的生活。他們是一個入侵物種，是幾千年來從非洲傾巢而出，擴張蔓延到舊世界其他地方族群的前鋒。但他們對自己的非洲源頭沒有絲毫概念，或者說他們會覺得自己是來自除了那裡以外的其他任何地方。不過他們的大腦只有我們的一半大，所以可能根本就沒有想過這種學術問題。

德馬尼西人身高一百五十二公分，體重五十公斤，對於在森林中遊蕩的鬣狗、狼和劍齒虎來說是誘人的目標。不過他們依靠自己的智慧和簡單的石頭工具，保持了自己的地位。他們更常是掠食者而非獵物，因為遺址中其他動物的骨頭上都有明確的石器屠刀的鑿痕和刮痕。德馬尼西的人族和他們的同類不是過去那種被限制在非洲林地吃素的猿類。他們是狩獵採集者。

他們能活到三十多歲或四十多歲就很幸運了，大多數人肯定死得更早。偶爾，雨水會把他們的屍體沖到附近的溝渠裡，與其他被咀嚼過的動物屍體和散落的殘渣在一起。最後，這些溝渠被泥沙填滿，他們的遺體也被包在地表下幾公尺的地方。

隨著時間推移，皮納薩里河和馬沙維拉河穿過厚厚的玄武岩，收復了它們的山谷，並在兩條河之間再次留下一條細細的山脊線。此時，德馬尼西人早已不復存在，取而代之的是一波又一波後來的人族。很可能後來有體型較大的直立人居住在這個地區，不過我們還沒有找到他們的骨頭。石器告訴我們，尼安德塔人大約四萬年前在山谷的幾英里處紮營。過了一段時間後，現代人類便湧入此地。在基督教時代的早期幾個世紀裡，岬角上建起了一座石頭教堂，以石牆圍繞的中世紀城市也在教堂周圍成長，人們在這裡繁衍。接著一批批的入侵者來了。從西元一〇八〇年左右開始，他們每隔幾百年就會占領這座城市，像是某種殘酷的蒙古分時度假一樣。到了十五世紀，這座曾經輝煌的城市被遺棄，這個地區只剩下低地山谷裡的農民。

德馬尼西化石遺址的最初發現是一個愉快的意外。一九八三年，考古學家在挖掘這座中世紀城市時在周圍的土壤挖出了一塊犀牛臼齒化石。他們意識到自己偶然發現了一座失落的古代世界遺跡，於是他們趕緊聯絡提比里西（Tbilisi）國家博物館的同事。一組喬治亞的古生物學家開始到現場工作，專注尋找化石。一年後他們發現了石器，一九九一年挖掘出了第一塊人類化石：一塊顎骨。全球的古人類學家對此都充滿興趣，但又抱持著懷疑態度。接著在二〇〇〇年，喬治亞團隊說他們又發現兩個新的頭骨，並提出馬沙維拉玄武岩的確切形成日期。這裡擁有非洲以外最古老的人族遺址，而且正產出美麗的、完整的化石。這個位於高加索山麓的小地方記錄了人類第一次跨越地球覓食的行動，德馬尼西突然之間成為人類演化的焦點。

當我在二〇〇一年仲夏來到這裡時，一小隊喬治亞的研究人員和義工、歐洲和美國的研究生，以及國際間重要的人類演化、考古學和地質學的學者正努力挖掘該遺址，重建德馬尼西人的生活。主要的挖掘區接近長方形，是一塊大約四十六．四平方公尺的空地，大家辛苦地用小鏟子和刷子把這塊地弄平坦。與各地的挖掘工作一樣，這個遺址上蓋了一大片方格，每格一平方公尺。我每天都待在指定的方格中，用小鏟子和刷子刮去黏土狀的沉積物，同時張大眼睛注意化石現身時的第一道白色痕跡。

我去到那裡的時候，根本不是什麼有經驗的考古學家，不過我已有足夠的準備，能預期自己會有好幾天的時間什麼也找不到。即使在一個讓人期待的地點，大多數的泥土也只是泥土。但德馬尼西不同，這裡有豐富的化石和石器礦脈。犀牛、獅子、瞪羚、馬，它們的頭骨和其他骨頭都是完整的，不像你在大多數挖掘中逐漸學會珍惜的那些殘缺碎片。當你意識到隔壁廣場上的挖掘者變得非常安靜，轉頭看過去，會發現他們正全神貫注地把某個龐然大物從地下挖出來，那彎曲而複雜的頭骨像亞瑟王的石中劍一樣從地表浮現。這些化石通常比周圍的泥土更軟，把它們從沉積物中取出而不破壞它們，是一門精巧的藝術。

在我第一個挖掘季結束時，我們發現了**另一個**頭骨，這是第三個在德馬尼西出土的頭骨，也是迄今為止在全世界發現的最完整的直立人頭骨。它在沉積物中被發現時是倒過來的，上顎朝向天空。大多數挖掘團隊從來沒有過這麼重大的人類化石發現，光是一顆臼齒和頭骨碎片就會被當作聖物來慶祝。偉大的路易士（Louis Leakey）和瑪麗．李奇（Mary Leakey）在奧杜瓦峽谷花了近三十年的時間才找到了一個人族頭骨，但德馬尼西的工作人員在三年內就發現了三個。最新發現的這個頭骨可能來自一個十幾歲的男性，它是如此的完整，以至於薄如紙片、有著細齒狀的上顎骨和下眼眶都仍完好無缺。整個團隊好幾天走在路上都笑得合不攏嘴。喬治亞的傳統宴會在挖掘屋的長桌上舉行到深夜。男人們唱起了縈繞耳邊的喬治亞民謠。

我完全被迷住了。我知道，只要可能，我每季都會回來。在我的研究生生涯裡，我有五個夏天都想辦法抽出時間跋涉到德馬尼西。每年我們都會發現人族化石並慶祝（但不一定是這個順序）。葡萄酒、伏特加和恰恰（chacha，一種以葡萄為原料的喬治亞私釀酒）的數量多得嚇人。每年我最後都會在灌木叢中大喊大叫，像某種老忠實間歇泉（Old Faithful）和巨石陣的墮落組合，一年一度周而復始地，在清晨的空氣中低聲說著同樣空洞的改革承諾。奧弗是對的：要是我能多帶一副肝就好了。

我在德馬尼西的第二個夏天，工作人員又發現了一個頭骨，這是在這地區發現的第四個頭骨。它最突出的特點是它所缺乏的東西。圍繞著上顎周邊的U型拱形結構本來應該是牙齒的位置，但這裡卻是光滑而圓潤的，所有的牙齒都不見了。而且這些牙齒是在這個人（可能是一個三十多歲或四十出頭的男性）還活著的時候掉的，因為牙槽已經癒合並被骨頭填充。無論是因為疾病還是年事已高，總之這可憐的傢伙失去了他的每一顆牙齒，但依舊以某種方法努力求生，在恢復期間，他應該是用血肉模糊的牙齦痛苦地嚥下食物。因為牙槽的吸收已經非常成熟，所以他肯定在沒有牙齒的情況下生活了好幾年。

這項發現引發了一個明顯的問題。他是如何成功生存下來的？野生植物和獵物幾乎都是難以咀嚼的；你需要牙齒。很少有野生食物能被輕易獲取，尤其是在你身體虛弱的時候。他是如何堅持了這麼久？

我相信，他的生命歸功於人類最典型的適應性特徵，這是使我們與我們的人猿親屬最不同的特徵。這是一種根深蒂固的行為，我們很少加以思考。然而，它徹底改變了人類這個支系，改變了我們獲取食物的方式，改變了我們身體燃燒能量的方式。德馬尼西人族也有這項特徵。

自私、懶惰的素食主義者

人類屬於人猿科，是哺乳動物的靈長目中的一個子集。哺乳動物家族樹上的靈長類枝條大約在六千五百萬年前，在小行星撞擊和消滅恐龍的大規模滅絕之後，以一條綠色枝枒出現。眾所周知，白堊紀－第三紀大滅絕事件（K-T Mass Extinction）留下了空曠的地景，讓靈長類和其他哺乳動物群體在其中綻放。

早期的靈長類動物都是些不起眼的、松鼠大小的動物，在樹上安身。就像今天包括我們在內的靈長類動物，牠們有一雙靈巧的手，用指甲代替爪子來抓取。關於靈長類動物的起源，一個有說服力的理論是，早期靈長類動物是與有花植物共同演化而來，因為這些植物也是在恐龍滅絕後開始演化的。在這種情況下，靈長類動物適應了吃這些植物的果實，無意中也為它們提供了一種在森林中散播種子的手段。果實比較有吸引力的（能量更豐富的）植物，會被更有效地散播，有更好的繁殖成功率。因而兩者形成了一種演化的夥伴關係：植物選擇生產多肉、含糖的果實，而靈長類動物則適應於尋找它們，並吃掉它們。

但這些遙遠祖先帶給我們的，不僅僅是我們的手和對含糖水果的喜愛。正如第一章所討論的，我和同僚發現，靈長類動物燃燒的熱量只有其他哺乳動物的一半。由於這種情況在今日所有靈長類動物中非常普遍，所以這種代謝轉變一定是很早就發生的，是靈長類動物輻射擴散的基礎。這些早期靈長類動物走細水長流路線。減少每天的能量消耗，代表放慢生長和繁殖速度，但也意味著延長壽命。與其把所有的繁殖努力集中在短短的幾年裡（這樣一來，狀況不好的一年可能就會消滅你大部分脆弱的後代），靈長類動物有更長的繁殖期，降低了遇到一兩個糟糕季節所造成的衝擊。較慢的成長也代表在發展過程中有更多的時間學習，有更多的機會創新和創造。當我寫這篇文章時，我正坐在廚房桌子旁，我四歲的女兒坐在對面，靈巧地吃著穀片和蘋果片，同時聊著幼兒園和未來幾年的學校生活。我們的現代人類生活有著非常深厚的根基。

靈長類動物的新陳代謝策略是非常成功的。幾百萬年來，它們擴展成一個多樣化的群體，有兩個主要分支：一邊是狐猴和蜂猴，另一邊是猿猴。大約在兩千一百萬年前，從猿猴的分支中萌生了一個新芽：人猿。人猿，正式名稱「人科」（hominoid）動物，逐漸大獲全勝。在一千五百萬年的時間裡，牠們在非洲、歐洲和亞洲大量繁殖和擴張。總共有幾十個品種。

然後，由於一些不為人知的原因，牠們的命運發生了變化。茂盛的猿猴分枝被修剪得只剩下幾根。到了六百萬年前，化石紀錄中幾乎失去了所有人猿類的痕跡。今日，只有少數幾個人科物種繼續存在：赤道非洲的黑猩猩、巴諾布猿和大猩猩；東南亞雨林中的紅毛猩猩和幾個長臂猿物種（在靈長類分類學中被稱為「小型猿」（lesser ape））。

唯一倖存下來的其他猿類支系就是我們這一支，人族動物。大約七百萬年前在非洲，一個人猿族群逐漸分裂成兩部分。其中一個族群將成為黑猩猩和巴諾布猿支系的創始族群（這兩個物種直到很久以後才分裂，圖4.1），另一個族群則是我們這一個支系的創始者，人族。關於這種分裂發生的原因有很多推測，就跟喝醉的考古學家數量一樣多，但幾乎沒有共識。我們從化石紀錄中知道，最早的人族是用兩條腿行走，有粗壯的、致命的犬齒。除此之外，他們非常像人猿：有著黑猩猩的身體和大腦尺寸，還有長臂、長指，以及有抓握能力且能在樹叢中高高躍起的腳。

這個人族演化的第一章從七百萬年前延續到了四百萬年前。這一時期至少有三種不同的化石物種，都出現在非洲。只有一種，也就是來自衣索比亞的始祖地猿（*Ardipithecus ramidu*，粉絲暱稱為Ardi），有完好的特徵，以及幾十個化石和幾乎完整的重建骨架，涵蓋人猿大小的頭到長長的、抓握的腳趾；其他化石物種都不完整。最古老的則是來自查德的查德沙赫人（*Sahelanthropus tchadensis*，即沙赫屬查德種），只有一個頭骨和一些殘缺的身體碎片才讓我們知道這個物種。肯亞的圖根原人（*Orrorin tugenensis*）的問題正好相反，我們只找到了肢體骨骼的碎片和一些鬆動的牙齒。

聽到這裡，你可能會想問：「科學家怎麼知道這些發現的碎片屬於不同的物種？或是怎麼知道它們是人，而不是其他支系的成員？」恭喜你，你剛剛發明了古人類學家這個領域。古人類學研究令人髮指的種種細節是另一本大書的主題，但在這裡我們只需要說：這是一項艱苦的工作，需要具備敏銳的眼睛以及對不同分類群的形態特徵百科全書式的知識。在此，不確定性是常態。古人類學家經常為了分辨一個化石物種和另一個化石物種的解剖學細節而大傷腦筋，或者在高尚的學術會議上大吵大鬧，試圖證明**他們的**化石物種是現存人類的直接祖先，而其他人的寵物物種只是一個旁支的死胡同（或者，嚇！甚至根本不是人族）。如果你想毀掉一個古人類學家的一天，只需要暗示他發現、命名並付出畢生心血的化石人類物種，實際上只是先前描述過的其他物種的局部變種。

人族支系的第二章時間大約是從四百萬年前到兩百萬年前，可以從更完整的化石紀錄中得知這是南方古猿屬（*Australopithecus*）的時代，包括著名的露西和她的親戚，阿法南猿（*Australopithecus afarensis*，南方古猿屬阿法種）。在這一時期的化石紀錄中，有幾個物種的出現和消失，每個物種都有自己的解剖學上的差異，不過還是有一些共同的趨勢。像地猿這樣的早期人族，具抓握能力的腳已經消失，變成更像我們的腳，大拇指和其他腳趾位在同一條線上。這一點，加上骨盆的變化，暗示這些物種更善於在地面上行走，燃燒更少的卡路里，也許每天能比現在的人猿或最早的人族能冒險走得更再遠一些些。牠們的牙齒變得更大，琺瑯質更厚。有一個被分配到準人猿屬（*Paranthropus*）的奇怪的、特化過的物種次群體把這種牙齒膨脹發揮到了極致，臼齒比我們的大五倍，有巨大的顴骨固定著同樣巨大的咀嚼肌。

甚至有一些證據顯示了認知能力的提高。阿法南猿的大腦尺寸有了一些變化，從不到四百七十三毫升到恰恰好超過這個數字（但仍然只有我們的三分之一大小）。我們曾經認為這個時期的人類無法製造石器，但在二〇一五年有研究人員表示，在肯亞北部一個三百三十萬年前的遺址中發現了大型、簡陋的石器。我們不知道這些笨重的工具是用來做什麼的，也不知道它們代表的是一種廣泛的現象，還是只是一種短暫的、早期的實驗。不管怎麼說，它們顯示至少有一些阿法南猿物種比現在的人猿更聰明、更能運用資源。人猿能使用簡陋的工具來捕捉白蟻或敲碎堅果，但牠們

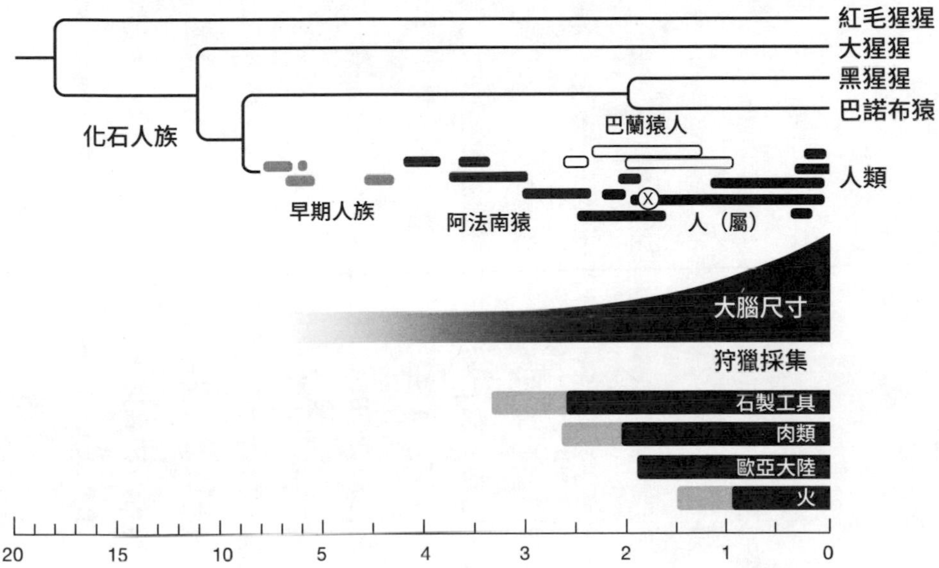

圖 4.1 人類的家譜。我們的支系，也就是人族，是人猿科的一個分支，當中包括十幾個已知的化石物種，圖中顯示了其中幾個。圓圈中的 X 表示德馬尼西人的位置。狩獵和採集從人屬開始，並帶來了大腦尺寸的增加以及飲食和行為的變化（灰色：早期有爭議的證據；黑色：強且持續的證據）。請留意五百萬年時的時間尺度變化。（改編自 H. Pontzer [2017]. “Economy and endurance in human evolution.”〔人類演化中的經濟和耐力〕。*Curr. Biol.* 27: R 613-21）。

不能製造石製工具。

然而，就所有的解剖學多樣性和創造力的跡象而言，這些人族在新陳代謝方面很可能類似人猿。我們可以對這一評估充滿信心，因為像今天現存的人猿一樣，人族演化史前兩章的物種基本上是素食者。當然，他們可能偶爾會獵殺小動物，或者像黑猩猩和巴諾布猿那樣掠奪白蟻丘，獲取一些美味的蛋白質。但看看他們的牙齒和爬樹的適應性就知道，地猿、露西和其他都是從植物性食物中獲得絕大部分的熱量。反過來說，類似猿人的、以植物為基礎的飲食習慣告訴我們，這些物種不需要走很多路來尋找食物。這是生態學的一般規則，吃植物的動物每天不會走很遠的距離，因為植物很豐富，而且不會跑掉。現存的人猿很少在一天內走超過兩、三公里。

但大約在兩百五十萬年前，人族的行為開始變得奇怪、不像人猿。他們不再偶爾獵殺猴子或小羚羊，而是開始瞄準更大的獵物——斑馬和其他大型動物。石器開始大量出現在東非各地，肯亞和衣索比亞遺址的動物化石則顯示出屠宰的跡象。肉類不再是罕見的美味佳餚，而是菜單上的常見項目。這是狩獵和採集曙光乍現的時刻，是人類演化的第三章和最新一章的開始。它標誌著我們這個屬的早期崛起：人屬（*Homo*）。但關鍵的認知躍進並不是狩獵或工具——畢竟，黑猩猩和巴諾布猿也在狩獵和製造工具，這並沒有導致牠們遠離其他的猿類。改變我們新陳代謝和演化命運的重大飲食創新，並不是這些人族所吃的食物，而是他們所送出的食物。

分享者人類

我記得我學的第一個哈札族語是 *amayega* 和 *mtana*，是哈札族語基本問候語的前後詞。我學會的第三個詞是 *za*。

我不確定我是什麼時候注意到的。我第一次去哈札族的時候，新的景象和聲音蜂擁而至，以致於早期的日子在我的記憶中有點模糊。如果你曾經在一個語言不通的外國城市的咖啡館或公園裡待過，你就會知道你周圍的聲音是如何形成一張抽象的聲音掛毯，感覺很豐富，但沒有意義。但在某一個時刻，我的頭腦突然抓到了一個重複的、簡單的命令，*za*。很快地，我就注意到它無所不在。兩個孩子在一起吃零食，*za*。祖母餵她的孫子吃漿果，*za*。一個人從朋友那裡拿到了蜂蜜，*za*。

我問伍德這是什麼意思，不過其實應該很明顯了。*za* 的意思是「給」。

我不明白的是，為什麼沒有相對的回應。從來沒有人對這個字說過任何回應，只有把提到的物品遞過去而已。我成長過程中的那些額外的東西在哪裡？那些「魔法小語」呢？「請」、「謝謝」、「不客氣」呢？令我難以置信的是，我發現他們根本沒有這些詞。當然，他們有這些概念；哈札族有請求幫助和表達感激的詞語。但是，在整個西方世界的孩子們被灌輸的「請」和「謝謝」，卻沒有出現在一天中最重要的各種小規模交流中。是什麼樣的語言，居然沒有這些「魔法小語」？

我看得越多，我就越明白。給予，也就是分享，在哈札族不是一種禮貌，這是規則。就像你不會對所有不往你臉上吐口水的人說「謝謝你不往我臉上吐口水」一樣，哈札族也不會特別花力氣對

圖 4.2 狩獵和採集，意味著分享。一位哈札族的祖母帶著一天的收穫回到營地，與她的孫子分享漿果。

分享說「請」和「謝謝」。因為那些話語暗示這個人所做的事情，超出了單純履行社會契約的範圍。只有在對方有可能合理拒絕的情況下，你才需要這些魔法小語，但對哈札族不是這樣的。

身為哈札族就是要給予。每個人都與每個人分享，隨時隨地。這就是規則。你只需要說「*za*」就可以了。

在一九五〇和六〇年代，人類演化的研究人員（值得一提，幾乎都是男性）開始整合人族化石紀錄的現有資料、對現存靈長類動物的田野研究，以及對現存狩獵採集者族群的民族誌研究。這是一個令人激動、提出叩問的時刻：是什麼讓我們成為人類？這些領域還很年輕，但已經有夠多的研究，發現了夠多的化石，可以超越前幾代的單純猜測，開始對我們的演化史進行綜合的、基於證據的重建。

這項運動在一九六六年，在具有里程碑意義的「狩獵的男人」（Man the Hunter）會議上經過系統性編纂，並出版了同名書籍。從這個名字就可以看出那個時代漫不經心的沙文主義，我不認為這是故意的，儘管那也並不重要。研究人員（一樣的，幾乎都是男性）對於他們認為是人類和其他人猿間的主要區別感到震驚，也就是我們對狩獵和工具的熟練程度和依賴性。他們認為，所有使人類獨一無二的主要特徵，都是這些關鍵創新的後續演化結果。這是一個非常有影響力的觀點，但它並不完全是新的。達爾文本人就曾推測，人類「在求生戰鬥中的卓越成就」歸功於狩獵，他主張「對人類的祖先來說……用石頭或棍棒保護自己，攻擊獵物，或以其他方式獲得食物，都帶來了優勢。」

一九六〇年代和七〇年代的女性主義運動，以及「狩獵的男人」典範中明顯遺漏女性，導致了一個可預見的、非常需要的修正。一九八一年，人類學家法蘭西絲．達伯格（Frances Dahlberg）編輯了一本名為《採集的女人》（*Woman the Gatherer*）的論文集，強調了婦女在狩獵採集群體中的重要貢獻。除了扮演母親和祖母不可替代的角色外，覓食文化中的婦女無一例外地提供群體成功所需的食物和物品。在許多文化中，婦女的覓食提供了遠遠超過一半的卡路里。此外，到一九六〇年代末，學界已經很清楚知道黑猩猩偶爾也會狩獵和使用工具。如果狩獵和使用工具不是人類特有的行為，那麼就很難論證是狩獵和使用工具推動了我們獨特的演化軌跡。

老實說，我認為只關注男人和女人的貢獻，會忽略了關鍵的一點。在狩獵和採集社會中，男人和女人都做出了重要的貢獻，但如果只靠他們自己都不夠。狩獵和採集之所以如此成功，不是因為狩獵「或」採集，而是因為「和」。我們不只是**狩獵的男人或採集的女人，我們是會分享的人類**。

另一個鮮明的對比，就是現存的人猿幾乎都不分享。當然，所有人猿物種的母親偶爾也會與她們的嬰兒或幼兒分享一些食物。紅毛猩猩媽媽大約每十頓飯中，會有一頓與她們的孩子分享食物，通常是一些難以獲得的食物——按照人類的標準，這並不是「年度最佳母親」的行為。成年猿猴之間的分享就更不常見了。大猩猩從未被觀察到在野外的成年猩猩之間分享食物。烏干達布東格（Budongo）森林的松索（Sonso）群體裡，成年黑猩猩大約每兩個月分享一次食物，而且大部分所謂的「分享」，更像是被容忍的偷竊。巴諾布猿的分享次數最多，但即使如此也遠遠沒有達到人類的標準。在剛果的萬巴地區（Wamba），日本研究員山本真也（Shinya Yamamoto）發現，成年巴諾布猿（主要是雌性）大約有百分之十四的時候會分享一種特定的水果：大而多肉的巨番荔枝（junglesop，或稱非洲釋迦）。

人猿儘管有錯綜複雜、持續一生的社會關係，卻過著飲食上的孤獨生活。只要說到食物，牠們只能靠自己。因此，牠們不得不去尋找可靠的東西，確保每天能獲得足夠的食物，避免挨餓。追捕大型獵物或收集超過牠們所需的分量沒有什麼好處；任何不能現在塞進嘴裡的東西都會被浪費，或被乞丐偷竊，而乞丐是不可能回報牠們的。這說明為什麼黑猩猩和巴諾布猿最常分享的食物是牠們狩獵回來的猴子和麂羚（一種小型羚羊），或者是在萬巴的巨番荔枝。這些東西並不巨大，但卻不是一口能吃完的。幸運的獵人通常會盡量保留自己能處理的分量，「分享」殘羹剩飯，堵住那些乞討和糾纏的同伴的嘴。即使是巴諾布猿，也只有在朋友乞討的情況下才會分享巨番荔枝。

人類是社會性的覓食者。我們經常把超出我們需要的東西帶回家，目的是把它送給我們的群體。這代表我們是彼此的安全網；如果有人空手而歸，他們也不會挨餓。這使我們得以多樣化並承擔風險，發展互補的覓食策略——狩獵和採集——將獲得巨大收益的潛力提高到最大，同時為失敗的後果止血。群體中有一些成員會去狩獵，偶爾帶回含有大量脂肪和蛋白質的獵物。其他成員則透過採集來提供穩定、可靠的食物來源，度過那些獵人不走運的日子。這是一個非常靈活、適應性強和成功的策略。而這一切的基礎，就是不可侵犯的、斬釘截鐵的、不言而喻的共識：我們會分享。

分享是將狩獵採集者群體聯繫在一起的黏著劑，並提供了使其運行的燃料。從根本上改變了人類的新陳代謝策略。分享意味著更多的食物，更多的卡路里，更多的能量用於生長、繁殖、大腦、活動……等等（圖4.3）。正如我和同僚在對人猿和人類的二重標識水測量中發現的那樣（第一章），我們每天燃燒的能量比黑猩猩和巴諾布猿多大約百分之二十。與大猩猩和紅毛猩猩相比，我們的能量優勢甚至更大。這些額外的卡路里為我們的大腦袋、活躍的生活方式和大家庭提供了燃料——這些特徵使我們與其他人猿類不同，並決定了我們的生活。它始於狩獵和採集，人屬的早期成員會覓食超過他們自己所需分量的東西，並把多餘的送出去。這些額外的能量，推動著擁有原始石器和人猿般大小的大腦的人族走遍全球，從南非的德班（Durban）到喬治亞的德馬尼西，甚至到更遠的地方。

新陳代謝革命

我們經常從身體性狀、新的解剖學特徵的出現，或形狀和大小的變化來討論演化，畢竟化石紀錄中保存的通常是身體性狀。但是行為上的變化往往才是真正的推動者。新的行為出現了，身體才隨之適應。魚類開始在水邊的泥濘淺灘上覓食，而那些擁有最強壯的鰭和最原始的肺部來駕馭這些水坑的魚，才得到了最成功的繁殖成果，隨後演化過渡到陸地上，接著出現了腿。馬的祖先牙齒本不起眼，但由於牠們的主食從柔軟的葉子改為粗礪許多的草，那些牙齒較長、更耐磨損的馬得以生存得更久。數百萬年後，長牙成為馬的常態。（這就是為什麼你可以透過觀察馬的嘴來判斷牠的年齡：看牙齒的磨損程度——如果你要買馬的話，這是個內行人的做法，但如果這匹馬是別人送來的禮物，這樣看就太失禮了。）北極熊開始游泳和潛水以捕獵，之後演化出有蹼的腳。行為走在前頭，外形隨之在後。

要讓分享在人類的支系中盛行，需要一個條件非常特殊的環境：獲得比你能吃下的分量更多的食物，需要的成本必須低於贈送食物的好處。覓集額外的食物代表為自己消耗的能量較少，為別人消耗的能量較多，這不是達爾文那不道德的會計師——天擇——通常會青睞的那種東西。如果接受者與你有親屬關係，擁有相同的基因，那麼他們的生殖成功，有一部分也屬於你。只是打折的程度也很厲害，畢竟就算是你的親生孩子，也只分享了你一半的基因。獲得額外食物的成本必須很低，而接受者的回報必須很高，這樣分享才值得。這就很容易理解為什麼沒有其他人猿——事實上，幾乎沒有任何其他物種——會想到「分享」是一種成功的策略。

儘管面臨著巨大的缺點，但大約在兩百五十萬年前，在非洲東部的某個地方，一群有人猿腦的人族當中，各種條件、飲食和行為都達到了正確的組合。分享成為了常態。可惜分享的起源細節可能過於細緻，無法在化石紀錄的粗糙篩子中找到。（雖然如果你去最近的人類演化研討會兜上一圈，各種細微和複雜情景的豐富會讓你目不暇給。）關於分享最早的確鑿證據，來自像斑馬這種大型動物身上有切痕的骨頭。無論多麼飢餓，沒人能夠獨自吃掉一匹斑馬。而要以一匹斑馬為目標，不論死活，都需要團隊合作，你可以直接獵殺活的，或是把其他飢餓的食肉動物從屍體前趕走。只有在達成分享戰利品協議的情況下，團隊合作才會有回報。也許人族的分享是從人猿的狩獵中發展出來的，有些個體付出了比我們在黑猩猩身上看到的那種有限的、勉強的殘羹剩飯更多的東西。

也許，人族的分享是從我們在萬巴的雌性巴諾布猿中看到的那種分享水果的行為發展而來。一個強而有力的佐證是野生塊莖，也就是我們今天在超市裡買得到的馬鈴薯和山藥的遠房表親，這在早期是一種重要的共享食物。塊莖是哈札族和世界各地其他狩獵採集族群的主食，是高熱量的澱粉炸彈，小孩子很難自己把它從地底挖出來，但對成年人來說卻很容易收穫過多。正如紅毛猩猩的母親傾向分享年輕後代難以獲得的食物一樣，人族的母親（或父親）可能已經養成了將塊莖餵給孩子的習慣。也許過了生育年齡的年長女性，會開始把她們的母性發揮在與女兒和孫子分享食物上。

無論是肉類、植物性食物，還是某種組合，這種為他人覓食的奇怪行為對人類的演化產生了深遠的影響。分享，意味著有更多能量用於生命的基本任務。生存和繁殖，這些天擇的通貨，獲得了改進。分享的人和他們的親屬，勝過了他們不那麼慷慨的鄰居。

我們是這些早期分享型人族的後代。隨著時間的推移，人的生理學對這種新的行為做出了反應，提高了新陳代謝率以利用額外的熱量。這就是新陳代謝革命（圖4.3），從那時起，它便塑造了人屬的演化。

正向回饋和良性迴圈

正如你的新陳代謝反映了你身體的所有系統共同運作的協調活動，新陳代謝革命改變了我們生理學的各個方面。由於卡路里不會變成化石，所以很難剖析哪些變化是最先發生的。我們在化石紀錄中看到新陳代謝加速的第一個跡象是大腦尺寸的增加。正如我們在上一章所討論的那樣，大腦是代謝代價高昂的器官。到了兩百萬年前，也就是最早有切割痕跡的骨頭出現後不久，我們發現化石中的人的大腦比他們的南猿前輩大了近百分之二十，消耗的熱量也多了百分之二十。

演化傾向將這些額外的熱量導向昂貴的大腦，說明了我們這個物種的

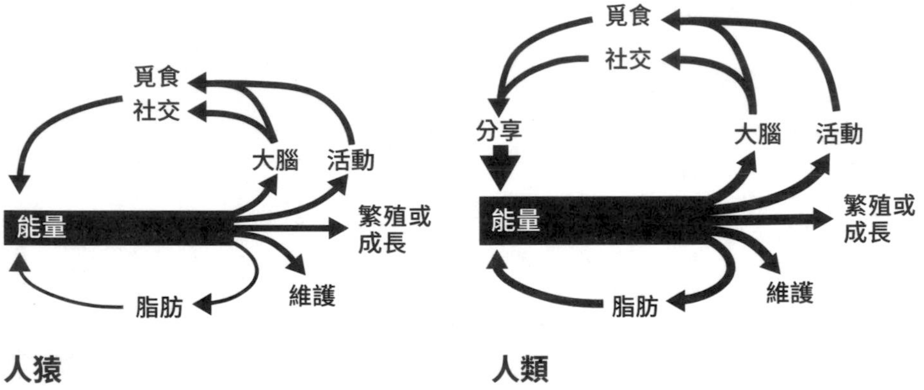

圖 4.3 新陳代謝革命。像所有的靈長類動物一樣，人猿將其代謝能量用於生命的基本任務，包括生長或繁殖、維護（如免疫功能、組織修復）和身體活動。牠們是聰明的社會性動物，為了在複雜的社會世界中生存和尋找食物而投資大腦，但牠們只會養活自己。人類則將社交和覓食結合起來，與群體中的其他成員分享剩餘的食物能量。分享增加了可用於所有任務的能量，包括繁殖和維護，帶來了更長的壽命，更大的家庭，更大的大腦，以及更多的活動。人類每天比其他人猿燃燒更多能量來促進這些特性。更大的能量消耗也有利於將額外的卡路里導向脂肪（遠多於其他人猿）以度過能量短缺的時期。

新陳代謝策略。通常情況下，我們會期望演化傾向於將這些熱量直接用於生存和繁殖。畢竟，生殖成功——產生的存活後代的數量——是天擇唯一關注的基準。在大腦或任何其他特徵上投入資源並沒有演化上的好處，除非它能帶來更多的嬰兒。對大腦的熱量投資告訴我們，認知的複雜性對那些人來說是如此重要，以至於值得在更多的腦力上花費寶貴的熱量。

身體活動肯定也大幅增加。飲食中的很大一部分依靠肉類，這就需要每天做大量的工作來獲取食物。與植物性食物相比，作為獵物的動物在地形上分布得更稀疏，更難獵取。非洲草原上的現代食肉動物每天行走的土地面積，通常是牠們所追捕的食草動物的四倍。在我們這個屬的早期，向狩獵開始過渡也需要類似地增加每天的行走距離。而且這意味著的，可能不僅僅是大量的行走。丹尼爾・李伯曼（Daniel Lieberman，我在哈佛大學的博士生指導教授）和丹尼斯・布蘭博（Denis Bramble）提出了一個令人信服的理由：人屬的早期成員已經適應了耐力長跑，在非洲的烈日下消耗他們獵物的體力，直到牠們倒下為止。不管他們是如何狩獵的，人已經開始採取高能量的策略，也就是狩獵和採集，在智力和氣力上花費大量的熱量，期望得到更大的共享回報。

策略奏效了。人口增長，生存範圍擴大。直立人是第一個走向世界的人類物種，近兩百萬年前出現在東非，並迅速擴展到整個舊世界。在十萬年內，他們的活動範圍從非洲南部擴展到歐亞大陸中部，並一直延伸到東亞，在中國發現了石器，化石則遠至印尼。狩獵和採集活動進入了高潮。令人難以置信的是，經過難以測量的漫長時間後，他們的後代居然會從德馬尼西的土地上，挖出這些堅韌不拔的先驅者的一小部分遺骸。

分享、智慧和耐力，是人會合作覓食的關鍵因素，是一個強有力的組合。更大的腦力提高了我們的祖先尋找和獲得最好的水果、塊莖和野味的能力，同時也改善了他們共同計畫和策劃的能力。更強的耐力使他們能夠撒下更大的網獵取獵物，並利用更大範圍內的物產。而分享，就像電影《謀殺綠腳趾》（*The Big Lebowski*）中那張波斯地毯一樣，將這一切聯繫在一起。由於新獲得的能力可以取得比他們所需分量更多的食物，加上會分享剩餘食物的社會契約，人類發現自己充滿了能量。

這是一個勝利的策略，打敗它的唯一方法就是做得更好。每一個世代個體間的認知能力、社會成熟度和身體耐力都會有差異，而在每一個世代中，最聰明、最合適、最友好的個體，往往是生存能力最強、繁殖能力最強的。一場軍備競賽在人族的支系中發展起來，早期的、初期的變化像滾雪球一樣越滾越大，使之成為越來越怪異的物種，有著球狀的大頭、精緻的臉、無毛、多汗的身體——一個越來越像我們的物種。

在化石和考古紀錄中，智力的提高是最容易追蹤的。德馬尼西的那些頭骨化石使我們能夠追溯大腦尺寸的增長——當我們在比較不同物種時，這會是一個粗略但合理的智力衡量標準。在不到兩百萬年的時間裡，人屬的大腦尺寸變大三倍，像烤箱裡的鬆餅一樣逐步擴大（圖4.1）。石器的複雜性也在同步提升。來自德馬尼西等地的早期石製工具是簡單的、破碎的鵝卵石，美觀與複雜的程度和小學一年級學生做給媽媽的黏土花瓶不相上下。到了一百五十萬年前，人類開始製作對稱的、水滴狀的「手斧」，這是很難製作的（我做不來，但我那些研究石器的朋友可以）。到了四十萬年前，人類開始使用複雜的、多步驟的「勒瓦盧瓦」（Levallois）技法來製造長而薄的刀片，以及其他令人難以置信的工具——這些東西複雜到你必須是個有多年經驗的碩士級考古學書呆，才能在現代做出這些東西。在那之後，工具變得更加複雜，且在一個堅不可摧的創新鏈中不斷提高複雜度，從舊石器時代的黑曜石刀刃到弓箭，再到你口袋裡的智慧手機。

當然，這不僅僅是工具的問題。到了五十萬年前，人類開始用火。（這一突破可能來得更早。而關於這個主題的爭論可說是……相當熱烈。）語言能力在這一時期也肯定在發展，只是追蹤它的演變過程非常困難。當我們這個物種，智人（人屬智人種），在大約三十萬年前出現在非洲時，珍稀高價的原料貿易網路綿延數英里，天然的紅色顏料會用於裝飾，也許是象徵性的藝術。最晚到了十三萬年前，非洲南部海岸的人類已經會留意季節和潮汐，以年為單位計畫性地採收貝類，獲得最好的收穫。我們的物種在十二萬年前走出非洲，進入歐亞大陸，與早期直立人的出走浪潮相呼應。無論我們走到哪裡都帶來了藝術和創新，到了四萬年前，從波爾多到婆羅洲的洞穴牆壁上都被我們繪製了生動的壁畫。

重建人的認知演化相對容易，因為大腦尺寸和工具、藝術以及我們製造的其他東西在化石和考古紀錄中，留下了像是森林中的麵包屑的痕跡。追蹤體型和友善特質的演化軌跡就較具挑戰性，因為兩者都沒有留下多少明確的實體證據。我們可以肯定的是，今天的人類是現存人猿中耐力最好的運動員。我們衡量有氧運動峰值的常用指標「最大攝氧量」（VO_2 max，見第八章）至少是黑猩猩的四倍，我們的腿部肌肉比其他人猿更多（儘管手臂肌肉較少），而且我們有更大比例的抗疲勞「慢縮肌」（slow twitch）。我們的血液中含有更多的血紅蛋白，運送氧氣給工作中的肌肉。我們裸露的、多汗的皮膚（到目前為止是地球上最會出汗的皮膚），使我們能保持涼爽，保護我們即使在炎熱的條件下運動也不會過熱。

這些都使我們能夠比其他任何人猿走得更遠、更快。黑猩猩平均每天要走三．二公里以上，其他類人猿甚至更懶惰。人類，特別是像哈札族這樣的狩獵採集者，每天要走這個數字的五倍路程。人們甚至以跑馬拉松**為樂**。我們是為激烈的、全天候的活動所打造的。使我們成為如此出色的步行者和跑者的許多解剖學特徵，如我們的長腿，我們腳上的彈性足弓，以及我們的短腳趾，都能在早期人屬的身上看見，代表這種耐力能力很早就出現在我們這個屬身上，並在過去兩百萬年中成為狩獵和採集策略的一部分，受到演化的磨礪與鍛鍊。

分享的發展也是類似的故事。被屠宰的斑馬和像在德馬尼西這種遺址裡發現的其他大型獵物等鐵證告訴我們，分享在我們這個屬的早期就已經成立了。事實上，正如我在上面所論證的，分享可能是引發人屬演化的關鍵行為創新。但要追蹤分享的程度或數量是很困難的，因為從那時開始一直到現在，分享是隨著時間推移而變化的。不過，還是有一些提示性的線索。至少到了四十萬年前，工具技術和狩獵技術已經相當成熟。除了能致命的石頭工具外，他們還製作了平衡良好的矛，矛尖經過火燒硬化，能經常打倒野馬和其他大型獵物。能夠如此專注於製作工具和制定狩獵策略，也許顯示有一些群體成員會專門從事狩獵，而其他成員則專注於採集，與今日大多數狩獵採集群體相似，而這樣的分工，需要致力於分享才能發揮作用。

大腦的尺寸和行為的複雜性提供了另一條關於分享的線索。巨大的大腦和依賴學習的行為策略代表我們在出生時是無助、無用、潮濕的一團肉。我們不會走路，不會說話，無法養活自己，也不能在出生後的**短短幾年**裡遠離危險。相反的，我們完全依靠他人，依靠分享來獲得我們迫切需要的食物、關注和安全。我們在生命的起初十年或二十年裡，吸收了慷慨的群體成員分享的資源，學習成為一個（希望是）正常、有生產力的成年人。隨著資訊湧入我們的大腦，學習、建立和修剪大腦中的神經連結消耗了大量能量，導致我們的身體在小學初期的成長速度緩慢。在哈札族這種狩獵和採集社會中，人們直到十幾歲才開始自給自足，也就是能獲得足夠的食物來養活自己。

所有這些等待和學習帶來的回報，是在成人時期令人難以置信的高生產力。成年的狩獵採集者，無論男女，每天都能輕易地把額外的數千大卡熱量以食物形式帶回家，遠遠超過他們自身所需（見第九章）。這些是額外的能量，為我們更快的新陳代謝引擎和更高的日常能量消耗提供動力。這些額外的能量會與孩子分享，也與他們的媽媽和其他照顧者分享。事實上，由於繁殖的能量負擔是共同分擔的，媽媽們能得到很多幫助，狩獵採集社會的媽媽們通常每三年就會生一個孩子，比單獨負擔所有工作的人猿媽媽的速度快得多。（黑猩猩、大猩猩和紅毛猩猩的平均生育間隔為五年或更長。）這是人類生活史的悖論：每個孩子都需要更長的時間來成長，但我們仍設法成功比我們的人猿親屬更快地繁殖。正是我們對分享的投入和獨特的新陳代謝策略，讓這一切得以成功。

到了大約七十萬年前，整個非洲和歐亞大陸發現了一個叫做海德堡人（*Homo heidelbergensis*，人屬海德堡種）的物種，他們的大腦尺寸已經成長到現代人的最低範圍。他們的大腦和進步的技術顯示，在我們這個特定的物種——智人——在非洲演化出來之前，我們已經發展出了漫長的童年和超強的成年覓食能力。同樣的，他們大而昂貴的大腦和狩獵採集者的生活方式告訴我們，他們很可能具有與我們今日看到的人類相同的加速代謝率，比他們的南猿祖先燃燒更多熱量。但是，即使人類的基本代謝策略在我們出現之前就已經存在，可能也正是我們獨特的分享方式，使我們沒有走上滅絕之路。

當我們的智人祖先在非洲和全球各地擴張時，他們發現自己並不孤單。當時世界上已經充滿了各種奇怪而美妙的類人物種，他們的演化表親：歐洲的尼安德塔人，亞洲中部的丹尼索瓦人（Denisovans），亞洲的直立人遺留族群，非洲南部類似直立人的納萊迪人（*Homo naledi*，人屬納萊迪種），以及印尼群島的一個微型化物種，弗洛瑞斯人（*Homo floresiensis*，人屬弗洛瑞斯種），也被古人類學家暱稱為哈比人（Hobbit）。現代科幻小說中關於在遙遠之地遇到幾乎是人類的人，與他們交流、生活在一起的幻想，在舊石器時代的荒野中一次又一次地上演。

這些物種中有一些，如直立人和納萊迪人，有助於我們注意到缺乏動力的演化是什麼模樣。這些物種演化出的大腦比南猿略大，是最早的狩獵採集者之一。但在早期的某個時刻，天擇不再推動他們朝著更大的大腦和更複雜的覓食方向發展，而他們特定的棲息地和生態環境的變化無常對他們不利。使大腦更大的成本和越來越慷慨的風險，都比起好處來得大，因此在沒有壓力要改變的情況下，儘管世界上其他地區的智人族群不斷變化，他們依舊維持了幾十萬年大小適當的大腦和早期人屬的習慣。演化並沒有特別的目標。只因為大腦尺寸穩定地增加了一百萬年，並不代表它會繼續這樣下去。我們並不是必然的結果。

其他物種，如丹尼索瓦人和尼安德塔人則告訴了我們：我們沒什麼特別的。這些物種都很聰明、適應性強、足智多謀，就像我們一樣。事實上，他們和我們非常相似，以至於我們能彼此繁殖，養育混種的家庭，並且毫無疑問地總是想知道，為什麼那些姻親總是看起來有點不一樣。我們今日還是能在我們的染色體中發現他們的DNA碎片，一個失落文明散落的一些磚塊，被回收到了現代建築中。

為什麼**他們**滅絕了，而**我們**延續了下來——為什麼我們是今天地球上僅存的人族——仍然是一個巨大的謎團。人們經常主張，我們只是比較聰明或比較有創造力，但這一點並不完全清楚。尼安德塔人的大腦比我們的要大一些，而且在我們出現之前就已經開始製作洞穴藝術，演奏音樂，並埋葬他們的屍體。也許這只是愚蠢的運氣，宇宙中的骰子碰巧對我們有利。也許我們在向全球擴張的過程中把新的疾病帶入了歐亞大陸，消滅了尼安德塔人和丹尼索瓦人，就像歐洲的疾病在接觸美洲原住民後摧毀了他們一樣。

一個具說服力的解釋是，人類會持續存在是因為我們比較友善。哈佛大學的理查．藍翰（Richard Wrangham），以及我在杜克大學的同事布萊恩．海爾和凡妮莎．伍茲（Vanessa Woods）都認為，智人是經由長期的自我馴化過程變得高度社會化。在這種情況下，那些試圖透過暴力和恐嚇來達到自己目的的人（尤其是男性）會被他們的群體成員排斥（或者根據藍翰的論點，這些人甚至會被處決）。隨著時間推移，友善和促進友好的基因變體會受到青睞；吝嗇的人則沒有那麼多孩子。人類將早期人屬物種的分享行為提升到了一個新的層次。我們的群體開始以高度合作的超個體模式運作，就像蜂巢或蟻窩那樣。在這種情況下，當我們擴散到歐亞大陸時，更強大的社會凝聚力是我們相對於尼安德塔人和丹尼索瓦人的關鍵優勢。當我們與尼安德塔人和其他人類處於相同的地貌時，我們的超級合作策略就勝出了。

無論人類的合作傾向是否在人族中獨一無二，很明顯，我們極端的社會性、巨大的大腦和身體的活動能力，是使我們這個物種從根本上與其他人猿有所差異的關鍵特徵，而我們把這一切都歸功於我們兩百萬年的狩獵和採集遺產，從德馬尼西延續到今日。我們複雜的社交世界和同理心，我們探索銀河系和分裂原子的能力，我們的忍耐能力，我們分享午餐的意願——全部都貨真價實地是我們DNA的一部分。全部都是由我們的高能量代謝策略所推動的。我們的新陳代謝——我們獲得能量的方式和我們花費能量的方式——對我們的激烈演化至關重要。

我有沒有提到這一切有個缺點？

缺點

我在賓夕維尼亞州西北部阿帕拉契山脈連綿起伏的偏遠山區裡，一個叫柯西（Kersey）的小鎮上長大。和你一樣，我的童年也充滿了日常的教訓，和對我社會身分的不斷提醒。我是龐策家的一員，天主教徒，公立學校的學生，柯西鎮的孩子，匹茲堡鋼人隊的球迷（即使我很少看比賽）。這些層次中的每一個都代表了一些東西。它定義了我的朋友是誰，以及誰天生就值得懷疑（比如私立學校的學生、鄰鎮聖瑪麗（St. Mary's）的孩子）。但這些身分認同中最強烈的，就是身為一個賓州大學的粉絲。

我的父母、姐姐和許多姑姑叔叔、阿姨姨丈和堂表兄弟姊妹都在賓州大學讀書。在我成長的過程中，我們很少看電視轉播的運動節目，我的媽媽和爸爸都不太關心運動，但如果我們在秋天的星期六在家，電視上就會播放賓州大學的橄欖球比賽。高三那年，我只申請了一所大學：親愛的賓州大學。老實說，我無法想像去別的地方。在那時，賓州大學就是我所屬的部落。

終極的部落儀式——我大一欣喜若狂的成人禮——就是現場觀看賓州大學的橄欖球比賽。對於一個真正的信徒來說，這是一種宗教體驗。在陡峭的鋁製看臺上，有十一萬五千名全神貫注的球迷，全身穿著部落的顏色和其他標誌物，共同為下方的戰士歡呼。我們互不相識，但這根本不重要。體育場裡的每一個人（除了客隊區一小部分勇敢的人）都立刻成為彼此的朋友。我們大聲喊出了專屬賓州大學的歡呼，讓整個體育場充滿震耳欲聾的呼聲和回應。我們……是賓大！這幾乎和睡眠不足、自由和酒精一樣令人陶醉，這也是我大一生活的寫照。

對於熱衷社交的分享型人猿來說，對群體歸屬感的貪婪需求是不可或缺的一部分。從童年開始，我們就敏銳地意識到我們的部落為何。我們學會了我們群體的語言、外表和象徵物，而且我們會接納這一切，我們希望有歸屬感。當我們考慮到分享在演化過程中的重要性時，這就很有意義了。沒有我們所屬的群體，我們就會死亡。我們需要知道自己要對誰好，因為社會契約要求我們對我們群體中的人慷慨相助。

同樣重要的，是了解誰不在我們的團體中。與外人分享是巨大的風險。如果他們不是我們部落的一員，他們可能不會給予回饋。更糟糕的是，他們可能會有敵意。仔細想想，他們似乎有非常多的資源，是我們團體可以用得上的東西。看看他們！帶著他們所有的東西坐在那裡，那些自以為是的混蛋。我是說，他們把所有東西都留給他們自己，根本是犯罪。我提議我們過去那裡，並**強烈建議他們把屬於**我們的東西交給我們。畢竟，我們是賓大……而**他們**不是。

想必你看得出來，這種事情最終會如何失控。

分享使我們對我們的同伴無比慷慨，但也使我們有能力對那些不屬於我們的人表現出可怕的冷漠和邪惡。這是海爾和伍茲在他們《善者生存》（*Survival of the Friendliest*）一書中描述的部分內容。演化了幾十萬年的部落內分享和友善，使我們大多數人的日常生活成為和平、和諧和合作的奇蹟。我們做義工，奉獻我們的時間和金錢，指導孩子們踢足球或組織學校的義賣。我們可以在擁擠的戲院裡與數百名陌生人一起觀看一部緊張的電影，而沒人眨一下眼睛。如果戲院裡全是互不熟悉的黑猩猩，那麼在片頭出現前就會有一場腥風血雨。反過來說，我們通常對我們認為是外人的人都漠不關心，甚至充滿敵意。我們把我們的世界劃分為一個內部群體和一個外部群體。賓州大學和匹茲堡大學，鋼人隊和愛國者隊，共和黨人和民主黨人，公民和移民，我的種族和你的種族，圖西人和胡圖人，穆斯林和基督徒……不勝枚舉。無論這些群體是由有意義的還是全然任意獨斷的東西來定義都不重要。我們群體的成員一輩子都是我們的家人，但外來者甚至可能不被視為人類。

那麼多在我們的歷史上留下傷痕、動搖我們今日對人性信心的暴行——種族滅絕、奴隸制、人口販運——都源於我們演化而來、將外來者視為非人類的能力。在過去，這種可怕的行為往往得到了宗教或國家的認可，甚至是被如此要求。生物學和演化科學在十九世紀和二十世紀都被這種傾向收編了，許多令人震驚和錯誤的「科學」被用來為種族主義政策和行為辯護。這些噁心的餘孽至今仍然存在於種族主義的「智力」論點中（事實上，沒有任何證據表明如今各民族之間微小的遺傳差異會影響行為、智力或我們所珍視的人類同胞的其他東西）。看到這些主題在我們越來越多的部落政治中再次興起，在那些本來應該足夠文明，足以有更多理解的國家反而又開始將我們不同意的人，和任何被視為「他者」的人非人化，真的令人感到不寒而慄。

我們這個時代的關鍵爭論是：誰是我們群體的一部分？誰算是我們的一員，誰不算？當然，這個問題在道德上唯一可以接受的答案是**所有人**。每個人都算。我們都是人。我們都是同一個人類部落的一分子。

為了贏得這場我們非贏不可的爭論，我們需要克服對外來者的懷疑，這是為了我們驚人的分享意願所付出的演化代價。

我們演化出的代謝策略有另一個缺點，就是我們隨之而來的代謝性疾病傾向。肥胖、第二型糖尿病和心臟病，並不像種族滅絕那樣會引起道德上的恐懼，但它們每年在全球範圍內殺死的人比暴力行為還要多。這些疾病並非不可避免，像哈札族就不會得這些病。它們是公衛領域所謂的「文明病」，是發展的意外後果。而且有些人認為，這些疾病是在全球人類社會變得不那麼暴力的時候出現在人們面前。身為一個物種，我們已經從殘忍地互相殘殺，發展到無意識地殺害自己。

問題不僅僅在於我們的人造環境，而是更深層的問題。人類新陳代謝革命帶來更快的新陳代謝、更高的每日能量消耗，使得我們的狩獵採集者祖先面臨飢餓的風險變得更大。更高的日常能量需求，也代表食物短缺的後果會更嚴重。當然，分享有助於降低大部分的風險，但我們的能量供應有許多潛在的威脅，從長期的疾病破壞我們的食欲，到不可預測的天氣消滅當地的植物或獵物都有。由於更快的新陳代謝需要持續的熱量供應，為了讓我們的能量短缺獲得緩衝，天擇帶來了第二個彌補的解決方案：更多脂肪。

當羅斯、布朗和我對生活在美國各地動物園的幾十隻人猿進行二重標識水測量，並將結果與人類進行比較時，我們發現差異不僅僅在於能量的消耗。我們還發現，人猿其實精瘦得令人難以置信。黑猩猩、巴諾布猿、大猩猩和紅毛猩猩在動物園和救援所裡閒著的時候不會變胖，至少以人類的標準來說是這樣。黑猩猩和巴諾布猿在被囚禁的情況下，只會增加不到百分之十的身體脂肪，與訓練中的人類頂尖運動員不相上下，就算是哈札族這種活躍的狩獵採集者增加的脂肪也比牠們多。而對於現代城市中的久坐者（相當於在動物園生活的猿人）來說，脂肪的增加可沒有極限。男性可以很容易地攜帶百分之二十五到三十的體脂肪，而女性則超過百分之四十。

在動物園裡飼養人猿，提供大量的食物和有限的運動，牠們會變大，但不會變胖。牠們的身體會利用額外的熱量來生長更多的瘦肉組織、更大的肌肉和其他器官。因此，雖然動物園裡的人猿比在野外的體重要重得多，但牠們還是保持精瘦。相比之下，像我們這樣的類人猿演化成會把大量的額外熱量儲存起來，作為脂肪，這是未雨綢繆的緊急預備金，以因應未來的食物短缺、長期的疾病或其他能量供應的中斷。在我們現代的人造環境中，這些雨天從未出現。我們許多人最後體內的脂肪含量遠遠超過了身體所需，導致隨之而來的負面健康後果。

我們的人類身體也演化為足以支持（事實上是「**依賴**」）高強度的日常生理活動，這點在過去兩百萬年的狩獵和採集生活形態中是常態。我們已經演化為需要每日運動，沒有運動我們就會生病。世界衛生組織認為，全世界每年死於不運動的人數有一百六十萬人。因久坐不動的生活方式導致心臟病、糖尿病等而損失的健康年齡，那數字可就更龐大了。這也是只有人類才有的獨特問題。動物園裡的人猿每天都有適量的運動，不會出現像是高血壓、糖尿病、類似人類的心臟病，或其他困擾已開發國家的一系列疾病。

現代化為世界帶來了許多驚人的好處：現代醫學、全球互連、溫暖的房屋和衛生的室內管線。但它無意間造成的後果卻越來越可怕（我們甚至還沒有講到氣候變遷、棲息地喪失、核毀滅的威脅……）。我們的物種只有三十萬年的歷史，如果我們要再生存三十萬年，甚至只是享受接下來的三百年，我們就得開始打造更好的人類動物園。

我們的希望之一來自我們巨大、聰明、有創造力的大腦。身為狩獵採集者的漫長演化歷史賦予了我們能夠塑造世界的認知能力。我們已聰明到足以馴服火焰，做出了不起的機器並將它們送到遙遠的星球，創造新的物種，並拼湊出我們自己的演化史。我們是否能聰明到可以控制我們的未來？還是我們註定要跌跌撞撞，屈服於誘惑而失敗，再次嘔吐在灌木叢中，不必要地遭受自作自受的痛苦？我們遙遠的後代把我們的化石從土壤中挖出來時，是會讚嘆我們的天才，還是因我們無力避免災難而搖頭嘆息？

想知道如何撥亂反正，就必須先弄清楚問題出在哪個環節。我們是如何偏離軌道的，又該如何回到正軌？該是回到哈札族營地，看看我們能學會哪些關於生活和保持健康的知識的時候了。

CHAPTER 05

新陳代謝的魔術師：能量補償和限制

The Metabolic Magician: Energy Compensation and Constraint

深入其本質來看，「熱量不會使人發胖」這論點的合理程度，就和「金錢不會使人富有」一樣。這是種奇幻思維。

如果要把哈札族典型的人生觀濃縮到最基礎的本質，那就一定是 *hamna shida*。沒問題的。和哈札族男女進行對話，幾乎都會以這種全面樂觀的評價結束。想在我們的營地待幾個星期，和我們在一起嗎？*Hamna shida*。你想測量我們的食物並跟著我們到處走嗎？*Hamna shida*。對一直潛伏在營地周圍的鬣狗感到好奇嗎？*Hamna shida*。在哈札族營地的一兩天內，伍德、雷克倫和我一直對彼此說這句話。它變成了彈性和適應性的簡稱。當事情變得艱難，我們努力保持 *hamna shida*。

我很羨慕哈札族永遠用不完的韌性庫存，我經常思考他們是如何做到的。也許在一個充滿了你無法控制的事物的世界裡，從大象、瘧疾到你毯子裡的綠曼巴，堅定的 *hamna shida* 觀點是唯一能讓你微笑面對每一天的方法。餓了嗎？累了嗎？離家還有十六公里的艱難路程？當然！你覺得這些看起來像獅子的腳印嗎？沒錯！想知道你大腿上越來越大的膿腫會自己消失還是爆炸、變成敗血病嗎？我們也擔心！但是擔心有什麼用？可能一切都會沒事，一直憂慮對你也沒有好處。*Hamma shida*。

為了像哈札族一樣在這樣艱困、難以預測的世界裡繁盛存活，你必須要有彈性、有適應性。你必須要覺得 *hamma shida*。

所以當我和雷克倫站在那裡，想著該如何避免被火焰吞噬時，我盡量對一切保持 *hamma shida* 的態度。那天早上在堤卡山美麗的藍天白雲下，我們早上一直待在營地，在周圍設置路徑以測量行走成本（第三章）。現在是旱季，大草原是個火藥桶，乾枯的金黃野草接近一公尺高，隨時會開始燃燒。我們早上做飯時抓了一把草點火，把它塞進篝火圈中，再扔進一根點燃的火柴。乾草馬上點著，並迅速引燃了柴火。在這次田野季剛開始的那幾天，我們在營地周圍的山上看到了野火，但我們認為它們不會進入營地（沒有任何合理的理由）。我們和哈札族朋友們對此討論了一下，但得到了可預見的回應：*Hamma shida*。

我不確定是雷克倫還是我先注意到的。在廣闊的草原上，相對安靜的環境中，清晰無誤的劈啪聲隨著微風飄進營地，我們猛然注意到這聲音，用同樣難以置信的表情看著對方。該不會是那個的聲音吧，是吧？

我們向劈啪聲走去看看情況。很快地，我們就聞到了煙的味道。然後，透過不遠處的低矮的阿拉伯膠樹，我們看到了它：一堵至少九十公尺寬的火牆，在慵懶微風的推動下，穩穩地向營地行進。

橙黃色的樹葉翻飛到兩公尺高的空中，舔著阿拉伯膠樹的低枝。我們漂浮在一大片由金色草地形成的起伏汪洋中，而這片汪洋正著了火。

雷克倫是南加州人，個性像是隨和的吉米·巴菲特（Jimmy Buffett），喜歡吃烤肉。層層的諷刺和輕鬆的笑容掩飾了他銳利的智慧。雷克倫非常 *hamna shida*。當事情看起來很糟糕時，他就加倍冷靜，哼著巴菲特的歌〈度假心情〉（Margaritaville），繼續前進。在我們走回營地時，我看了看他，衡量自己的焦慮。也許我反應太大了？但是沒有，雷克倫在這一刻似乎沒那麼 *hamna shida* 了。和我一樣，他似乎也在想我們是否真的完蛋了。

問題是這樣的：我們花了兩年的時間獲得資金和許可，終於能進行哈札族族成年人的每日能量消耗測量——這是在狩獵採集群體中首次進行的二重標識水測量。然後我們在沙蘭港（Dar es Salaam，東非的克里夫蘭）度過了一個夏天，每隔幾天就與坦尚尼亞的政府官僚舉行長達數小時的會議，懇請官方允許我們開展這項研究。這年夏天，我們帶著一個小型實驗室的設備回來，包括一整箱用來儲存尿液樣本的液態氮，我們把這些設備塞進兩輛越野車，拖到哈札族營地中間。我們差一點點就要完成了，只剩下幾個星期的時間。三年來的工作成果——電腦、筆記本、裝有所有樣本的整箱液態氮，更不用說我們所有的露營裝備、帳篷和兩輛越野車——現在都在沖天火焰前進的路線上。從火勢蔓延的速度來看，我們大約有十分鐘的時間來想出解決辦法。

如果伍德在營地就好了。他也是加州人，但他來自北部的戴維斯附近，有一頭樸實、蓬鬆的頭髮，清澈的眼睛，喜歡用他放在營地裡的吉他彈奏鄉村音樂的老歌，給人一種年輕的威利·尼爾森

（Willie Nelson）的感覺。伍德在哈札族營地生活多年，什麼事都看過了。伍德就是 *hamma shida* 的化身。他一定會有很好的辦法。可惜他這時正在營地外探險，跟著幾名哈札族一起去尋找幾天前其中一人用弓箭射中的長頸鹿。

我和雷克倫想出的辦法是這樣的：我們把所有的帳篷、食物和其他露營用具都堆在一塊光禿禿的圓形地面上，這是我們當做廚房和用餐區的地方。半徑周圍的空地夠大，我們認為這些東西（可能）不會被燒掉。然後我們把所有珍貴的、不可替代的科學設備，包括液態氮容器和尿液樣本，匆匆塞進我們的豐田 Land Cruiser 越野車。我們發動車子，駛向風景區中我們認為唯一不會被燒毀的地方：火的**另一邊**，那裡的一切都已經被燒光了。我們所要做的就是**穿過**大火，開到另一邊，然後我們就會沒事了。我有沒有說過其中一輛越野車的後車廂，已經泡在備用油箱漏出的柴油中了？

我們開著越野車向火場緩緩駛去，在火線上挑了個缺口，然後衝了過去。成功！我們沒死。雷克倫和我從越野車裡走出來，走到剛剛經過野火肆虐、如月球表面般焦黑的地面上，互相交換了一個不安的笑容，就像倖存者從飛機失事中毫髮無傷地走出來一樣。這個計畫很成功。*Hamma shida*。

那麼營地裡的哈札族呢？他們沒辦法簡單地把自己的草屋搬到野火行進路徑之外。也沒有消防隊可以求助。相反的，婦女和孩子們開了一個舞蹈派對。他們從營地周圍的灌木叢中剪下枝椏，用它們來鎮壓火勢，在風的吹拂下把火推到營地周圍，整個過程都在唱歌、微笑和歡笑。雷克倫和我一起幫忙，一起唱歌，學習如何用哈札族的方式，以一些辛苦的工作和歌曲來對抗破壞。

大火從營地旁經過了。休息一會兒後，雷克倫和我又開始在小徑上工作。營地裡的婦女和孩子們則繼續做他們的日常工作。但幾個小時後，當大家都沒有注意的時候，悲劇突然來襲。風向改變，火又回來了。它從另一個方向潛入營地，力量太大，速度太快，無法被推開。雷克倫和我站在那裡，看著哈札族的房子在火中燃燒，被燃燒的草形成的篝火團團圍住。我們只能無助地看著一切。我們無能為力，只能任由它們燃燒。

大火過後，雷克倫和我走到婦女們身旁，詢問她們的情況，並表達我們的慰問。她們之中有三個人失去了房屋。令人驚訝的是，她們已隨即恢復了正常的生活，一邊聊天和開玩笑，一邊處理營地周圍的日常瑣事。

「你房子的事，我很遺憾，」我對哈麗瑪說，她是那三個倒楣鬼之一。

她困惑地看了我一眼。「你在遺憾什麼？」「你的房子啊，大火真是不幸，」我說。

「喔，**那件事**啊，」她說。她聳了聳肩，轉身繼續與她朋友談話。

在火災發生之前，她已經把重要的東西——衣服、她家為數不多的財物——從房子裡拿出來了。當然，在火災中失去房子是令人討厭的，但沒有理由不高興。總有更多的草可以再建一間房子。*Hamna shida*。

我轉身離開，但對於哈札族的適應力與韌性——他們是多麼徹底地實踐 *hamna shida* ——感到震驚不已。在營地待了幾個星期後，我仍然不能完全理解這種精神。我當時永遠也猜不到的是——在那一刻沒有科學家明白，而且當時聽起來不僅不可思議，更是不可能的——他們的生理機能也同樣具有適應性。而且不僅僅是他們。關於我們的身體如何燃燒能量，哈札族有一些基本的知識要教給我們。

艱苦的生活

我們在進行哈札族能量研究計畫時可以肯定的一點是，狩獵採集者的生活是艱難的。像其他狩獵採集者一樣，也像一萬兩千年前的所有人類一樣，哈札族沒有農作物*，沒有馴養的動物或植物，沒有機器、汽車或槍枝，沒有任何現代的便利設施讓他們生活輕鬆一點。他們每天日出而作，到大草原上尋找一天的食物。婦女們通常成群結隊，依靠她們對周圍植物百科全書式的知識，以及什麼是當季食材的最新資訊，尋找結實纍纍的漿果或塊莖群。數種野生塊莖組成了哈札族的主食，而女性每天都能花上兩三個小時用削尖的木棍從堅硬的岩石土壤中挖出這些東西。她們可以輕鬆地走八公里或更遠的路，而且通常背上還掛著個孩子，回程時身上滿載了九公斤辛苦挖出的塊莖。回到營地後，她們往往忙著照顧孩子，準備食物，或收集木柴。

男性通常會獨自離開營地，他們偏好獨自打獵，以提高偷襲斑馬、狒狒、羚羊或其他任何不走運的東西的機率。他們並不挑食，除了蛇和其他爬行動物，幾乎所有的東西都能出現在菜單上。哈札族用長頸鹿的腱製作強大的弓，並在箭上加了一球毒藥，就在鋒利的鐵尖下面，毒性足以一擊殺

---

* 原註：一些生活在營地裡、靠近周遭村落的哈札家庭，還是有小規模的耕作。我們則是在沒人耕作的遠處叢林營地進行研究。

死一匹斑馬。男性經常從狩獵中抽空採集野生蜂蜜，爬到接近十公尺高的巨大古老猴麵包樹的樹冠，砍下巨大的空心樹枝來掠奪蜂蜜（第六章）。他們會把獵物或蜂蜜帶回營地與群體分享，整趟路程來回約十六到二十四公里。

這讓人筋疲力盡，所以狩獵完後，男性通常會花上一天時間在營地裡製作箭矢和休息，但女性很少跳過每天的採集。我們對哈札族成年人每日生理活動量進行了量化，結果令人震驚：男性和女性平均每天都有兩個多小時的辛苦勞動，大約是普通美國人的十倍。這還是在步行以外的活動。他們一天的體力活動比典型西方人一星期的體力活動還要多。孩子們和老人們也很活躍。孩子們經常承擔取水的任務，而水源離營地可能有〇．五公里遠；六十多歲、七十多歲、甚至八十多歲的男人和女人，大部分時間都在外面覓食，就像他們壯年時那樣。

這種令人印象深刻的體力活動並不是哈札族獨有的。所有狩獵採集者的生活方式都足以讓西方人融化。我們今日舒適的城市化生活讓你無法想像，在幾千年前，這種極端的體力活動水準才是所有人類的常態。我們的祖先——所有的祖先——在幾百代以前就開始狩獵和採集，這只是演化過程中一眨眼的時間。我們是一個狩獵和採集的物種，來自狩獵和採集的族群（見第四章）。

在我們為自己在美國、歐洲和其他發達社會建造的工業化人類動物園裡，我們變得更加久坐不動。現代化帶來了室內管道、疫苗和抗生素等許多改善和延長我們生命的重要創新，但是我們也因為一些措施變得更加不健康。肥胖症、第二型糖尿病、心臟病以及發達國家的其他主要殺手，對於狩獵採集者和自耕農而言幾乎聞所未聞。許多公衛界人士認為，這些文明病出現的部分原因，來自於我們久坐的現代生活方式導致每日能量消耗減少，我們懶散的生活方式減少了我們每天燃燒的熱量，而這些未消耗的卡路里會積累成脂肪，導致肥胖和心血管代謝疾病——糖尿病、心臟病和其他許多現代生活中常見疾病的總稱。

這就是為什麼那個季節我們會在哈札族營地測量每日能量消耗。我們知道哈札族活動量很大，正因為如此，我們和其他人一樣，相信哈札族每天都會消耗大量的能量。以前沒有人真正測量過狩獵採集族群的能量消耗，所以我們想成為第一個記錄下他們了不起的新陳代謝方式的人，我們也會記錄相比之下能量支出少得可憐的工業化世界數據。我們想了解，人類的身體在身為一個狩獵採集者時是如何運作的。

事情變得很奇怪

當我們在二〇〇九年展開哈札族的能量研究計畫時，我對於每日能量消耗的測量還是個新手。我當研究生的時候曾測量過人類和一系列其他物種的步行和跑步能量消耗，但只做過一些關於二重標識水的工作。幸運的是，我有很好的同事和我一起工作，他們都是該領域的專家：在聖路易斯的華盛頓大學（我當時正在那裡工作）的蘇珊·拉塞特（Susan Racette）和貝勒醫學院的威廉·黃教授。威廉是國際公認的二重標識水研究的領導者。早在一九八〇年代初這項技術首次應用於人類時，他就是第一批使用該方法的科學家之一，並且從那時起一直擔任世界上數一數二的二重標識水實驗室的負責人。他也碰巧是一個令人難以置信的好人。

威廉和拉塞特監督我們為哈札族研究制定的二重標識水試驗計畫書，確保我們有適當的劑量和可靠穩固的採樣制度。在哈札族田野調查季結束後，我從坦尚尼亞返國，小心翼翼地把所有的尿液樣本包裝好，運到黃教授的實驗室。然後我就開始等待。實驗室花了幾個月的時間處理這些樣本，用質譜法仔細測量每個樣本的同位素的濃縮值。

接著，在深秋的某一天，在遠離哈札族營地的炎熱和塵土的地方，我收到威廉寄來的一封電子郵件。哈札族的研究結果在附件。我已做好收到資料的準備，但卻沒有料到資料所傳達出的訊息。

我為哈札族的資料做的準備是，把工業化族群中成年人的每日能量消耗測量，放入一個大的比較資料集裡。任何對能量消耗有所了解的人（包括你，除非你跳過了第三章）都知道，你必須考慮到體型大小。體型大的人燃燒更多卡路里，因為他們有更多的細胞在工作。因此，我在分析哈札族資料時，首先繪製了來自美國、歐洲和其他工業化國家的一百多名男性和女性的每日能量消耗和體型圖。明確地說，我以無脂肪的身體質量來繪製每日能量消耗圖，因為脂肪質量對新陳代謝率的貢獻非常小。然後我把哈札族的資料疊上去——我們有十七名女性和十三名男性的測量資料。我預期哈札族的資料會形成一片雲，高高懸掛在美國和歐洲的資料上方。誰都**知道**哈札族的能量消耗特別高，因為他們的身體活動非常活躍。

但是他們沒有。哈札族的數據就落在美國和歐洲的測量資料上（圖5.1）。哈札族男性和女性每天燃燒的能量，與美國、英國、荷蘭、日本和俄羅斯的男性和女性相同。不知道為什麼，哈札族一天的運動量比一般美國人一星期的運動量還要多，但他們燃燒的熱量卻與其他人一樣多。

我無法相信。我一定弄錯什麼了。我開始研究，使用越來越複雜的統計資料，試圖解釋可能掩蓋預期結果的其他因素，想抽絲剝繭找出我**知道**一定存在於某處的，哈札族高能量消耗的數據。我控制了年齡、性別、脂肪量、身高等變數，但這些都不重要，結果依舊清楚明白：哈札族男性和女性每天的能量消耗，與你、我和其他人都一樣。他們每天的

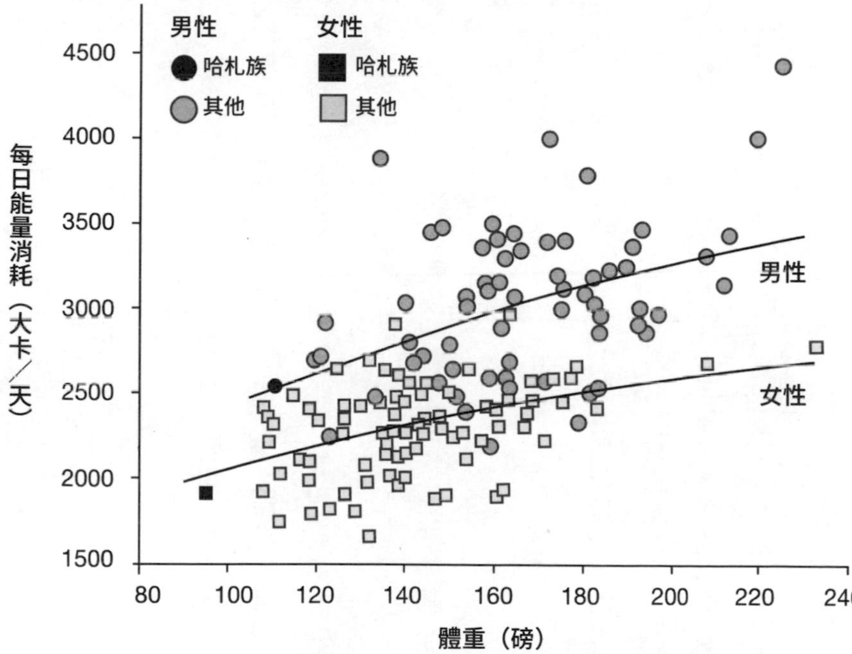

圖 5.1 哈札族男女的每日能量消耗與工業化人口中的成年人相同。每一點代表一個成年男性或女性佇列的平均每日消耗和體重（與圖 3.4 資料相同）。黑線是工業化人口中男性和女性的趨勢線。在考慮進體重的情況下，哈札族男性和女性都落在這些線上或線下，表明他們每天燃燒的熱量數量與其他人口相同。

活動量明明更活躍，但他們並沒有燃燒更多的卡路里。這到底是怎麼回事？

受限的每日能量消耗

哈札族研究的結果似乎與估算每日能量消耗的因數法（第三章）背道而馳，因數法假定每日能量消耗會隨著日常體力活動的增加而增加（圖5.2）。這是信條，也是空談技師對身體代謝引擎如何燃燒卡路里的看法：你越活躍，每天燃燒的能量就越多。因數法如此直觀和普遍，似乎不會有爭議。但它無法解釋我們在哈札族身上看到的情況。

哈札族以某種方式適應了他們艱苦的生活，使每天燃燒的熱量總量得到了控制。他們的新陳代謝引擎是靈活有彈性的，非常 *hamma sbida*。

這項研究的意義，遠遠延伸到哈札族營地之外的地方。人類都是同一個物種。在全球各地，儘管我們有奇妙的文化多樣性，而且外觀有表面上的差異，但我們的身體都以同樣的方式在運作。我們在哈札族身上看到的新陳代謝彈性，是我們所有人在世界各地都擁有的能力。哈札族向我們展示了一種理解自己的新方式。我們每天的能量消耗並不只是對日常活動的差異做出反應。相反的，無論生活方式如何，身體似乎都在將每日能量消耗維持在某個狹窄的範圍內（圖5.2）。我把這種新陳代謝觀點稱為「受限的每日能量消耗」。

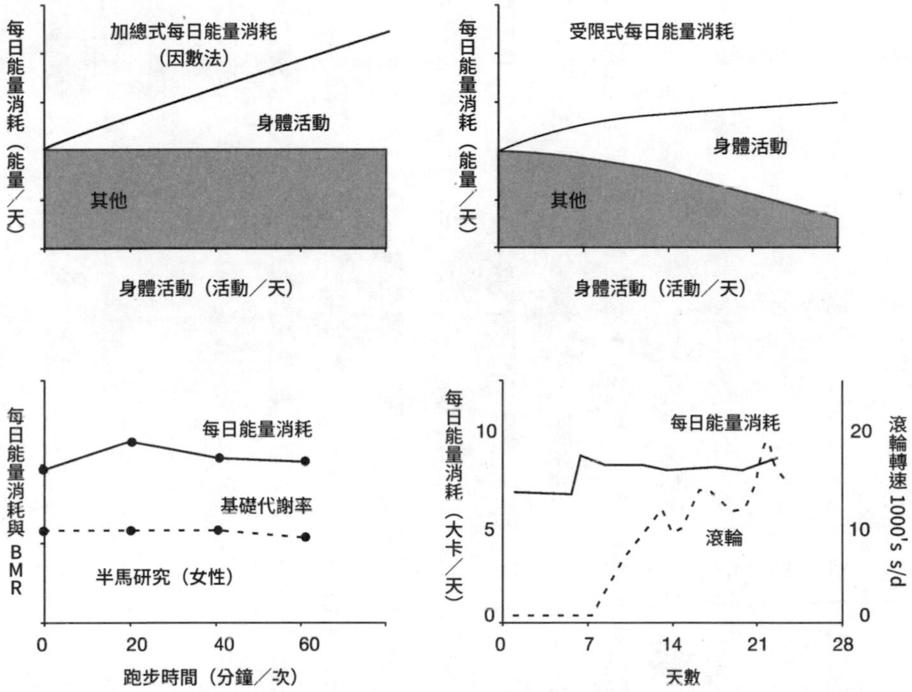

圖 5.2 上排：傳統「空談技師」的新陳代謝模型是「加法」的，並假定每天的能量消耗隨著每天的體力活動直接增加。在受限模型中，隨著體力活動的增加，身體會減少用於其他任務的能量（陰影區域），使每日能量消耗保持在一個狹窄的範圍內。**下排：**當人類（左）、老鼠（右）和其他動物增加他們的每日體力活動時，每日能量消耗並不會隨活動增加而增加，而是趨於平穩。左：威斯特托普的半程馬拉松研究中的女性。右：小鼠先是保持靜止狀態（第一－七天），之後才允許在滾輪上跑（第七－二十八天）。每日消耗最初會隨著開始使用滾輪而有所調整，但之後即使每天在滾輪上的活動增加，仍會保持穩定。

當然，如果哈札族的研究結果只是僥倖，我們確實可以視若無睹。要推翻像因數模型這樣大的、既定的、舒適的思維方式，光是一項研究是不夠的。但事實上，在人類和動物的能量學方面大量、不斷增加的研究，最後都指向了這種受限的每日能量消耗。其中一些在我們進行哈札族研究之前就已經存在了，只是無法一眼看穿。

自哈札族研究計畫以來，我和同僚也在其他狩獵採集者和農業族群中測量了每日能量消耗，結果也類似。我實驗室的博士後研究生山姆．烏拉賀與生活在厄瓜多偏遠的亞馬遜雨林中的舒阿爾人相處了幾個月。與哈札族一樣，舒阿爾人的生活方式活動量極大，他們打獵、捕魚，並從野外採集植物性食物，他們也有一些農耕活動，會使用手持工具和大量的辛勤勞動來種植和收穫澱粉類主食，如木薯和煮食蕉。山姆測量了五至十二歲的舒阿爾人兒童的每日能量消耗，並將他們與美國和英國的兒童進行比較。舒阿爾人兒童的運動量更大，而且由於寄生蟲和其他感染水準較高，他們的基礎代謝率也比較高（第三章）。儘管如此，他們的每日能量消耗還是與美國和英國兒童相同。

再往南的玻利維亞，麥克．葛文（Mike Gurven）和他的團隊測量了齊曼內人男性和女性的每日能量消耗，他們和舒阿爾人一樣，在亞馬遜雨林中以狩獵、捕魚和耕作為生。我們在我的實驗室裡分析了二重標識水樣本。齊曼內人每天的體力活動量與哈札族一樣多，大約是美國人的十倍。他們的男性和女性顯示出略高的日常消耗，但這並非由於體力活動所致。和舒阿爾人的孩子們一樣，齊曼內族的成年人有較高的基礎代謝率，是因為他們的寄生蟲和細菌感染率很高——他們的免疫系統在加班工作。當你把他們令人難以置信的免疫活動也算進來後，就沒有證據能夠證明他們每日能量消耗更高是由於運動量極大的生活方式導致。每日能量消耗與基礎代謝率的比值（通常被稱為身體活動等級〔physical activerty level〕，簡稱PAL），是一種考慮進體型因素、常用來比較每日能量消耗的方式，而由於齊曼內人的基礎代謝率較高，所以他們的PAL其實比其他群體還要低。

齊曼內人的研究結果也呼應了愛咪．盧克（Amy Luke）早期在奈及利亞農村的研究。盧克是代謝和心血管代謝疾病方面的專家，二十多年來一直在研究日益久坐的美國生活方式對健康的影響。二十一世紀初，她帶領一個研究小組測量（還有別的且先不提）在伊利諾州梅伍德（Maywood）和奈及利亞農村兩地黑人婦女的每日能量消耗。與齊曼內人一樣，與美國婦女相比，多為農民的奈及利亞婦女基礎代謝率較高，相對應的，每日能量消耗（有根據體型差異進行校正）也略有增加。但兩者在活動能量消耗（日常消耗減去基礎代謝率和消化的成本）方面沒有差異。儘管奈及利亞和美國婦女在生活方式上有明顯的不同，但每日能量消耗與基礎代謝率的PAL是一樣的。

還有更多的例子。洛約拉醫學院（Loyola Medical School）的博士後研究生拉娜．道格斯（Lara Dugas）與盧克合作，分析了全球九十八個人口群體的每日能量消耗報告。這些報告中的每日能量消耗有很大的差異性——有些人很高，有些人很低。但是，郊區農業群體的人們即使每天努力工作謀生，每日能量消耗的數值卻與工業化世界中養尊處優的城市人相同。即使在工業化國家中測量到的身體活動，與每日能量消耗、活動能量消耗或PAL之間也沒有對應關係。更努力工作的人不一定會燃燒更多的卡路里。

當我們觀察群體之內的情況時，我們也看到了「受限的每日能量消耗」的跡象。我與盧克、道格斯和他們的團隊合作，分析了來自五個不同國家，三百三十二名男性和女性的每日能量消耗。我們集結了所有人的資料，考慮進體重、脂肪百分比、年齡和其他特徵的影響，校正他們的每日能量消耗，再根據他們的每日身體活動，繪製校正後的能量消耗圖。即使考慮了體型和體脂，人與人之間仍有很大的差異（見第三章）。不過，我們還是能夠從身體活動中捕捉到一個微弱的信號——像是在橄欖球場嘈雜聲中的耳語——活動量較多的人，每日消耗確實略高。但是，身體活動的影響不僅很微弱，而且當活動程度上升後，這樣的影響也逐漸消失。比起全然的「沙發馬鈴薯」，活動量中等的人每日平均多燃燒了約兩百大卡熱量，但活動量中等的成年人和活動量最高的人之間則沒有區別。正如受限模型所預測的那樣，每日能量消耗會趨於平穩。而每個沙發馬鈴薯之間的每日消耗差異，還遠遠大於一般沙發馬鈴薯和一般高活動量成年人之間的差異。

到目前為止，所有這些比較，都是在有不同身體活動程度習慣者之間進行的。如果我們讓一個人參加運動研究計畫，藉此改變他的生活方式，會怎麼樣呢？這類研究很多，雖然根據運動研究計畫的持續時間和強度不同，結果會有些變化，但最後通常還是指向同一個受限的每日能量消耗模型。我最喜歡的研究是這個：荷蘭的威斯特托普和同僚將從未運動過的男性和女性納入一個為期一年的研究計畫，訓練他們跑半程馬拉松。受試者為三名女性和四名男性，分別在開始訓練前、訓練第八週、第二十週和第四十週，測量他們的每日能量消耗，與訓練方案的階段劃分一致。一開始，受試者每天跑步二十分鐘，每週跑四天。到了最後，受試者每天的訓練時間為六十分鐘，每週大約要跑四十公里。

不意外的是，經過這些訓練，這些女性增加了大約一．八公斤的肌肉。此外，根據她們的體重和里程數計算，她們每天跑步消耗的熱量約為三百六十大卡。如果因數模型是正確的，我們會期望她們的每日能量消耗在研究結束時至少增加三百六十大卡，如果再加上她們增加的肌肉質量在靜止時消耗的熱量，則會接近約三百九十大卡／天（第三章）。然而，在第四十週，她們的每日能量消耗只增加了大約一百二十大卡。這些女性從不運動到每星期跑四十公里，體能已經足以跑半程馬拉松，但她們的每日能量消耗卻與開始時基本相同（圖5.2）。研究中的男性也表現出類似的結果。

威斯特托普研究的持續時間值得注意。在研究領域，它被認為是一項極費勁的長期研究，持續了一整年。但十二個月並不算長。正如我們在下文和第七章中會看到的，想要調整到新的生活方式，可能會需要持續數年時間。像哈札族這樣的群體有很多年的時間——實際上是整整一生的時間——來適應他們高度的身體活動。他們是最終極的長期研究群體。也許我們不該感到驚訝，因為研究人員經常發現，沒有證據顯示傳統群體的每日能量消耗有比較高。

而且不是只有人類：受限的每日能量消耗，似乎是溫血動物身上的法則。一些研究齧齒類動物和鳥類的實驗室，也在增加牠們日常身體活動的同時，測量牠們的每日能量消耗——與威斯特托普的半馬研究沒什麼不同。而我們一再看到同樣的結果：就算動物越來越努力運動，每日的能量消耗也沒有改變。我們身體的把戲是將每日能量消耗保持在一個狹窄的範圍內，這顯然是一種古老而廣泛的演化策略。

這讓我們回到了動物園。正如我們在第一章中所討論的，我和同僚在過去幾年裡一直在測量人猿、猴子和任何其他我們能接觸到的靈長類動物的每日能量消耗。而一如受限模型所預測的，我們發現動物園裡的靈長類動物，每日能量消耗與野外的靈長類相同，袋鼠和熊貓也是如此。不管是在叢林中掙扎求生還是在動物園裡發呆，每個物種都保留了演化後的新陳代謝率；生活方式不會造成什麼影響。環尾狐猴無論在馬達加斯加的森林裡討生活，還是在杜克狐猴中心舒適的圍欄裡休息，牠們每天消耗的能量都一樣。難怪不管是生活在土地上的狩獵採集者，或是被關在我們為自己建造的工業化動物園裡，人類燃燒的能量都一樣多。

我們的新陳代謝引擎會轉型和改變，為增加的活動成本騰出空間，最終使每天的能量消耗保持在一個狹窄的範圍內。因此，無論是生活在今天的狩獵採集者——其實我們過去也都是——還是在工業化世界中經常練身體的人，燃燒的能量都和那些久坐時間更長的人一樣多。

試著贏過肥胖

了解到每天的能量消耗會受到限制，改變了我們對現代肥胖流行病的思考方式。首先，狩獵採集者燃燒的能量與已開發國家的城市人一樣多，這代表從舊石器時代到電腦化的現在，每日的能量消耗總量可能都沒改變。現代肥胖症的大爆發以及它造成的所有後續影響，並不能歸咎於工業化國家居民能量消耗的減少。在工業化國家進行的二重標識水研究可以追溯到一九八〇年代，結果也似乎證實了這一點：在過去四十年裡，即使罹患肥胖和代謝性疾病的人數急遽上升，但美國和歐洲的每日能量消耗和PAL依舊保持不變。

其次，受限的每日能量消耗代表著藉由運動或其他計畫增加日常活動，最終對每天燃燒的熱量不會有什麼影響，這樣的理解應該要改變我們處理肥胖的方式。從根本上而言，體重的變化與能量平衡有關：如果我們吃進的熱量多於我們燃燒的熱量，我們就會增加體重；如果我們燃燒的熱量多於我們吃的，我們就會減輕體重。這些是物理學的法則，而正如拉瓦錫、艾華特、魯伯納和代謝科學的先驅們所確立的那樣，人類和其他動物也都遵守這些法則（見第三章）。每日能量消耗受到限制的廣泛證據告訴我們，要讓每日能量消耗有長期、有意義的變化，是**非常難**透過運動實現的。如果不管怎麼運動，燃燒的能量都很難改變，那麼要對付肥胖症，我們最好把注意力集中在我們吃進身體的能量上。

運動對健康依舊是不可少的！你還是需要做運動！如果你想確保你剛剛付費加入健身房是明智之舉，那麼請直接跳到第七章，我們在那一章討論了運動的所有重要好處。正如我們將看到的，每日能量消耗的限制其實正是運動對你有好處的重要原因。運動會使你保持健康和活力，只是對你的體重沒有什麼作用。

現在，如果你仔細看看這些數字，你可能會問，為什麼運動造成的代謝率微小變化在對抗肥胖症方面並不重要。畢竟，雖然為了跑半馬而進行訓練的女性最終燃燒的能量可能比我們預期的要少得多，但每天多燃燒一百二十大卡的熱量還是**不容小覷**。很多運動計畫都顯示了在能量消耗方面出現一些長期的增加，就算增加得很少也還是有，長期下來也能積沙成塔。即使你的新陳代謝最終適應了新的運動方式，但至少在適應期的幾個星期或幾個月內，每天的能量消耗都會比以前更高（見下文）。這些日常消耗的增加將導致體重下降，對嗎？

別指望了。

如果我們的身體是簡單的機器，每天能量消耗的小幅增加，最終確實會導致體重下降。但我們的身體並不是簡單的機器，它們是經過數億年演化的動態產品，靈敏而有彈性，會對活動和食物供應的變化做出反應。我們的身體——或者更確切地說，我們的大腦——操縱著我們的飢餓感和新陳代謝率，使我們很難維持體重持續下降。我們的新陳代謝引擎經過精確調整，能使我們每天燃燒的能量配合我們吃進的能量，反之亦然。（事實上，這可能是動物最早演化出受限每日能量消耗的原因：使消耗量與可用的食物量相符。）即使每日能量消耗只是短暫增加，也會導致攝取的能量增加。當我們燃燒得更多，我們就會吃得更多。

以一九九〇年代末在美國進行的研究「中西部運動實驗一」（The Midwest Exercise Trial I）為例。久坐和超重的年輕人被隨機分配到運動組或對照組，運動組在十六個月的時間裡，每週大約做消耗兩千大卡的運動（相當於跑三十二公里）。在十六個月內每週做兩千大卡的運動，運動者應該減掉十八公斤。然而，這些男性只減少了四．五公斤，且幾乎所有的體重下降都發生在頭九個月。在那之後，儘管他們持續運動，他們的體重也不會再減少了。如果這聽起來很讓你失望，那麼想想運動組的女性：她們的體重都沒有減少。經過十六個月的監督和劇烈運動，她們的體重與第一天出現時完全一樣（圖5.3）。不過，如果她們知道被分配到對照組的女性在十六個月內根本沒運動，往往會增加幾公斤的體重，也許會感到有些安慰。

在這些令人失望的結果之後，研究人員在「中西部運動實驗二」（The Midwest Exercise Trial II）再次嘗試了更嚴苛的運動計畫。男性和女性在研究人員的監督下，每週要進行消耗兩千或三千大卡的運動。這是一個令人難以置信的運動量，相當於一個六十八公斤的人每週跑三十二到四十八公里（第三章）。只有百分之六十四的受試者完成了為期十個月的研究，可能是因為太辛苦了。以那些完成研究的人而言，每天的能量消耗平均只增加了兩百二十大卡，遠遠低於我們從他們的運動計畫中預期的一天增加兩百八十五至四百三十大卡。他們平均減少了約四．五公斤，與實驗一研究中的男性沒有太大區別，遠遠低於我們對這麼多運動的預期。而且，在每天兩千和三千大卡的運動組之間，平均下降的體重沒有差別，進一步表明運動量對體重沒有什麼影響。更令人驚訝的是，在完成研究的七十四名男性和女性中，有三十四人平均減少的體重為零。這些被稱為「無反應者」的可憐人瘋狂地運動，甚至設法將他們的每日能量消耗提高了一些，但仍然沒有減少任何東西。

中西部運動實驗一和實驗二的受試者並非特例。所有試圖透過運動達到減肥目的的研究都顯示出同樣的模式：研究持續的時間越長，減肥效果就越不符合預期（圖5.3）。在一個新的運動研究計畫的頭幾個月，結果有各種可能。一般來說，人們的體重會下降，但他們在短期內的反應有很大的差異性（有些人甚至體重增加）。但一年後，即使有人監督他們運動，無法跳過訓練或造假，但平均減掉的體重依舊不到預期的一半。到了兩年的時間，平均減掉的體重不到二．二公斤，而且許多人，正如我們在研究中看到的那樣，一公克都沒少。

換句話說，如果你明天展開一項新的運動計畫並堅定執行，你兩年後的體重很可能與現在幾乎一樣。但你還是應該要運動！你會更快樂，更健康，而且更長壽。只是不要指望光靠運動就能在長期內造成任何有意義的體重變化。

在減輕體重方面這種令人失望的結果，部分原因來自前述那種對增加活動的代謝補償，但受限的每日能量消耗並不能解釋事情的全貌。另一個重要的變化是，運動會促使我們吃得更多。我們的大腦非常擅長調整我們的飢餓程度，使得我們會透過增加攝取量來彌補增加的消耗，這一點我們將在下文中詳細討論。

進食和消耗之間的緊密協調，也解釋了人類新陳代謝的一個奇怪、反直覺的事實：燃燒更多的能量並不能保護你不發胖。正如我們在第三章中所討論的，即使考慮了體型和脂肪百分比的差異，人與人之間的每日能量消耗也有很大的不同。有些人每天燃燒更多的能量，有些人燃燒更少。（兩個身材、年齡和生活方式相同的人，每天消耗的能量差異也很可能有五百大卡之多。）我們偶爾甚至會看到某些群體的每日能量消耗很高（例如，我們在一小部分舒阿爾人男子的樣本中測出了較高的每日消耗量），但新陳代謝快和體型瘦之間沒有關係。考慮進體型和組成的差異後，肥胖者每天燃燒的能量與瘦子其實一樣多（事實上，如果你不根據體型大小校正，肥胖者每天往往會燃燒**更多**

的卡路里，因為他們的體型較大；見第三章和圖5.1）。而每天的能量消耗，無論高低，都不能預測你發胖的可能性。例如在盧克對奈及利亞和美國女性的研究中，女性的每日消耗量和她在隨後兩年中的體重增加之間沒有關係。對兒童的研究也顯示了同樣的結果。燃燒更多能量的人，體重不會比較輕；但燃燒更多能量的人，會吃得更多。

所以要減肥，我們只需要吃得少一些，對嗎？事實證明，這也很複雜。

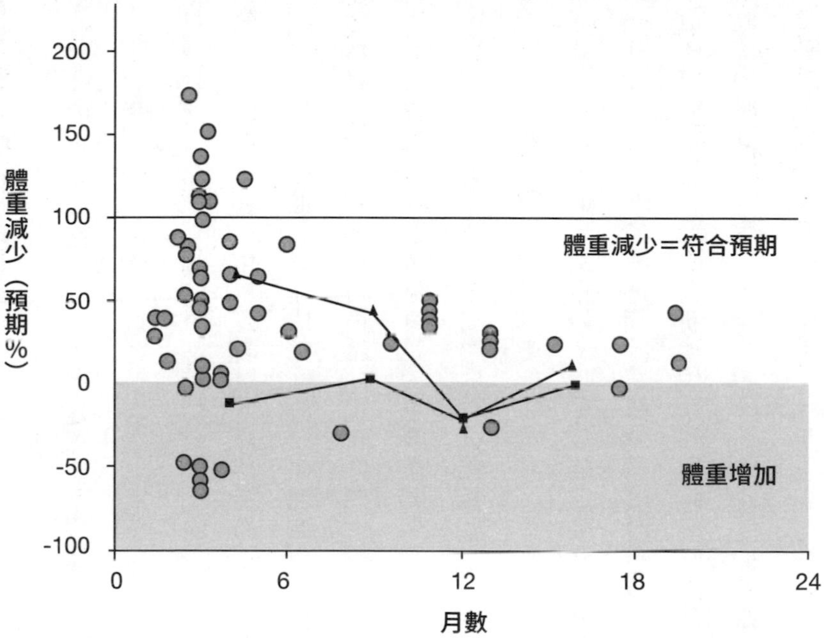

圖 5.3 運動後的體重下降。每個點表示一項運動研究中平均減少的體重：百分之百的體重下降代表受試者的下降的體重，與預期在運動中消耗的卡路里量完全一樣，而百分之〇代表受試者的體重沒有下降。研究時間越長，觀察到的體重減少程度就越低。中西部運動實驗一中的男性（三角形）和女性（正方形）的體重變化線圖，是根據研究過程中各時間點的數據所繪製。

我們都是減肥達人：對暴食和厭食的代謝反應

《減肥達人》（*The Biggest Loser*）是一個實境節目，目標觀眾是那些不想在偷窺狂和虐待狂之中二選一的人。節目的前提簡單明瞭：十六位超過一百三十五公斤的極度肥胖者，絕望地想扭轉現況，於是全部被送到一個減肥訓練營，與世隔絕十三週。

他們被安排參加一個令人髮指的減肥計畫：在一位軍隊教練的嚴格監督下，每天進行四個半小時的體能訓練。他們讓自己挨餓，吃的卡路里比他們參加比賽前的一半還要少。偶爾，為了讓觀眾開心，參賽者會被他們最喜歡的食物折磨，或得到機會打電話回家。他們大約每一個星期就會像自助餐的肉一樣被當眾稱重，瘦得最少的人會被送回家，通常是流著淚離開。看著他人以這種特殊的方式受苦，顯然是全世界人類都喜歡的事情。就像肥胖症本身一樣，這個節目開始於美國（當然），但它已經傳播到全世界三十多個國家。

這是一種永遠無法獲得人類研究倫理委員會同意的奇觀。這些人的運動量是殘酷的，而故意公開羞辱，一般而言也是研究倫理不允許的。即使他們讓你開始這樣的研究計畫，怨聲載道的反應也肯定會成為研究計畫停止的理由。但是對於一個專門研究新陳代謝和肥胖症，而且充滿好奇心的聰明科學家來說，這節目提供了一個獨特的機會。既然人們無論如何都要忍受這種瘋狂的行為，為什麼不利用這個機會，看看身體對大量運動和極端節食的反應呢？

因此，在二〇一〇年，凱文・霍爾（Kevin Hall）帶領一組來自美國國家衛生研究院和潘寧頓生物醫學研究中心（Pennington Biomedical Research Center）的研究人員，研究《減肥達人》參賽者的新陳代謝變化。他們除了追蹤體重和體脂的變化外，還測量了基礎代謝率、每日能量消耗和體內激素的高低。與哈札族能量研究計畫一樣，霍爾的研究顯示了我們的身體多麼有適應力。

首先，好消息是：參賽者的體重都下降了很多。到比賽的第六週，他們平均減掉了十四公斤左右。到了第十三週，那些沒被送回家的人又減了十四到十八公斤。到了節目最精彩的決賽那集，也就是第三十週的回歸集，選手們在經過四個多月自我監督的節食和健身後，回到競賽場測量最後一次體重，平均減掉五十八公斤，相當於一個正常成年人的體重。他們也獲得其他健康方面的好處，參賽者空腹測量的葡萄糖數字（他們的血糖）下降，胰島素阻抗也下降，降低了他們罹患第二型糖尿病的風險。他們血液中循環的三酸甘油酯含量也降低了，這對心血管健康有益。

現在，有個不太好的消息：他們的身體都處於飢餓模式。到了第三十週，他們每日的基礎代謝率下降了近七百大卡，或大約百分之二十五。基礎代謝率的下降不僅僅是體重下降的結果；它遠遠超過了預期中單純的體重下降，這種變化是更深層次的。他們的細胞降低了他們的代謝率，工作和燃燒能量的速度都更加緩慢，而這些變化並不是暫時的。當霍爾與同僚在節目結束六年後再次為參賽者做檢查時，他們的基礎代謝率仍然低於預期。從公共衛生的角度來看，這似乎是不正常的。他們努力要燃燒掉不健康的體重，但為什麼他們的身體卻背道而馳？只是，從演化的角度來看，這再合理不過了。

身為數億年演化後的產物，我們應該期望我們的身體對環境中的食物數量，以及我們轉換成脂肪儲存起來的備用能量的數量極為敏感。所有生物體都需要能量來完成生命的基本任務，一般來說，能燃燒的能量越多越好（第三章）。燃燒更多的能量代表更多的生長、維護和繁殖。但這是達爾文玩的二十一點遊戲：超過總是不好。如果燃燒的能量比你吃進去的更多——研究人員稱之為能量負平衡——就會需要消耗你自己的身體。你可以暫時吃掉你儲存的脂肪（這就是它們存在的理由），但這並不能無限期地延續下去，因為你最終會被餓死。

毫無意外，人類和其他動物存在著對能量負平衡的古老、演化後的反應。當我們的身體感覺到我們吃的東西不足以滿足我們的日常能量需求，我們就會開始節流。身體努力地用有限的能量預算取得平衡，讓消耗不大於攝取量。主導我們身體代謝率的甲狀腺會減少甲狀腺激素的分泌量，就像把你的腳從油門踏板上移開一樣。我們的細胞會放慢速度，降低基礎代謝率和每日能量消耗。同時，控制飢餓感的激素和大腦迴路會增加我們對食物的渴望。我們變得飢腸轆轆，只關心食物，因為我們的身體會把心智能量都導向去找東西來吃——**任何東西**。這就是演化而來的飢餓反應，也被稱為節食。

飢餓反應已獲得充分的研究。在十九世紀末和二十世紀初，最早的新陳代謝率研究都集中在測量人類和其他動物在飢餓期間的新陳代謝變化。早期的全面性研究之一是由法蘭西斯·班尼迪克與同僚在一九一七年進行的，當時正值第一次世界大戰，研究目的是為了更清楚了解和治療戰爭中挨餓的受害者。二十四名大學生年紀的男性只進食他們正常熱量的一半，持續數週，直到他們的體重下降約百分之十為止。根據他們的體型校正後的基礎代謝率，下降了百分之十到百分之十五，而且他們變得易怒，性致缺缺。

最著名和最徹底的飢餓研究是在一九四四年和四五年進行的，當時正值第一次世界大戰的最後幾個月（顯然，第一次世界大戰為國際外交和飢餓生理學帶來的教訓還沒有完全沉澱）。隨著第一次世界大戰的暴行與匱乏成為焦點，研究人員急於改良對飢餓的治療。明尼蘇達大學的安塞爾・凱斯（Ancel Keys）與同僚挑選了三十二名因道德或宗教因素拒絕參戰的和平主義年輕人，在二十四個星期裡接受半飢餓的飲食內容。這些人每天只吃一千五百七十大卡，不到他們在研究開始時估計的每日能量消耗的一半。他們的體重下降了百分之二十五，毫無意外，他們變得更易怒、更情緒化，對性和其他活動的興趣也下降了。他們經常感到飢餓，對食物非常執著，根本連作夢都想吃東西。他們的基礎代謝率下降了百分之二十，低於根據他們體重所預期的程度。

等到這些人能夠再次進食，所有這些變化就都消失了。隨著他們的體重恢復，他們的身體的警報也關閉了。與《減肥達人》的參賽者不同，他們的基礎代謝率恢復了正常，情緒和對性及其他愛好的興趣也恢復了正常，他們不再處於飢餓模式。

值得注意的是，當這些人在研究結束、恢復原狀之後，體重都超過了原本的體重，比在研究開始時還多了幾公斤的脂肪。同樣的事情也發生在本尼迪特在第一次世界大戰期間研究的男性身上。這種暴衝現象（overshooting phenomenon）並沒有獲得詳細研究，但它在演化上是合理的。經歷一段飢餓期是顯示你處在一個貧窮、不可預測的環境中的合理指標。而在這種情況下，為下一次的類似情況儲存更多燃料可能是一個好主意。然而，令人印象深刻的是，他們的身體「知道」他們的正常體重應該是多少，並在他們達到研究前的體型時，或多或少地關閉警報，使他們恢復正常體重。顯然，塑造我們新陳代謝和飢餓感的機制，很明確地知道它們努力捍衛的體重和身體組成成分。

儘管《減肥達人》的參賽者也做出了最大的努力，但最終還是恢復了體重。霍爾和他的團隊在節目結束後六年，對十四名參賽者進行檢查，發現除了一人以外，其他所有人都恢復了相當程度的體重。有三個人回到了參加節目前的原始體重；另外有兩個人的體重暴衝，比節目開始時還要重。新陳代謝率和基礎代謝率的減少與體重的恢復有什麼關係呢？站在能量消耗的傳統觀點——不切實際的空談觀點——會認為，代謝率較高和基礎代謝率減少的參賽者會受到保護，不會出現體重反彈。在這種情況下，基礎代謝率減少和體重反彈之間應該是負相關。基礎代謝率較高的參賽者，體重應該恢復得更少。

然而，霍爾與同僚卻發現了相反的情況：在節目播出六年後，基礎代謝率較高的參賽者恢復的體重**最多**。如果我們預期較高的基礎代謝率和每日消耗量能夠防止體重增加，那麼這就是一個令人驚訝的結果，但如果我們從演化的角度理解新陳代謝，那這就是合理的。基礎代謝率和每日能量消耗並不決定體重的變化，而是對體重變化**做出反應**。《減肥達人》的參賽者在比賽期間和之後都處於飢餓模式，因此他們較低的基礎代謝率和每日消耗量是一種絕望的、演化而來的策略，目的是讓消耗量與他們嚴重減少的攝取量保持一致。在節目結束後的幾年裡，吃得最多、體重恢復得最多的參賽者，給了他們的身體最強烈的信號，說明飢餓的危險已經過去了，所以他們的基礎代謝率和每日消耗量便與他們的體重一起反彈。

在幕後操縱的大腦

這些證據證明，我們的身體對體力活動和飲食變化會做出動態的反應，我們需要一種新的方式來思考我們的代謝引擎。目前在新陳代謝方面的共識——不切實際的空談觀點——是假設身體是一個簡單的機器：它做的工作越多，燃燒的能量就越多；燃燒的能量越多，它攜帶的燃料（脂肪）就越少。但正如我們剛剛看到的，它不是這樣運作的。身體在燃燒能量方面非常聰明和有彈性，能做到簡單的引擎做不到的事情。因此我們需要一個更好的比喻。

為了正確地理解新陳代謝，我們必須把身體想成一個企業。這個企業是演化的產物，只有一個真正的目標：繁殖。但就像所有大企業一樣，它有很多營運部門在支援、組織成各種器官和生理系統。這個企業裡有三十七兆名員工，就是我們的細胞，它們每天都在努力工作，克盡職責。卡路里是所有交易使用的通貨。能量會隨我們吃的食物匯入，並根據需求，分配給每個支援系統和它們的員工。如果有多餘的能量，就會存入支票帳戶，以便快速使用（肝醣），或存入儲蓄帳戶（脂肪）。

有一個嚴格而無情的達爾文主義經理一直關注著預算，觀察能量的輸入和流出。輸入的能量如果多於流出的能量，通常是一件好事：這樣能使財務充盈，經理便能將比較多的能量分配給能使用它的系統。但如果流出的能量多於輸入的能量，那就值得擔憂了。如果赤字太嚴重或持續時間太長，經理就會採取行動，改變能量的使用方式。一般而言，保持預算平衡，意味著每天的能量消耗要與從環境中能可靠獲得的食物能量維持相等。

在工業化世界中，身體大部分時候並不直接參與繁殖（性、懷孕、哺乳），但這幾乎不重要。企業需要做好準備，因此支援系統需要繼續嗡嗡運轉，光是要讓你所有三十七兆名員工吃飽喝足和正常工作就是一項重大任務。與外部世界互動需要你的肌肉、神經、大腦、心臟和肺部的協調努力，防禦和修復也永無止境，你的各種系統每天都會有些損耗，而且要面對病毒、細菌、汙染物和寄生蟲的不斷攻擊。當然，生殖系統本身也需要維護和做好準備。所有這些都需要能量，你的大腦和消化系統一起不停地工作，獲得穩定的食物供應，並轉化為有用的營養物質（第二章）。

要兼顧所有這些任務的達爾文式業務經理，就是我們演化而來的產物。中午十二點，你覺得超餓，超想吃午飯，這就是經理透過啟動你大腦中的飢餓迴路，對你空空的胃、低血糖和其他線索做出反應。當你在對抗流感，昏昏欲睡，發著高燒時，就是經理正在將能量從身體活動轉移到免疫活動上。當你自己嗑掉一個起司蛋糕，經理的工作是將所有這些卡路里引導到可以使用它的系統，並將多餘的儲存在你的脂肪細胞中。

這個新陳代謝經理不僅僅是一個比喻或一個卡通人物，它就是你的大腦。具體來說，它是你的下丘腦（hypothalamus，又稱下視丘），一坨不起眼的神經元，像一塊灰色的口香糖一樣位在你大腦底部的正中央。下丘腦是你新陳代謝的控制中心，也是負責維持你身體活力的一系列內務功能的控制中心。下丘腦與你的腦幹攜手合作，監測血液中的葡萄糖和瘦素（脂肪細胞在儲存最近一餐的能量時分泌的激素）等因子，以及來自味蕾、胃和小腸的神經信號，感知能量的到來，這些信號都傳遞了關於一餐的分量和營養素含量的資訊。下丘腦還能感知我們何時處於能量負平衡狀態，監測胃泌素（一種由胃在排空時產生的激素）、瘦素（在脂肪細胞耗盡時減少）和其他線索的高低。而下丘腦為了回應這些變化，會透過控制甲狀腺的活動和甲狀腺激素的分泌來提高或降低我們的新陳代謝。它還會改變我們的飢餓程度，調整我們需要吃多少食物才能感到飽。

你可以把下丘腦的行動看成是我們每天在網路上互動的演算法。谷歌、臉書和其他每一個與我們進行互動的網站，都會使用數百筆資料——我們的年齡、性別、位置、使用的裝置類型、一天中的時間、我們之前的瀏覽紀錄——來決定我們看到的貼文和廣告。這一切都自動發生，瞬息萬變，而且不為人知。每個人的演算法在本質上都是一樣的，但造成的結果都是為了我們和我們面臨的特殊情況而量身定做的。管理我們新陳代謝的內部演算法也是如此。每個人會有的各種變數（瘦素、胃泌素、血糖、胃部飽滿度、食物口味）都是一樣的，但我們所處的直接環境、遺傳學和過去的經驗，都會塑造系統如何權衡每個變數並做出反應的方式。舉例來說，較少的瘦素通常會驅使下丘腦啟動飢餓反應，但瘦素要觸發你飢餓反應的精確閾值會與你的基因、飲食習慣和在血液中循環的典型瘦素多寡有很大的關係。

演化塑造了每個物種的代謝演算法，決定了基礎代謝率、每日消耗、激素、身體脂肪百分比、血糖高低、循環的三酸甘油酯等等的「正常」範圍。「正常」指的是當下丘腦及其演化的代謝演算法能夠控制一切，管理卡路里的輸入和流出時的狀態。（描述你所有系統維持運行和穩定的一般用語是「衡定」（homeostasis）。）但是，什麼才叫「正常」，對所有物種來說都不一樣。例如我們在上一章中讀到的，人類的新陳代謝率會比其他人猿快，但我們也更容易增加身體脂肪。這是因為我們的下丘腦和它的代謝演算法已經演化了：它們在油門上踩得更重，並且更快將額外的能量儲存為脂肪。黑猩猩和其他人猿燃燒能量的速度更慢，但很容易燃燒多餘的卡路里或將它們轉化為瘦肉組織。

我們的演化遺產也決定了我們如何應對食物供應減少或活動增加等挑戰。當我們處於飢餓狀態，下丘腦會迅速採取行動。我們的目標是在瘦弱期生存下來，這樣等到生存條件在未來某個時間點改善了以後才能進行繁殖。幾天之內，甲狀腺激素，即主要控制我們代謝率的激素，會急遽下降。正如我們在明尼蘇達州的飢餓研究和《減肥達人》比賽中所看到的，參加者的基礎代謝率都下降了很多。如果食物限制很嚴重，並且持續一段很長的時間，我們的器官會出現實質的萎縮。但不是所有的器官系統都會受到同樣的打擊。透過對戰爭和饑荒中被餓死的受害者屍體的詳細研究，我們知道大腦可以倖免，但另一方面，脾臟則會急遽萎縮。我們的達爾文主義經理正在做出艱難的決定，要挑選贏家和輸家，決定保留大腦功能，但讓我們的一些免疫功能下滑。

下丘腦幾乎控制身體的每一個系統，從壓力反應到繁殖，並且可以操縱特定的功能。舉例來說，人類在艱困的時期很快就會降低繁殖的重要性。飢餓實驗中的受試者會失去對性的興趣，女性也經常出現雌激素下降的情況，如果食物嚴重不足，她們會停止排卵。對於我們這樣的物種，在環境條件差的時候放棄繁殖是很有演化意義的，因為我們的壽命很長，養育每個孩子都要花費大量的時間和卡路里。但對於壽命短的物種，拖延繁殖代表可能永遠失去這個機會。這就是為什麼面臨飢餓的雄性老鼠會以維持兩個器官的運作為優先：牠們的大腦和睪丸。

新陳代謝對於運動量增加的反應，也就是我們在哈札族等身體活動量較大的群體中，或是威斯特托普的半馬研究中所看到的現象，雖然沒有獲得充分研究，但似乎也遵循類似的邏輯。由於肌肉需要企業提供更多的能量，並耗盡儲備的脂肪，達爾文主義經理就會採取行動，重新平衡預算。在短期內，飢餓感會增加，增加食物攝取量以符合增加的消耗量。不過，如果大量的日常活動持續數週到數月，其他改變就會跟著出現。其他系統，包括繁殖、免疫功能和壓力反應，都會受到壓抑，才能有更多預算支付更大的活動成本。（有趣的是，這些新陳代謝的變化並不如我們預期的一定會顯示在基礎代謝率中，我們會在第八章討論這個問題。）行為也可能發生變化，誘使我們休息更多、比較不會煩躁不安。我們應該期待這些反應會遵循演化的邏輯，先削減非必要的任務，並且優先考慮我們長期的生殖成功。在三到五個月內，我們就會適應我們的新運動習慣。我們每天的能量消耗將會與展開新運動計畫之前幾乎相同。我們的新陳代謝企業和它的三十七兆員工將會適應新的工作條件。

為了應對運動和飲食方面的改變，我們的身體會調整能量消耗和飢餓感，這些把戲似乎使我們的體重永遠不會改變。對我們大多數人來說，在不怎麼努力的情況下維持相同的體重似乎是一個不可能的夢想，但這其實比你想像的更為普遍。至少以前是這樣的。例如，哈札族的男性和女性一生的體重穩定得令人難以置信；從成年早期到老年，他們的體重和BMI幾乎沒有變化。停下來好好思考一下。面對食物供應的季節性變化，經歷豐年和荒年，儘管二三十歲的男性和女性（通常有年幼的孩子）比老年人更努力工作，他們的體重卻沒有變化。據推測，這種毫不費力的體重管理，在我們過去的狩獵採集時代是一種常態。在我們演化的那種狩獵採集者環境中，我們的身體完全有能力透過調整我們的新陳代謝和飢餓，適應生存的條件，藉此管理我們的體重。*Hamna shida*。

即使我們生活在現代的工業化人類動物園，無限的美味食物唾手可得，我們的下丘腦還是能很好地調整能量消耗與攝取量，使兩者相符。當我們吃下的熱量比燃燒的還多，我們的新陳代謝率就會增加，我們的身體會試著運用這些剩餘的卡路里。當我們燃燒的熱量比我們吃的多時，飢餓感就會增加，消耗就會減少。當然，日復一日，卡路里的輸入和輸出之間會有一些落差——只要你記錄每天早上的體重，為期一個月，你就會看到這些波動。但長期來看，我們的能量平衡非常精確。在如今肥胖症大流行的情況下，美國成年人平均每年增加約〇・二公斤，這誤差約是一千七百五十大卡，相當於每天五大卡，或者低於百分之〇・二的每日能量消耗。換句話說，在不考慮太多的情況下，我們每天的能量攝取量，大約不超過每日能量消耗的百分之九十九點八（反之亦然）。

關於新陳代謝和肥胖更聰明的思考方式

肥胖是由於吃的熱量多於消耗的量，這是無庸置疑絕對正確的。沒有其他方法能增加體重。越來越多的證據顯示，每天的能量消耗很難改變，這有力地說明了飲食是主要的罪魁禍首。如果我們的身體無論處於何種生活方式都能維持相同的每日能量消耗，那麼能量失衡和體重增加，必定主要來自於吃進了太多的熱量。

但這並不代表肥胖是一個簡單的貪吃問題。當然，在某些情況下，不健康的體重增加的原因可能是明確的——例如，每天吃起司蛋糕可能不是個好習慣，而且人們也確實因為這些餅乾和大餐，而有假期間體重上升的傾向。但是我們大多數人所經歷的那種體重緩慢上升、腰圍逐年增加，是更隱而未見的的。現代肥胖症的流行，反映了新陳代謝管理的崩潰。我們演化的演算法已經良好地適應了最近的食物變化和我們使用（或不使用）身體的方式，但對我們許多人來說，這些變化帶來了太多的食物，我們舊石器時代的大腦，難以招架我們的現代環境。我們沒有讓攝取量和消耗量完美契合，而是有一種暴飲暴食的傾向——通常不是太誇張，但這樣的差錯會長期持續，而且隨著時間過去而累積成為脂肪。就像飛蛾會把門口的燈誤認為月亮一樣，我們對新的環境——**我們**建立的環境——反應很差，會做出一些感覺不錯、但最終導致麻煩的事情。

當我們把與肥胖陷入苦戰的原因，歸咎於我們的新陳代謝，或者依靠運動來增加日常消耗和減肥，或者被最新的促進新陳代謝的騙局所迷惑時，我們其實正犯下了關於新陳代謝運作方式的一個基本錯誤。肥胖症的全球大流行不可能是一個能量消耗的問題。首先，正如我們在哈札族身上看到的那樣，在如今的工業化世界中，每天的能量消耗與我們過去的狩獵採集者是一樣的。我們的身體非常善於應對不斷變化的活動程度，將每日的能量消耗維持在一個狹窄的範圍內。但更關鍵的是，把肥胖歸咎於新陳代謝緩慢，其實是顛倒了體重變化的因果關係。我們的新陳代謝並不**決定**能量的平衡，而是對能量的平衡**做出反應**。

讓我們回到把身體比喻為引擎的說法。傳統不切實際的空談觀點是：我們坐在跑車的駕駛座上，啟動引擎，我們可以決定引擎運行的程度和何時停車加油。這是一個很有吸引力的想像，但我們對新陳代謝實際上的控制，其實遠遠不如這樣的想像。我們充其量只是一輛奇特的新陳代謝計程車的後座乘客。我們的下丘腦坐在司機的位置上，腳踩油門踏板，穩穩地盯著油表，還有一系列的技巧來保持引擎穩定運行，避免耗盡汽油。我們可以決定路線，並要求我們的達爾文主義司機加速或減速，但對於引擎本身或加油的頻率，我們其實沒什麼實質的控制權。

從根本上而言，肥胖仍然是一個攝取燃料多於我們引擎燃燒量的問題。但是，與其假裝我們坐在駕駛座上，我們不如問：為什麼在我們的工業化世界中，維持攝取量與消耗量精確相符的演化機制會失敗？

熱量進、熱量出和新陳代謝的魔術師

當我們在二〇一二年發表哈札族的每日能量消耗研究結果時，我們對外界的反應毫無準備。我們認為大家會對這項研究感興趣（我們當然希望如此），因為這是第一個來自狩獵採集群體的能量測量研究，而且結果令人驚訝，對解決肥胖問題具有重大意義。哈札族的男性和女性比美國和歐洲人更愛運動，但他們燃燒的熱量數量卻相同（圖5.1）。我們主張，要解決肥胖危機，我們需要關注的是飲食和我們攝取的能量，而不是能量的消耗，因為能量的消耗似乎是受到限制的，很難變動。我們預期可能會有少數科學記者和同事聯繫我們，討論這個研究計畫。

可是，居然有全球各地的記者打電話給我們討論這項研究。這項研究獲得《時代》雜誌和BBC的報導，《紐約時報》還請我為週日版的報紙寫一篇關於這項研究的文章。其他實驗室的科學家們也寄電子郵件來詢問研究結果。討論這個研究計畫及其影響是有趣和令人興奮的。到目前為止，這篇文章在網上已經被瀏覽了二十五萬次。這當然比不上碧昂絲或貓咪影片的瀏覽數，但已經比一般的科學研究得到了更多的關注。

你可以想像，並非所有的反應都是正面的。堅信運動可以治癒社會所有弊病的堅定信徒，包括一些公共衛生領域的運動研究人員，絕對會討厭運動不是解決肥胖問題的建議。雪上加霜的是，肥胖症的研究多年來已經變得有點部落化，有各種不同的派別，對於飲食和運動的重要性爭論不休。另外有害無益的，是許多關於這項研究的新聞報導都使用想引誘人點擊的誤導標題，說我們的研究結果代表根本沒有理由要運動。我們在文章中以及對任何訪談的記者都說了，即使運動不是對抗肥胖症的最佳工具，對健康仍然非常重要。

最令人費解以及反應激動的，就是那些主張「熱量根本不重要！難道你不知道你在浪費時間嗎？」的人寄來的電子郵件和打來的電話，他們主張能量平衡——熱量的輸入和輸出——對體重沒有影響。當然，這種觀點似乎違反了物理學定律，但正如一位熱心的陌生人所寫的：「人體**不是**引擎，並不適用熱力學第二定律。」這些人並不是那麼生氣，比較像是擔心我不了解新陳代謝真正的運作方式。（我想這是性別平等的一個小勝利，因為對我這麼說教的男性和女性人數幾乎相同。）

難道我不知道熱量是沒有意義的嗎？難道我沒讀過蓋瑞・陶布斯（Gary Taubes）的書嗎？

事實上，陶布斯是我們的研究發表後最早用電子郵件聯繫我們的人之一。他非常慷慨和體貼（並明確否定了那個經常歸咎於是他提出的觀點，也就是體重增加在某種程度上違反了物理學定律）。我們透過電子郵件好好討論了哈札族的研究對於理解飲食在肥胖症中的作用。我當然知道他的研究。陶布斯在飲食界很有名，他主張碳水化合物（尤其是糖類）是肥胖的主要原因，因為它們對胰島素和脂肪增生會有特殊的影響，這一點我們將在下一章深入探討。

雖然陶布斯並不反對物理學定律，但他在各方面都主張熱量對解決肥胖問題並不重要。在他看來，我們吃的熱量對身體脂肪和體重增加沒有任何有意義的影響，除非這些熱量是碳水化合物。在拒絕將熱量作為有用的衡量標準的運動中，陶布斯是主力。只要快速瀏覽一下網路、推特世界或路邊雜誌攤的健康和健身刊物，就能看到一場似乎是反熱量的政治革命。即使是數十年來為減肥者提供熱量計算的傑出單位，可敬的「慧優體」（Weight Watchers）公司也已經進行品牌轉型，將減肥計畫的重點放在所吃食物的品質上，而不是數量上。

深入其本質來看，「熱量不會使人發胖」這論點的合理程度，就和「金錢不會使人富有」一樣。這是種奇幻思維。正如我們在第二章所討論的，你體內的每一克組織，無論是脂肪還是瘦肉，都是由你所吃的食物構成的，沒有別的了。你身上每一卡路里的脂肪，都是你吃了而沒有燃燒掉的熱量。

然而，哈札族能量學研究以及我們在本章中所提及的所有其他研究都強調，計算熱量似乎毫無意義：我們的身體能很好地適應我們所吃和消耗的熱量，以至於熱量根本感覺根本不是真的。我們的下丘腦是一個新陳代謝高手，會在我們不注意的時候改變我們的能量消耗和飢餓感。如果沒有現代代謝科學的工具，想追蹤熱量只是徒勞無功，就像試圖追蹤魔術師手中閃逝閃現的撲克牌。

能量平衡是唯一能改變我們體重的東西。這是物理學中不可避免的現實。問題是，我們並不善於記錄我們所消耗的食物（第三章），而且我們演化後的新陳代謝技巧，使得我們幾乎不可能追蹤我們所消耗的能量。難怪許多原本理性的人在談到熱量時，都會傾向擁有這種奇幻思維。

一卡路里就是一卡路里嗎？是的，當然是的，根據定義就是如此。但這並不表示所有的食物都會對我們的身體產生同樣的影響。下丘腦及演化而來的演算法正在不斷評估和回應我們所吃的食物數量和品質。過去幾十年裡，許多令人興奮的研究都顯示了不同食物和當中的營養物質，如何影響了我們身體管理新陳代謝的方式。這類研究大多都被包裝在人類吃什麼食物才是「自然」的，這種「原始人」飲食的論點中。我們會在下一章談談這部分。在哈札族的帶領下，我們了解了真正的狩獵採集者飲食組成，我們接著將討論人類飲食的演化，以及不同的食物可能促進或抵禦肥胖的方式。

運動對於健康依舊相當重要。我們的身體在新陳代謝方面要的把戲並沒有改變這個事實：每天的身體活動對於避免疾病是絕對關鍵的。有限的能量消耗和代謝補償，使運動成為減輕體重的不良工具（圖5.3），但在我們健康的其他方面，幾乎都要依賴定期的活動。事實上，正如我們將在第七章討論的，受限的能量消耗和我們的身體回應運動而出現的代謝變化，正是運動對我們的健康如此重要的一個關鍵原因。

不過，現在該是要弄清楚飲食是如何影響能量消耗和能量平衡的時候了。讓我們前往哈札族營地，看看晚餐要吃什麼吧。

CHAPTER 06

真正的飢餓遊戲：飲食、新陳代謝與人類演化

The Real Hunger Games: Diet, Metabolism, and Human Evolutionon

不計算熱量而減重是完全可能的，就像不關注財務狀況而花光銀行帳戶也是可能的一樣。但是，如果吃的沒有比你燃燒的更少，就不可能減重。

當我們的一行人離開我們一直走著的沙質乾河床，並開始往上攀爬時，我們離營地大約〇．八公里。米瓦薩（Mwasad）和哈麗瑪（Halima）這對夫婦帶著他們的第一個孩子，慷慨地同意讓我跟著去玩一天。我們靜靜地走著，米瓦薩在前面，哈麗瑪在中間，我跟在後面。哈麗瑪把兩歲的斯坦法諾（Stefano）揹在背上，手裡拿著一根挖土棒。米瓦薩則帶著哈札族典型的工具箱：他的弓和箭，一把小斧頭，以及容量近一公升的容器。

米瓦薩沒有改變步伐，帶著我們往上走，穿過及膝高的金黃色草原，腳下的岩石地面在每一步的重量下變得鬆軟。草叢的芒刺鑽進了我的鞋，我不知道什麼時候才有時間把它們清出來，或者我註定要忍受一整天的腳癢和刺痛。在山坡上，離開了河床的陰涼處，赤道陽光狠狠地照在我們身上，讓我們的背上冒出熱氣。空氣發出劈哩啪啦的響聲，就像一個高壓變壓器。沐浴在光線下的阿拉伯膠樹樹葉在微弱的微風中翻飛。現在是早上七點。

我們爬上山脊後，米瓦薩開始吹口哨。他的口哨聲流暢而悠揚，在空氣中迴盪。短暫的、樸素的短音後是幾分鐘的沉默，後又重複響起。他的口哨聲並不是嘆息或是心不在焉的白日夢，它是一種公告，將訊息傳達到高聳入雲的古老銅灰色猴麵包樹的樹冠裡。這聲音似乎掛在那些樹枝上。隨著時間過去，米瓦薩的口哨聲成為我們聲音地景的一部分。感覺像是對宇宙的呼喚。有人在嗎？

快到中午之前，宇宙回應了。米瓦薩扭頭看向我不曾留意到的一聲呼叫，突然轉身去追尋一種小而不凡的鳥的聲音：黑喉響蜜鴷（greater honeyguide）。黑喉響蜜鴷是一種外表平淡而孤獨的生物，身長約二十公分，以掠奪蜂巢中的蜂蜜和蜂房維生。但是，牠會以一種最奇特的方式覓食，牠招募人類夥伴來做破壞樹木、暴露蜂群這些髒活，而且要找到樂意幫忙的人並不難。哈札族依靠黑喉響蜜鴷來尋找最大的蜂巢，通常會在猴麵包樹冠的高處，從地面上很難發現。像米瓦薩這樣的人經常在外出散步時吹口哨，宣傳他們的服務。而那些已經看準了能帶來大豐收蜂巢的黑喉響蜜鴷，會用牠們獨特的「呼力兒、呼力兒、呼力兒」叫聲回應，拍著翅膀帶路。哈札族稱這個物種為 *tikiliko*。歐洲分類學家將牠的學名命名為「指示器中的指示器」（*Indicator indicator*）。

這是種古老的夥伴關係，遠比我們的物種古老。DNA分析顯示，黑喉響蜜鴷在三百多萬年前從其家族的其他物種中分裂出來。就我們所知，牠的祖先從那時起就一直在引導我們的祖先去吃蜂蜜。我們與其他類人猿一樣喜歡吃蜂蜜，因此可以推測它一直是人類飲食的一部分。但在過去的三百萬年或更長時間裡，人類吃的蜂蜜已經多得足以為另一個物種創造了整個生態利基。今日，蜂

圖 6.1 蜂蜜。米瓦薩（圓圈標示）劈開猴麵包樹高處的空心樹枝，而哈麗瑪（底線標示）在為他們的兒子哺乳並等待午餐。

蜜仍是全球熱帶和溫帶地區狩獵採集者與農業族群飲食的一個主要部分。黑喉響蜜鴷的足跡遍布撒哈拉以南的非洲，與幾十種不同文化背景的人類合作。哈札族會食用大量的蜂蜜，約占他們每天熱量的百分之十五，其中大部分靠這些神奇的鳥類幫忙取得。據伍德的計算，哈札族群體消耗的所有熱量中，有百分之八或更多的熱量是在黑喉響蜜鴷的幫助下獲得的。

米瓦薩在一棵巨大的猴麵包樹的樹冠上找到他的線人，接著展開行動。他用斧頭迅速砍倒附近一棵細長、直徑約五公分的樹，再切成〇．三公尺長的木樁。他把這些木樁塞進腰帶，開始沿著猴麵包樹的垂直面向上爬。他巧妙地凌空一揮，將斧刃插入猴麵包樹柔軟的銀色樹皮裡，再取下斧頭，把木樁的一端塞進缺口，用斧頭的背面把它敲進一半。突出的木樁提供了支撐點，他把自己撐起並爬到木樁上，最終在木樁上單腳保持平衡。他小心翼翼地重複著這個過程，像鳥一樣立在木樁上。唰的一砍、擠進木樁、捶捶捶。一次又一次，一樁又一樁，直到三層樓高的樹冠上。

米瓦薩回到地面，拿起哈麗瑪為他點燃的一根棍子，以及他為這場合帶來的小塑膠容器。然後回到樹上，冷靜地利用棍子把煙吹到蜂巢裡，接著開始劈砍。敲打聲反覆傳來……這不是件容易或快速的工作，他還被憤怒的蜜蜂螫了幾下。（題外話：有一次，一隻闖進我襯衫裡的蜜蜂在我的肩胛骨之間螫了一下，我懷疑要是那時候我在猴麵包樹上，而不是安全地躺在地上，那種痛會直接讓我從樹上摔下來。那強烈的疼痛感延續了一整天。這些蜜蜂可不是和我一起在賓夕維尼亞州長大的那種。）米瓦薩工作時身上都是蜂蜜和幼蟲，回到地面時那個近一公升的罐子裡都裝滿了蜂蜜，罐口邊緣還堆著蜂巢塊。米瓦薩、哈麗瑪和斯坦法諾把蜂蜜當午餐來喝，從蜂巢中吸出蜂蜜、幼蟲和其他好東西，一邊大啖美食一邊吐出蠟塊。他們友善地分了我一些，我則分享了一些我在背包裡帶來的廉價餅乾，就像在野餐一樣。蜂蜜濃郁且帶著煙燻味，棒極了。

米瓦薩那天至少打了六個蜂巢；我就這樣看著他們三人，吃下比我一年吃的量還要多的蜂蜜。哈麗瑪那天也很忙碌，在我們覓食的過程中，她多次停下腳步，從岩石地裡挖出野生塊莖（圖1.2右邊照片裡的就是她）。這些野生塊莖就是你在超市裡買的馬鈴薯、蕃薯和其他人工培育的根莖類蔬菜的纖維表親。它們是哈札族飲食的熱量基石：能量豐富，數量充足，而且一年四季都能吃到。從塊莖到蜂蜜（除了一些幼蟲之外），這是一個全碳水化合物的一天。

他們都沒讀過陶布斯的書嗎？

多點資料，少點叫囂

正如我們在第一章所討論的，我們的新陳代謝受到下丘腦的嚴格控制，它不斷監測我們所吃的食物和我們所消耗的熱量，以保持我們身體的能量平衡。但是，關於我們的現代環境，有某個東西——或者更有可能是**一些**東西——正在導致下丘腦失靈，使我們攝取的熱量超過我們的消耗。當我們的集體代謝健康像《末路狂花》（*Thelma and Louise*）裡的塞爾瑪和露易絲一樣衝向深淵時，懷疑起我們吃的食物是否是問題的一部分，也是很合理的。我們今天吃的食物，與我們身體演化要吃的食物有什麼不同？這些不同又是如何使我們發胖的呢？如果我們能回歸我們身體所需的飲食，我們肯定會更健康。

問題是，很難真正準確判斷人類的祖先到底吃什麼。很難找到證據，而且就算有證據，通常也不會告訴你你真正想知道的東西。舊石器時代人類的典型一週菜單上有些什麼呢？我的人類學家同僚們往往猶豫不決，不敢說太多，因為我們知道有多少不確定性。謹慎的學者留下了空白的空間，一些宣傳飲食的騙子、業餘愛好者和高傲的醫學專家就趁虛而入了，他們在大一的「人類演化入門」課程中拿了A（或者確信自己會拿到這樣的高分），並非常樂意向人類學家解釋人類學資料。對我們的狩獵採集者祖先所吃的飲食最肯定的人，是沒有受過什麼訓練或專業知識的人。

那些自以為很懂，但事實不然的人敲鑼打鼓地提出過度自信的解釋，這在科學上有個名字，叫鄧寧－克魯格效應（Dunning-Kruger effect）。一九九九年，康乃爾大學的心理學家大衛・鄧寧（David Dunning）和賈斯汀・克魯格（Justin Kruger）提出一個精彩的見解，似乎可以解釋為什麼無能的人如此令人討厭：他們的無能使他們看不到自己是多麼的無能。為了驗證這一假設，他們讓幾十名康乃爾大學的大學生參加了邏輯、文法和（我最喜歡的）識別幽默的能力測試。接著，他們讓學生們為自己打分數，看他們認為自己做得如何。令人毫不意外的（但令我們所有人都滿意），表現最差的人——那些知識**最少**的人——都認為自己是他們所做事情的**專家**。這不是一個新的問題，甚至達爾文也抱怨過，「無知比知識更容易產生自信。」（值得慶幸的是，美國大眾意識到了這一問題，並只會選出聰明、公正的領導人，他們的執政能力和對世界事務的專業知識都得到了證實）。

在競爭激烈的飲食運動生態系中，最響亮的聲音似乎吸引了最多的關注。原始人飲食的傳道者因為對人類天性和演化保持強硬、堅定的觀點，因此脫穎而出。他們向我們保證，人類已經演化到要吃肉了，兄弟。他們推崇高脂肪、低碳水化合物，使身體進入生酮狀態的飲食（見第二章），認為我們的祖先的飲食都吃野牛，沒有野莓。原始人飲食支持者，特別是那些自詡為肉食動物的人，拒絕接受素食或純素（我的老天爺）是健康或自然的概念，所有以植物為飲食基礎的建議，或對脂肪的警告，都被他們視為政治正確的諂媚或企業宣傳。在他們看來，任何有自尊心的狩獵採集者都不會吃含澱粉、富碳水化合物的飲食，而且他們肯定不會吃任何糖。

純素主義者也可能同樣激進和令人厭惡。我住在布魯克林時，每天早晚都需要搭地鐵，在F線列車上會有個精力充沛、看起來很生氣的女人，經常在車廂裡走來走去，騷擾乘客，分發小冊子，解釋人類是如何自然演化到吃植物的。「看看我們的牙齒！」她會大喊。「肉在我們草食性的內臟中腐爛！」她可能是一位飲食義勇軍，但她並非孤身作戰，因為這些都是善待動物組織（PETA）的演說重點。

幸運的是，我們可以避開這些飲食極端分子，自己看一下資料。有三種扎實的證據能告訴我們，我們祖先吃的是什麼：考古和化石紀錄、現存狩獵採集者的民族誌，和人類基因組的功能分析。雖然各種相異的細節，很容易讓人迷失在雜草叢中，但每個細節的總體資訊是明確的：我們已經演化成為秉持機會主義的雜食者。人類會吃任何自己可取得的食物，也就是說，這當中幾乎總是包括了各種植物和動物（以及蜂蜜）。

考古學和化石紀錄

我們回溯到七百萬年前，當我們與黑猩猩和巴諾布猿的祖先分道揚鑣時，我們的人族祖先顯然一開始和人猿類似，以植物為主食。在人族動物演化前期的四百到五百萬年裡，我們在化石紀錄中看到的不同物種（包括著名的露西骨架和她的南猿親屬）的臼齒（頰齒）有圓形的牙尖，用於吃植物性食物。他們有長長的手臂和略微彎曲的手指，這告訴我們，他們經常爬到樹上，可能是為了吃水果和其他植物食物。當然，他們可能像今日的黑猩猩和巴諾布猿一樣，偶爾會獵殺猴子或其他小動物。昆蟲可能也是菜單上的常見菜色，就像黑猩猩會以蜂蜜為目標，也會吃螞蟻和白蟻一樣。但所有來自人類演化早期的證據都表明，人類的飲食是以植物為基礎。

這一時期的一項創新可能是對塊莖的利用。在大約四百萬到兩百萬年前的化石紀錄中發現的南猿物種（第四章），有著真正的大臼齒和厚厚的琺瑯質。他們的牙齒也保留了刮痕，證明他們的食物中有混有泥沙，而且琺瑯質的同位素特徵也與野生塊莖的相似。黑猩猩偶爾會挖掘並食用塊莖，但那很罕見——不像現在的人類，在全球各地的文化中，根莖類蔬菜已經是飲食的主流。我們還不能確定南猿是否吃很多塊莖類食物（這很難用化石資料來確認！），但現有的證據顯示，我們對馬鈴薯和其他澱粉類蔬菜的喜愛，比我們這個屬出現的時間還要早。

在大約兩百五十萬年前，我們看到一個重大的飲食變化，就是狩獵和採集的起源。我們在第四章中詳細介紹了這一變化對代謝的影響，但值得回顧一下這對我們人類祖先所吃的食物的影響。隨著人屬動物開始進行更多的狩獵和採集，肉類成為飲食中越來越大的一部分。我們看到動物骨頭從兩百五十萬年前開始出現石器的切割痕跡，這種情況一直持續到今天。我們在德馬尼西挖掘出一百八十萬年前的直立人族群，他們吃的是羚羊和其他動物。四十萬年前，海德堡人經常捕殺野馬和其他大型動物。十萬年前，尼安德塔人經常吃馴鹿和長毛象。尼安德塔人遺址的洞穴地面上經常有很多他們宰殺的食物留下的殘羹剩飯，他們在食物網中作為肉食者的地位，可以從他們骨頭中明顯的同位素特徵看出來（吃其他動物的動物有較高的氮十五同位素，隨著你在食物鏈往上移，濃度就會增加）。我們自己的物種也同樣善於狩獵，因為在遠古爐灶中發現了數量驚人的焦黑骨頭。

在飲食中加入肉類對整個身體都有很大的影響。吃動物代表每一口食物都能帶來更多能量，特別是脂肪，所以只要較少的食物，就能滿足日常能量需求。對大臼齒和其他消化構造的需求也減少了。天擇偏好較小的牙齒和內臟，這樣才能釋放能量供其他任務使用。今日，如果依照等比例計算，我們和素食類人猿夥伴的消化系統相比，消化道小了百分之四十，肝也小了百分之十。這些減少的部分每天可以釋放出約兩百四十大卡的熱量，我們將這些熱量用於更大的大腦和其他高能量的適應性行為（第四章）。

然而，許多支持原始人飲食的群體常有一種誤解，認為我們的狩獵採集者祖先就只會狩獵。也許這種觀點反映了在化石和考古紀錄中固有的偏見，因為骨頭比植物性食物更容易留存下來，用於狩獵的工具也是如此。而狩獵技術往往涉及到不會腐爛或降解的石片或銳利的石頭。正如我們在哈札族身上看到的那樣，採集植物性食物只需要一雙有力的手和一根木棍就夠了。要在考古和化石紀錄中獲得吃植物的直接證據並不那麼容易，但所有的跡象都表明，他們的飲食，與如今的狩獵採集者的飲食相似。

關於人類飲食的一些最新和最令人興奮的研究，來自人類牙齒化石上的牙斑裡食物顆粒分析。萊登大學的艾曼達・亨利（Amanda Henry）是這個新興的人類演化子領域的先驅，她和同僚從歐洲各地和近東化石遺址中挖掘出的尼安德塔人牙齒上，仔細萃取出牙結石（鈣化斑）。儘管她只有幾毫克的材料，但在顯微鏡下，她發現幾乎每個樣本中都有來自植物性食物的穀粒和澱粉。尼安德塔人是典型的大型獵物狩獵者，但他們用富含碳水化合物的穀物、澱粉塊莖、甜水果和堅果來平衡這些肉類。亨利在我們人類這一時期的牙齒中發現了類似的證據。我們舊石器時代的祖先，無疑會對今日原始人飲食界普遍將穀物和富澱粉的植物性食物從菜單上除名這點感到好笑。

即使是麵粉和麵包，也比通常認為的時間還要早出現。最近在約旦的考古挖掘中發現了一個古老的烤爐和焦黑的麵包，歷史超過一萬四千年，比農業的出現還要早幾千年。麵包用的麵粉是由野生穀物製成的。雖然約旦的發現非常引人注目，因為這是最早發現麵包的前農業遺址，但在農業出現之前，類似做法很可能已經相當普遍。例如在從歐洲引進小麥粉之前，澳大利亞的原住民文化就已經會用野生穀物製作麵包。哈札族婦女現在仍經常將猴麵包樹的果核搗成粉，與水混合後食用。

民族誌

現在越來越難找到像哈札族那樣仍在狩獵和採集的現存族群了。全球化和無情的經濟發展進程持續使大多數這類群體被邊緣化，強迫他們進入村莊，或者像我們在美國對待美國原住民那樣，進入保留地生活。儘管如此，仍有少數自豪而幸運的族群，如哈札族、齊曼內人和舒阿爾人，保持著自己的傳統，並設法抵禦了開發者。我們還獲得了全球數百個狩獵採集族群的書面民族誌，這些民族誌是在十九世紀和二十世紀這些文化消失之前收集的。對現存的和最近的狩獵採集者和農業社會的觀察，我們感受到我們這個物種獨有的不可思議的飲食多樣性。

圖6.2中是我從人類學家喬治·莫鐸克（George Murdock）在一九六七年編寫的《民族誌地圖》（*Ethnographic Atlas*）做的摘要，繪製了兩百六十五個狩獵採集者群體的粗略飲食圖。《民族誌地圖》為每個社會列出了植物、野味和魚類的飲食比例，以及所有來自馴化的作物或牲畜的食物。不幸的是，書中關於用於判斷飲食比例的方法資訊不足，而且資料的品質也不高。儘管有明顯的缺陷，莫鐸克的《民族誌地圖》仍被廣泛使用。就像加油站廁所裡可憐的烘手機，它遠遠說不上理想，但對大多數人來說，我們別無選擇。

當我們比對來自植物和肉類的熱量比例與緯度時（圖6.2），有兩件事是很明顯的。首先，它們之間有**很大**差異。在赤道上下五十度緯度範圍內（即加拿大溫尼伯以南，福克蘭群島以北），你可以找到以肉食為重的飲食、以植物為重的飲食，以及介於兩者之間的一切。人類「自然」飲食的範圍很廣。人會吃任何拿得到的東西。這就為我們帶來了第二個問題。在真正寒冷的氣候中，距離赤道五十度以上的

◀ **圖 6.2 來自莫鐸克《民族誌地圖》的兩百六十五個狩獵採集族群的飲食分類。**每個族群都已列在這兩個圖表上。在較溫暖的環境中，即南北緯五十度以下的地方，飲食種類繁多，大多數族群吃的植物和動物食物都比較平衡。在寒冷的亞北極氣候下的人則吃大量的肉。

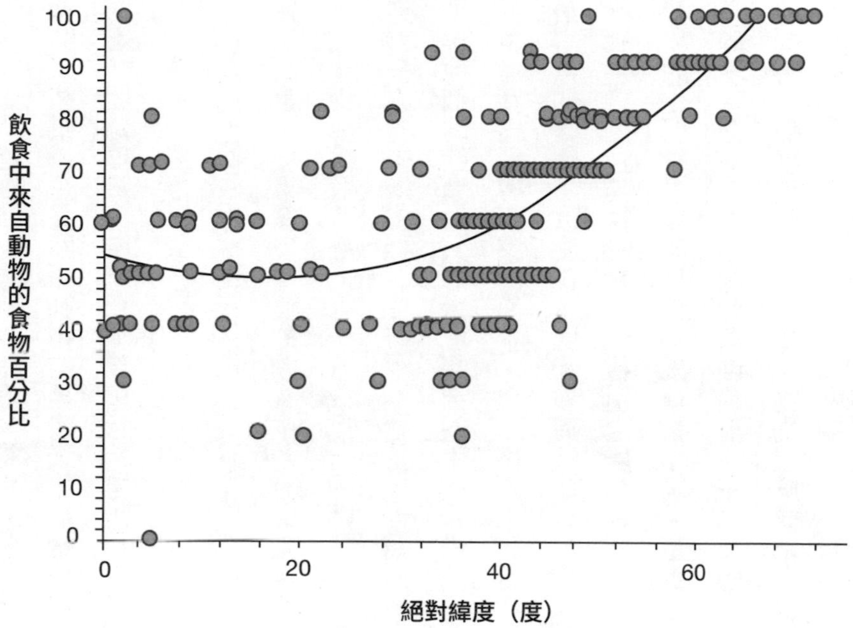
飲食中來自動物的食物百分比
100
90
80
70
60
50
40
30
20
10
0
0
20
40
60
絕對緯度（度）

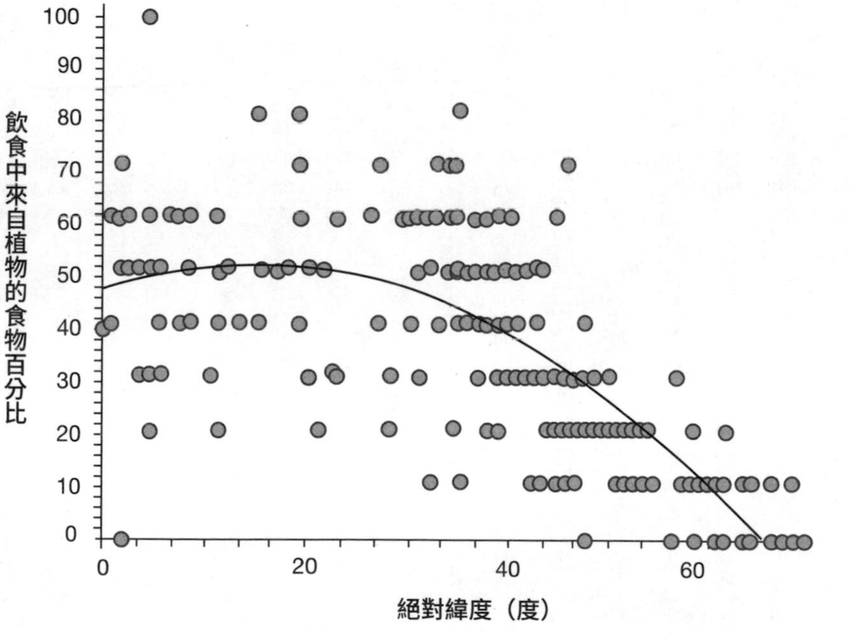
飲食中來自植物的食物百分比
100
90
80
70
60
50
40
30
20
10
0
0
20
40
60
絕對緯度（度）

地方，人們吃很多的肉。（不過值得注意的是，北極地區的居民會想盡辦法在各種地方取得植物性食物，甚至掠奪齧齒類動物的巢穴，偷取牠們儲存的野生塊莖。）為什麼北極的人類族群會吃大量的肉？因為植物沒辦法在那裡生長，至少長得不是很好。我們身邊有什麼就吃什麼。

我們從像哈札族這樣被研究得最透徹的群體中，獲得現代的、高品質的資料，不必再依賴莫鐸克的書，結果發現他們的飲食中含有大量碳水化合物。哈札族、齊曼內人和舒阿爾人每天都從碳水化合物中獲取百分之六十五或以上的熱量（相比之下，典型的美國飲食中，碳水化合物的比例不到百分之五十；圖6.3），也不全都是蜂蜜和塊莖。難怪我們從未在哈札族中觀察到酮症（ketosis）——他們的飲食與人們所能想像的生酮相去甚遠。這些碳水化合物大部分來自澱粉類蔬菜，例如哈札族婦女經常帶回家的塊莖。另一個碳水化合物的主要來源是蜂蜜，哈札族男女一直把它列為他們最喜歡的食物。飲食部落客和新時代的營養學家有一種傾向，都認為蜂蜜是健康的，因為它是「天然的」，但它其實沒有什麼特別之處。蜂蜜（包括哈札族取得的那些）只是糖和水，其中果糖和葡萄糖的比例幾乎與高果糖玉米糖漿相同。事實上，我們的血糖和脂肪代謝對蜂蜜、高果糖玉米糖漿和砂糖（蔗糖，由果糖和葡萄糖形成）的反應是一樣的。如果碳水化合物——特別是糖——對你特別有害，那麼這些高碳水化合物文化應該都有糖尿病和心臟病的問題。然而，他們的心臟反而特別健康，幾乎沒有任何心臟代謝疾病。

像哈札族、齊曼內人和舒阿爾人這類族群的飲食也是低脂肪的，每日熱量中，脂肪占不到百分之二十（典型的美國飲食是百分之四十的脂肪）。事實上，在遙遠北境以外的地方（我們將在下面討論），沒有任何獲得充分記錄的狩獵採集者群體（如哈札族）或農業群體（如齊曼內和舒阿爾人）的飲食是高脂肪的。

哈札族和其他群體含有大量碳水化合物的飲食方式，可說是坊間宣傳所謂「原始人」飲食（百分之三十的蛋白質、百分之二十的碳水化合物和百分之五十的脂肪）的鏡像。一些生酮和原始人飲食支持者甚至進一步推廣了這種所謂的「祖先組合」。暢銷書《無麩質飲食，讓你不生病！》（*Grain Brain*）的作者大衛．博瑪特（David Perlmutter）認為，原始人的飲食只有百分之五的碳水化合物和百分之七十五的脂肪！但他沒有提供任何證據。為什麼今天有這麼多原始人飲食傳道者，會堅持認為「自然的」狩獵採集者飲食是低碳水化合物和高脂肪的組合？

有一部分答案在於莫鐸克的地圖集。現代原始人飲食運動是由科羅拉多州立大學的教授羅倫．科登（Loren Cordain）在一九九〇年代末開創的，他想知道為什麼狩獵採集者似乎對心臟病和其他常見的西方問題免疫。科登接受的是運動生理學家的訓練，不是人類學家，所以他沒有去實地觀察狩獵採集者的第一手飲食內容。相反的，他和他的合作者是從莫鐸克的地圖集摘要整理了狩獵採集者的飲食內容，就像我在圖 6.2 中所做的那樣。他們花了很多力氣地將莫鐸克的飲食評分轉化為飲食中脂肪、碳水化合物和蛋白質的精確百分比，並提出結論：在一般的狩獵採集者飲食中，大約百分之五十五的熱量來自動物。這些研究催生了一些同儕審查的科學論文，也是科登造成深遠影響的書

《原始人飲食》（*The Paleo Diet*）的基礎，隨後他也發起了這項運動。

這些研究的初衷是好的，但它們在一些關鍵的地方有著不足。最根本的問題是，莫鐸克的資料根本不足以準確解讀飲食的攝取量。他的文化總結沒有提到任何關於脂肪、碳水化合物或蛋白質的內容。相反的，莫鐸克是用從〇到九的飲食分數來表示，粗略轉換不同食物類型對飲食的貢獻。在大多數情況下，用於判定這些分數的方法並沒有獲得描述。不過，他們很可能錯過了很多富含碳水化合物的食物。正如我們在第四章中所討論的，二十世紀初和中期的人類學家一直忽略了婦女的貢獻，這會傾向於低估了植物食物的數量。而且我們知道莫鐸克的總結也忽略了蜂蜜，而蜂蜜是哈札族和其他許多狩獵採集者飲食中重要的一部分。

科登的分析有另一個問題，就是他只關注動物和植物的平均比例，而非全球飲食的豐富多樣性。只注重平均數，以暗示有一種「真正的」人類自然飲食，而其他的都會導致疾病。這種方法合理的程度，就像認為有一個「真正的」人類身高，而任何偏離它的人都是病態的一樣。對於某些測量來說，平均值並不是很有意義。圖6.2中的所有群體都一樣自然，而且就我們所知，儘管他們的飲食範圍很廣，從主要是植物到主要是肉的都有，但所有這些群體都是同等健康的。各式各樣的飲食都能讓人類獲得健康，從過去到現在都是如此。並沒有單一的「原始人」飲食。

第三個問題是，很多圍繞著古生物學飲食的討論似乎只是在編故事（比如博瑪特主張古代的飲食只有百分之五的碳水化合物），或者把重要的細節搞得大錯特錯。例如，醫生、生物化學家和低碳水化合物飲食的積極宣導者史蒂芬・芬尼（Stephen Phinney）就經常主張，東非的馬賽人、北美會狩獵野牛的平原文化，以及北極地區的因紐特族群，都很適合說明我們共同的過去。但事實上，很難想像有哪三種文化會比這三種更加**無法**代表舊石器時代的狩獵和採集活動。馬賽人是放牧牛羊的牧民。他們的生活方式很古老，但也還**不夠**古老。考古紀錄顯示，放牧業是不到一萬年以前才出現的，大約六千五百年前才在非洲開始發展，而當時近東的其他文化已開始耕作。同樣的，北美平原地區的狩獵野牛文化也是在一萬年前左右才建立起來的。因紐特人和其他北極地區的文化甚至更年輕，大約只有八千年的歷史。在我們這個屬的兩百五十萬年歷史中（第四章），芬尼的三個典範群體都是新人，他們並沒有比原始人飲食者所抨擊的早期農耕文化更古老，或更能代表我們的過去。事實上，今天活著的人當中只有一小部分人的祖先可以追溯到北極或其他重肉文化。芬尼也許是一位優秀的醫生和生物化學家，正如我們將在下面討論的那樣，而低碳水化合物飲食也對某些人確實有幫助。

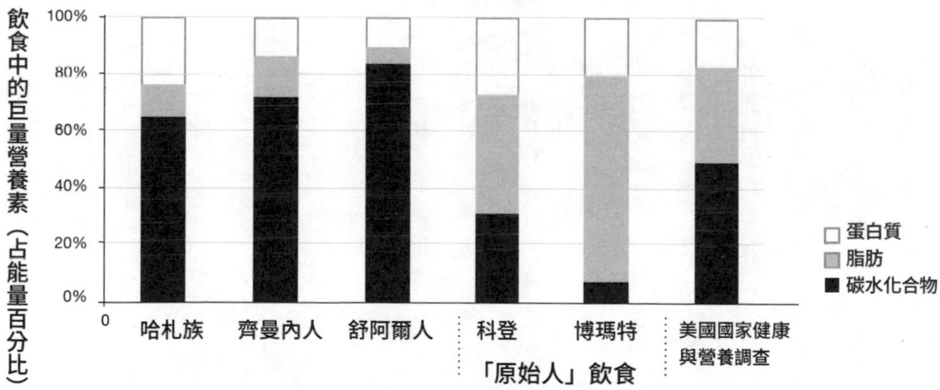

圖 6.3 哈札族、齊曼內人和舒阿爾人的飲食，以及羅倫．科登和大衛．博瑪特重建的「原始人」飲食的巨量營養素分析。美國飲食中的巨量營養素資料來自二〇一一到二〇一四年「國家健康與營養調查」（NHANES）。

但他當初應該聘請一位人類學家的。

鑒於脂肪對心臟健康的潛在作用，哈札族、齊曼內人、舒阿爾人和其他小規模社會，其飲食中的低脂肪含量是值得注意的（圖6.3）。哈札族、齊曼內人和其他小規模社會的心臟健康狀況非常好，甚至在老年人中也是如此，而他們的低脂肪飲食可能是原因之一。我們將在下一章討論更多關於心臟疾病和生活方式的關係。

遺傳學

放牧、北極生活和農業可能只有一萬年的歷史，但這仍然是一段很長的時間。在過去的幾千年裡，世界各地的人類到底如何適應他們當地的環境和食物？人類遺傳學的最新進展使我們得以在人類基因組中尋找天擇的證據，為全球文化中的飲食適應史帶來了新的啟發。正如我們在民族誌證據中所看到的，世界各地的人們就是靠著吃周遭有的食物生存了下來。

像馬賽人這樣的放牧民族就為當地的飲食適應提供了一個很好的例子。牛奶是放牧文化飲食中很大的一部分，牛奶大部分的能量是由乳糖提供的，一種由葡萄糖和半乳糖組成的雙醣（第二章）。像所有哺乳動物一樣，我們需要乳糖酶，以便在消化過程中將乳糖分解成葡萄糖和半乳糖。嬰兒會製造大量乳糖酶來消化母親的乳汁，但大多數人，以及在一萬年前的所有人類，製造乳糖酶的基因通常在童年之後就關閉了。對於有乳糖不耐症但又吃了乳製品的成年人來說，這是個問題，因為乳糖會原封不動地進入大腸，被產氣的細菌消化，引起各種消化道不適。放牧民族的乳糖酶基因在大約七千年前出現了突變，使得它在成年後仍保持活性。在放牧社會中，這種突變使得有這種基因的人獲得很大的優勢。那些吃了乳製品不會脹氣或放屁的人，會有更多的熱量供他們支配。他們生存能力更強，有更多的孩子——繼承了他們的突變乳糖酶基因的孩子。值得注意的是，這在東非和北歐的早期放牧群體中獨立發生了兩次。現在這些早期放牧民族的後代都帶著持久版的乳糖酶基因，不會關閉。

乳糖酶的持久性絕對不是基因適應飲食的唯一例子。我們的一些基因揭開了遠古和近期演化的祕密。例如，人類製造唾液澱粉酶（唾液中一種消化澱粉的酶）的基因複本比其他人猿更多，導致我們唾液中的澱粉酶數量是其他猿類的兩倍，反映了澱粉類食物在人類飲食中的重要性。但是，儘管所有生活在現代的人類都有大量的唾液澱粉酶基因來消化澱粉，但不同族群的基因複本數量都還是有些差異。傳統上吃較多碳水化合物的文化，往往會有更多的唾液澱粉酶基因複本，進一步增加他們的唾液澱粉酶，提高他們消化澱粉的能力。

也有證據顯示農耕的遺傳適應性。N－乙醯轉移酶２（NAT２）基因的一個變體，會產生一種涉及數種代謝途徑的酶，據信在農耕文化中更加普遍，以此應對飲食中葉酸量的下降。非洲和歐亞文化的農業，以及由此產生的飲食中脂肪酸類型的轉變，似乎推動了對脂質代謝很重要的脂肪酸去飽和酶基因（FADS1和２）的變化。飲食和新陳代謝是非常強大的演化驅動力，以至於我們幾乎可以適應任何必須吃的東西。生活在智利阿塔卡馬沙漠的原住民族群已經適應了他們地下水中天然的高濃度砷，天擇選擇了加速清除體內的砷的基因變體。那些不幸運的人，如果沒有這個基因變體，就會從基因庫中消失（他們多病，孩子也少）。

北極的族群也適應了吃大量的肉，但不是以大多數原始人飲食支持者所想的那種方式。對格陵蘭島和加拿大的因紐特人的研究表明，這些族群的FADS基因也發生了變化，可能是為了應對他們傳統上包括大量海豹和鯨魚脂肪的高脂肪含量（尤其是ω－3脂肪）飲食。如此嚴重依賴肉類和脂肪的飲食，讓這些人經常被芬尼和其他人拿來當作說明生酮飲食好處的絕佳例子。但值得注意的是，這些族群中的大多數人是無法進行生酮飲食。相反的，他們攜帶的基因變體CPT1A基本上阻止了酮體產生（該基因的「正常」版本會調節粒線體中的酮體產生；見第二章）。非生酮變體在因紐特人和其他北極文化中是如此的有利，以至於今天它在這些族群中無處不在。原始人飲食擁護者經常闡述高脂肪、生酮飲食的優勢和古老性，但對於那些實際上已經用這樣的飲食過了好幾代的人，天擇都已強力反彈。

考古學、人種學和遺傳學的證據清楚地表明，人類是一個適應性強且靈活的物種。我們是機會主義的雜食動物，周圍有什麼就吃什麼。沒有所謂單一的、自然的人類飲食，過去的典型飲食與今日的肉食性原始人飲食，或同樣充滿限制的純素飲食，都全然不同。

我們的演化史是我們如今身體運作以及保持健康的重要指南——這畢竟是貫穿本書的主題之一。但我們過去的飲食，並不一定是在奇怪的現代世界中能讓我們最健康的飲食。我們在過去沒有以某種方式進食，並不一定代表我們不應該這樣做。我們沒有演化出室內管道、現代醫學、疫苗或文學，但它們無疑地都使我們的生活更美好。我們舊石器時代的祖先沒有拉小提琴或登月，但這並不代表著我們不應該這麼做。而且，即使我們想回到某種版本的祖先飲食，我們也很難找到過去吃的那些未被馴化的植物和動物。在超市或小農市場可以買到那些的豐碩、肥胖和含糖的食物，在幾千年前甚至根本不存在。時代變了，我們能取得的食物也變了。那麼我們現在應該吃什麼？

魔法食材：糖、脂肪和罣丸

「那是什麼肉？」巴葛攸問。這是個很好的問題。我正在用湯匙把一個膠狀的粉色圓柱形罐裝肉放入我們晚餐的義大利麵醬中。巴葛攸來到我們的烹飪區聊天和觀察，這幾乎是固定戲碼了。哈札族男女經常對我們帶來的奇怪食物感到好奇。我們的研究營地就像電視上不斷重播的情境喜劇；他們都看過了，但仍然覺得很有趣。

「蛇，」我面無表情地說。

巴葛攸笑了笑。「真的嗎？」他問，知道我一定是在開玩笑。「真的啊，是蛇。他們在罐子上放了一張牛的照片，但裡面真的是蛇。」（老實說，這有可能是真的。我們在補給日常用品的阿魯沙唯一買得到的罐頭食品，是由來歷不明的公司所生產。這坨肉又鹹又磨得黏糊糊。標籤上的「牛肉」字樣並不能讓人放心。）

巴葛攸笑了笑，但無法掩飾厭惡的表情。「蛇，」他嘟囔著，搖了搖頭，然後去和其他的人分享這個笑話。哈札族很少有不吃的東西，但蛇是榜上有名的。事實上，任何爬行動物都會被厭惡，牠們不是食物。

食物的力量遠遠超過它們的營養成分。食物的安慰劑效應很強，不論我們的身體如何消化和代謝食物，我們賦予許多食物（或非食物）的文化意義，強大到可以影響我們的感覺。對哈札族來說，*epeme*——大型動物的腎臟、肺、心臟和睪丸——被視為神聖和強大的，只有男人可吃。而在美國，行銷人員和江湖術士也發展出類似的神話，不過這些人往往在取得宗教地位之前就已經消失了。我們每個月都會聽說新的超級食物：巴西莓、石榴、甘藍、黑巧克力、雞蛋、咖啡、犛牛奶油、葡萄酒。就在我寫這篇文章的時候，奧茲博士（Mehmet Oz）正在推崇「排毒水」，並保證這能將你的新陳代謝提高百分之七十七（劇透：並沒有）。社群媒體上有很多人信誓旦旦地說這些食物對他們的健康、腰圍、精神敏銳度、性欲和能量都揮發了神奇的作用，但沒有任何令人信服的證據。毫無疑問，對一些人來說，這些食物似乎**真的**有魔力。人類的大腦是一個自欺欺人的大師，經常能在一片雜訊之中找到圖樣——例如看到聖母瑪利亞的臉出現在一片烤麵包上。我們想要相信。如果有足夠多的人嘗試犛牛奶油，其中一些人，在某個地方，就會說服自己它有效，而且是他們減輕體重或感到活力充沛的唯一原因。當然，那些看不到任何好處的人不會上網大肆宣傳。

飲食禁忌也同樣強大，而且通常也是毫無根據的。哈札族男女經常吃未煮熟或有點腐爛的肉，但一想到吃爬行動物或魚就覺得噁心。我喜歡吃壽司、生蠔、烤蚱蜢，我還吃過響尾蛇、蝸牛，以及我應得的那份松鼠肉。但是我只要一想到吃蛆，就會達到嘔吐的邊緣。在薩丁尼亞島，爬滿活蛆的卡蘇馬蘇乳酪（casu marzu）是一種美味佳餚。美國人和歐洲人經常對一些亞洲文化吃狗的傳統感到驚恐，但我看不出這和吃豬和牛有什麼不同。虔誠的猶太人、穆斯林和印度教徒可能也會同意。

不是所有的食物禁忌都有深刻的文化根源。每一種由市場驅動的超級食品都有邪惡的對應食物，也就是食品粉絲宇宙中的惡棍：麩質、反式脂肪、碳水化合物（尤其是果糖）、牛奶、咖啡、雞蛋、葡萄酒。有些角色是雙重間諜，每一集會加入不同的團隊。大多數的超級食物或超級惡棍背後的科學證據，就像哈札族關於蛇和斑馬睪丸的規則一樣扎實。

在新陳代謝方面，除了正常的消化成本外，很少有食物已被證明會有任何值得一提的影響（第三章）。「提高能量」的飲料和補充劑，如奧茲博士的排毒水，完全就是鬼扯。（那些能「淨化」你或治療癌症的食物也是如此：分別是鬼扯，和**危險的**鬼扯。）據說要消化芹菜和綠葉蔬菜等「負熱量」食物需要的能量，比它們含有的能量還多，這也是一個迷思。不過，多吃低熱量、高纖維的蔬菜，是降低每日熱量攝取量的一個好方法，這我們將在後面討論。喝冰水不會改變你每天燃燒多少能量。即使是已被證明能提高新陳代謝率的食物，效果通常也是溫和的。一杯咖啡中一百毫克的咖啡因，會使你每天的能量消耗增加約二十大卡，相當於五顆 M&M's 巧克力。正如我們在上一章中所討論的，每日能量消耗的任何增加，都很可能被飢餓感和食物攝取的增加所抵銷。

脂肪與糖

在現代，食物黑幫的教父是脂肪。隨著心臟病在戰後的美國和歐洲普遍發生，似乎沒有人能逃過一劫。甚至連艾森豪總統也是被冠心病奪去了生命。我們在上一章討論明尼蘇達飢餓研究時提到的凱斯，在一九五〇和六〇年代帶頭進行了大規模的國際研究工作，試圖撲滅延燒的心臟病災難。他的研究指出了心臟病和攝取脂肪之間的明確聯繫。這項科學成果大致上是禁得起時間考驗的：現有的證據仍然指出飽和脂肪和反式脂肪是導致心臟病的重要風險因素。然而，詆毀脂肪導致了一些意想不到的後果。減少飲食中的肉類會減少蛋白質的來源，正如我們在後面會討論到的，有助於阻止過度攝取發生。早期的這項研究也低估了不飽和脂肪的潛在好處，這種脂肪通常存在於魚類和富含脂肪的植物性食物，如堅果和酪梨。也許最重要的是，反對脂肪的戰爭導致了「低脂」加工食品世代的出現，用糖類取代脂肪的熱量。這些食品被宣傳為「有益心臟健康」，但我們現在知道，用糖取代脂肪，對減少心血管疾病的風險毫無幫助。凱斯看到了這一點。他認為應該用豆類等富含蛋白質的複合碳水化合物來取代脂肪類食物，甚至和他的妻子一起寫了一本推廣豆類的食譜《和善的豆類》（*The Benevolent Bean*）。

到了今天，飲食戰爭當下的主要戰線在於糖和其他碳水化合物，是否不僅僅是脂肪的不良替代品，更是真正的壞傢伙？正如我們在上一章所討論的，陶布斯和許多其他人多年來一直認為糖是現代肥胖症和心臟代謝疾病流行背後的真正罪魁禍首。他們認為脂肪被陷害了，它從來就不是凱斯和其他人所聲稱的健康威脅。在他們看來，公衛部門努力讓我們遠離脂肪是一個災難性的錯誤。他們說，如果我們採用低碳水化合物飲食，並吃**更多**的脂肪，我們會更瘦更健康。

不去理會這些更為奇幻思維的主張是很容易的。就像許多運動一樣，那些帶頭衝鋒陷陣，手裡拿著乾草叉，抱持著非常極端和難以動搖的觀點的死忠信徒，根本已經遠遠超出了任何形式的真正的科學討論。與一個絕對確定物理定律不適用於人體、「熱量不重要」，以及你飲食中的脂肪和碳水化合物組合是**唯一**決定你會變胖還是減重的因素的人爭論是沒有意義的。現代原始人飲食派聲稱低碳水化合物飲食是我們狩獵採集者祖先的常態，這也同樣令人懷疑，我們在前面已經討論過了。而認為所有對糖不利的證據都被一些黑錢、幾十年來全球科學陰謀集團所掩蓋或忽視的陰謀論則更是可笑。我可以直接告訴你，科學家們連組織一次研討會期間的聚餐都有困難，而且我們都非常樂意挑戰彼此和現狀。

然而，反糖論的核心是一個貌似合理的機制，因為它確實可能導致肥胖、糖尿病和其他代謝性疾病。所謂「碳水化合物－胰島素模型」原理如下：吃富含碳水化合物的食物，特別是那些含有大量易消化糖類的食物，會提高你的血糖。身體的回應是讓胰腺產生胰島素。胰島素對整個身體有廣泛的影響，但其中一個重要功能，是將葡萄糖從血液中轉移到細胞裡，作為肝醣儲存，或製造ATP（第二章）。但我們的身體能容納的肝醣量有限，因此胰島素會刺激多餘的葡萄糖轉化為脂肪，並抑制調動和燃燒脂肪酸的途徑（見圖2.1）。因此，陶布斯和其他「碳水化合物－胰島素模型」的支持者認為，富含碳水化合物的飲食反而會導致在血液中循環的燃料減少，因為葡萄糖會被轉化為脂肪並儲存在我們的脂肪組織中，所以身體會出現類似挨餓的反應，減少能量消耗，增加飢餓感，促進過度攝取食物。於是，在他們看來，脂肪的積累成了暴飲暴食的原因，而不是暴飲暴食導致脂肪累積；專注於熱量就會錯過碳水化合物和胰島素的相互作用，反而沒抓到變胖的重點。這是一個很耐人尋味的論點，彷彿就肥胖症的病因提出了一個合理的機制，而陶布斯和其他人，包括大衛・路德維希（David Ludwig），多年來在許多論文和書籍中都有詳細闡述。

要是這是真的就好了。

低碳水化合物的支持者經常抱怨主流科學忽視了碳水化合物－胰島素模型，但事實上，大約在過去十年裡，已經有一些科學家試圖測試這個模型的預測是否正確，其中包括了美國國家衛生研究院的資深科學家霍爾（他還領導了上一章中討論的《減肥達人》研究）。在一項研究中，霍爾的團隊讓超重或肥胖的人在代謝病房裡待八個星期，前四個星期吃的是標準的高碳水化合物飲食，後四個星期是低碳水化合物、高脂肪的生酮飲食，兩種飲食的熱量相同，但後者的含糖量不到前者的十分之一。在整個研究過程中，受試者的體重穩定下降，但在促進脂肪流失方面，低碳生酮飲食與高碳飲食並沒有區別。生酮飲食的每日能量消耗略高（五十七大卡／日），但比碳水化合物－胰島素模型預測的要少得多。重頭戲是什麼？這項研究是與陶布斯和他的營養科學計畫（Nutrition Science Initiative）合作設計的，陶布斯可能認為研究結果會證明他是正確的。這正是反糖派想要看到的測試——只是沒有得到他們希望的結果。

在另一項住院病人研究中，霍爾及同僚給肥胖的女性和男性提供了為期五天的基準飲食，接著是減少熱量的飲食，透過減少碳水化合物或減少脂肪，使熱量比基準線少百分之三十。在這項研究中，受試者在低脂肪飲食中的能量消耗略高，他們在低脂肪飲食中失去的脂肪也更多。各項研究顯示能量消耗受到的影響很小而且相互矛盾，顯示低碳水化合物飲食對消耗的影響可能只是雜訊。這與三十年前，也就是在反糖十字軍運動出現之前，由艾瑞克．拉維辛（Eric Ravussin）與同僚所做的研究結果相吻合。他們發現吃高碳水化合物或高脂肪飲食的受試者，每日能量消耗沒有區別。

在現實世界大規模檢視低脂肪和低碳水化合物飲食如何影響體重的研究，通常會發現兩者一樣好（或壞）。部分由陶布斯和營養科學計畫資助的「最佳飲食」（DIETFITS）研究，為六百零九名男性和女性隨機分配低碳水化合物或低脂肪飲食。十二個月後，兩組人平均都減去了五．九公斤和百分之二的身體脂肪。兩組人的靜止能量消耗都下降了，正如我們對減肥的人所期望的那樣（見第五章），但不同飲食之間並沒有差異（硬要說的話，低碳水化合物組的平均靜止能量消耗趨勢略低）。低碳水化合物飲食也在一個大型的真實世界樣本中進行了測試，表現並沒有比傳統的低脂肪方法好（也沒有比較差）。

美國和其他國家關於食物攝取和肥胖的流行病學資料，也質疑了碳水化合物是導致肥胖和代謝疾病驚人增加的原因這一觀點。當現代反糖運動之父暨英雄約翰．尤金（John Yudkin）在一九六〇和七〇年代，開始攻擊凱斯關於膳食脂肪在誘發心臟病方面之作用的研究時，他還可以指著資料說美國和歐洲的肥胖率是隨著糖攝取量的增加而增加。但是近幾十年來，糖和代謝性疾病已經不同步了。因心臟病死亡的人數雖然仍然高得驚人，但自一九六〇年代以來，在美國，即使糖的攝取量持續攀升，因心臟病死亡的人數卻在穩定下降。美國的癌症死亡人數在一九九〇年左右達到頂峰，比糖的攝取量下降早十年。糖的攝取量（包括高果糖玉米糖漿）在二〇〇〇年左右達到頂峰，但即使人們吃的糖變少了，過重、肥胖和糖尿病的盛行率卻繼續攀升（圖6.4）。

糖和代謝性疾病的脫節，在其他地方也很明顯。在中國，自一九九〇年代初以來，來自脂肪的熱量比例急遽上升，來自碳水化合物的熱量下降，但肥胖症和糖尿病仍在穩定攀升。隨著肥胖和代謝性疾病在發展中國家日漸流行，經濟改善、獲得熱量變得容易以及能量攝取過多，都是體重增加的原因，不是任何一種巨量營養素單獨導致的結果。

但是低碳水化合物的戰士們可不會這樣就

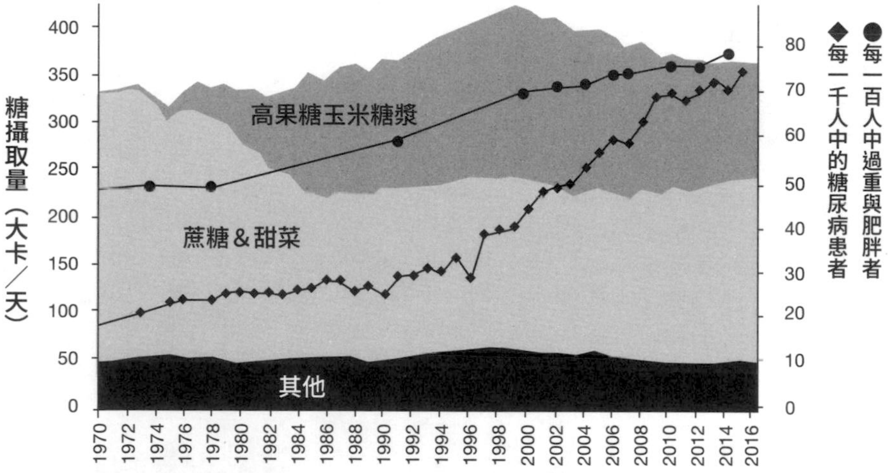

圖 6.4 美國的人均糖攝取量從一九七〇年開始穩定成長，直到二〇〇〇年達到高峰。 即使攝取來自糖（包括來自高果糖玉米糖漿 HFCS）的熱量下降，超重和肥胖（包括極度肥胖）以及糖尿病的比率仍在攀升。

放棄。陶布斯和其他人仍然堅持認為，低脂肪、高碳水化合物的飲食正在使我們生病。路德維希與同僚最近的一項研究，檢視了男性和女性在減肥前後的新陳代謝率。他們指出，當受試者在體重減輕後的期間內吃低碳水化合物飲食，會提高每天的能量消耗。霍爾對他們的資料進行了重新分析，並對這一結論提出質疑，認為就算有這種影響，也可能非常小。不管低碳水化合物飲食是否導致減重後的能量消耗上升，這些結果對於重振碳水化合物－胰島素模型都沒有什麼用。首先，體重下降是透過直接減少熱量所達成的，而不是因為限制了碳水化合物。其次，沒有跡象表明低碳水化合物組最初記錄的每日能量消耗增加，能使他們更容易維持體重。

我們看了幾十項測量不同飲食的代謝率研究，最有可能的是碳水化合物和脂肪的比例，對每日能量消耗幾乎沒有影響。就算真的有影響，似乎也比碳水化合物－胰島素模型預測的要低得多，而且任何因新陳代謝變動可能增加的部分，似乎都會被增加的攝取量所抵銷。除了過度攝取熱量的常見危險之外，糖或其他碳水化合物對身體脂肪或代謝疾病並沒有明確的影響。糖當然不健康（首先，它的維生素、纖維和其他營養素含量為零），而且含糖食品很容易攝取過度，我們將在後面討論。但幾乎沒有證據顯示來自糖（包括高果糖玉米糖漿）的熱量，有比來自脂肪的熱量對你的體重或代謝健康造成更糟或更好的影響。

爲什麼低碳生酮飲食（和其他）會成功

如果碳水化合物－胰島素模型不準確，為什麼低碳生酮飲食會成功？社群媒體上充斥著因為遵循低碳水化合物飲食法而減重、瘦身和逆轉糖尿病的故事。毫無疑問的，這些網路上的見證故事大多是發自內心的真實事件；對很多人來說，體重減輕和代謝健康的改善似乎改變了生活。但是，雖然結果可能看起來像魔術，但低碳水化合物飲食發揮作用的原因其實很簡單：它們減少了攝取的能量，帶來了能量負平衡。你每天燃燒的熱量比你吃的多。

低碳水化合物飲食在短期內可能特別有效，因為它們迫使身體透過燃燒你的肝醣運作。在極度的低碳水化合物飲食中（通常每天只有二十克或更少的碳水化合物），圖2.1中的碳水化合物代謝途徑就會關閉。當這種情況發生，肝醣儲存會被耗盡，成為最後一位將碳水化合物線帶入粒線體的乘客。與脂肪不同，肝醣會抓住水分。由於身體以水合形式儲存肝醣，而每個肝醣有三或四份水，所以燃燒肝醣也會導致脫水和體重迅速下降。

一旦儲存的肝醣被耗盡，身體就會依賴脂肪代謝途徑來提供能量。你會開始燃燒你儲存的脂肪，但這只有在你的每日能量消耗超過你的攝取量時才會發生。這裡就是被大肆宣揚的低碳水化合物飲食的神奇之處：這些人聲稱他們在不減少熱量攝取量的情況下就能減輕體重。證據就是他們會列出他們喜歡的所有高脂肪、高熱量的食物，並聲稱他們從不感到飢餓。他們經常說他們「不計算熱量」，但他們似乎確信——甚至如信仰般堅定——他們所吃的熱量和以前一樣多（甚至更多！）。

這些減肥的成功故事很吸引人，如果你找到了適合你的飲食方式，就堅持下去。但是，如果不是因為攝取的熱量比所消耗的更少，無論這些熱量是由什麼組成的，都絕對不可能減輕體重。這就是物理學的定律。低碳水化合物飲食的人可能會覺得他們吃的熱量和以前一樣多，但是，正如我們在第三章所討論的，我們所有人都不擅長估計我們每天吃了多少熱量。不計算熱量而減重是完全可能的，就像不關注財務狀況而花光銀行帳戶也是可能的一樣。但是，如果吃的沒有比你燃燒的更少，就不可能減重。

低碳水化合物和生酮飲食與其他飲食的規則沒有兩樣，在正面對決時，它們的表現都一樣好（或差）。我們在前面描述的「最佳飲食」研究中看到了這一點，但針對更廣泛的飲食進行更廣泛的比較研究，也顯示了同樣的結果。在二〇〇五年，麥可・丹辛格（Michael Dansinger）與同僚以居住在波士頓及其周邊的一百六十名成年人為受試者，將他們隨機分配到四種流行飲食的組別，進行為期十二個月的研究。四組分別是：阿特金斯、歐尼許（Ornish）、慧優體，以及區域（Zone）。阿特金斯飲食是低碳水化合物，歐尼許是低脂肪，而慧優體和區域飲食則處於中間。說來毫不奇怪，受試者不一定都會嚴格遵守被指定的飲食法，但不同飲食組的堅持率是相似的（沒有哪種飲食比其他飲食更容易堅持下去）。最重要的是，指定的飲食類型對減輕體重的程度沒有影響。無論是哪種飲食，願意堅持的人都會減輕體重。只要你堅持下去，所有的飲食法都有效。

就算是糟糕的飲食也能導致體重下降和代謝健康改善，只要它們能減少熱量的攝取就好。所謂的單一飲食，就是只吃一種食物，往往會導致體重下降，因為人們會厭倦反覆吃同樣的東西，最後就會吃得更少。馬鈴薯飲食是一個很常被舉出的例子。根據報導，魔術師潘・傑利特（Penn

Jillette）只吃馬鈴薯（值得指出的是，馬鈴薯含有大量的澱粉類碳水化合物）就減掉了四十五公斤以上。堪薩斯州立大學的教授馬克・豪布（Mark Haub）為了說明熱量對體重來說是真正重要的，進行了為期十週的垃圾食物飲食法，並在臉書上持續張貼他的進度，讓全世界都能看到。他每隔三小時吃一個小蛋糕，不吃正常的三餐，並且用洋芋片、富含糖分的麥片和餅乾來補充飲食。這種飲食方式聽起來像是一場健康災難（而且我並不推薦這樣做！），但拼圖的關鍵部分是熱量。豪布將自己每日攝取的熱量限制在一千八百大卡，遠遠低於他的每日能量消耗。十個星期後，他減掉了十二・二公斤，BMI從二十八・八的「超重」變成二十四・九的「正常」，膽固醇和三酸甘油酯也變低了。

低碳水化合物飲食有可能對第二型糖尿病患者有幫助，因為大量的碳水化合物會使那些缺乏對胰島素一般反應的人血糖飆升到不健康的程度。（就算是沒有糖尿病的人，限制碳水化合物也往往會降低他們的血糖。）事實上，早在十八世紀，低碳水化合物的飲食就被用來治療糖尿病了。維爾塔（Virta）是由史蒂芬・芬尼創立的一項健康倡議，目標是研究生酮飲食對糖尿病的益處，目前也已經有了一些為人帶來希望的結果。許多參加維爾塔低碳水化合物計畫的男性和女性都減輕了體重，減少甚至消除了對胰島素和其他糖尿病藥物的需求。我們不能說低碳水化合物飲食已經「治癒」了他們的糖尿病，因為如果他們回到典型的含碳水化合物飲食，他們就會恢復高血糖的狀態和對藥物的需求。但是，無論我們想給它貼什麼標籤，結果都是有希望的，對這些男女的好處也是貨真價實的。

不過，目前還不清楚維爾塔計畫的效果，是不是真來自它的低碳水化合物飲食，還是單純只是因為它的低熱量。維爾塔的研究並不是為了將低碳水化合物飲食與其他飲食進行比較。我們知道，以超重和肥胖的成年人而言，大幅減輕體重可以逆轉第二型糖尿病，而且你如何做到這件事似乎並不重要。丹辛格的研究將受試者隨機分配到低碳水化合物、低脂肪或混合飲食的組別中，只要能夠堅持所分配飲食法的男性和女性都減輕了體重，而且發炎程度、「好的」高密度脂蛋白膽固醇（HDL cholesterol）的比例，以及胰島素敏感性都獲得改善，這些是心臟代謝疾病的三個主要風險因素。這些健康狀況的改善與他們的體重減輕直接相關，而非與他們的飲食類型相關。而將大批男女分配到低碳水化合物或低脂肪飲食組別的「最佳飲食」研究中，兩組都顯示出類似的心肺代謝健康改善。這兩組中都有三十六人在開始研究時患有代謝綜合症，而在研究結束後的十二個月內，他們都沒有了代謝綜合症。對於超重或肥胖，以及面對糖尿病和其他代謝疾病的人來說，減輕體重可以改善健康。

而且，無論你是限制每一餐的熱量還是完全跳過幾餐，似乎都沒有多大關係。間歇性斷食，即在一天中的大部分時間裡不進食，已經是獲得廣泛吹捧的減肥方法。這種說法聽起來與低碳水化合物飲食的說法驚人地相似：想吃什麼就吃什麼（在非斷食期間），不用費心計算熱量，我們的祖先就是這樣吃的！但是，隨著科學的發展跟上這股炒作，事實其實非常平淡。在類似丹辛格研究的隨機對照試驗中，被分配到間歇性斷食法的人，不論在減肥和保持體重方面，都沒有比被分配到傳統熱量限制飲食的人更成功。兩組人在胰島素、血糖和膽固醇方面都看到同樣的正面效果。如果你超重，不管你用什麼方法，只要限制熱量就能導致體重下降和正面的心肺代謝結果。

上述這些沒有特別支持或反對任何特定的飲食法。如果你找到了適合你的飲食方式，能讓你保持健康的體重，並且沒有代謝性疾病，那就堅持下去。反倒是這些來自飲食戰爭前線的研究似乎總主張我們忽略了重點。只要你堅持照做，所有的飲食法都是有效的，因為它們都會減少熱量的攝取。但是堅持一種飲食法往往非常困難，正如我們在上一章所討論的那樣，我們演化的代謝管理者通常會對抗我們在減肥方面的努力，不斷催促我們，直到我們屈服並吃得更多為止。與其相信低碳水化合物飲食有魔力，讓我們能打破自然法則，不如問問為什麼有些人在低碳水化合物飲食中可以減肥，而不覺得他們在減少攝取的熱量。畢竟，節食而不感到痛苦，才是減肥的聖杯。

飢腸轆轆的下丘腦

儘管物理學定律在減肥戰爭中連帶受到波及，受盡委屈，但現有的資料依舊顯示，熱量是決定體重減輕和增加的唯一真正因素。如果你吃的熱量比你消耗的多，你的體重就會增加。吃的東西比你燃燒的少，你的體重就會減少。碳水化合物、脂肪和蛋白質的組合，對能量消耗、體重下降或達到健康體重的健康好處沒有任何特殊影響。因此，如果所有的減肥方法都是透過減少熱量而成功，為什麼有些減肥方法比其他減肥方法更容易堅持下去？如果糖不是單槍匹馬就使我們生病的超級惡棍主謀，那麼是什麼讓我們的現代飲食誤入歧途？

答案似乎就在我們的大腦中。正如我們在上一章所討論的，我們的下丘腦——位於我們大腦底部一個不起眼的小組織——就位於調節新陳代謝和飢餓的複雜系統中心。研究食欲和肥胖的神經控制的史蒂芬・基文納特（Stephan Guyenet）寫了一本詳盡而引人入勝的書：《住在大腦的肥胖駭客》（*The Hungry Brain*），詳細描述了這個系統。來自你的味蕾和內臟的感覺資訊，以及血液中循環的營養成分和激素，為你的下丘腦提供了詳細的熱量輸入和輸出紀錄。下丘腦會做出相應的反應，操縱你的飢餓感和新陳代謝率，使你保持能量平衡。通常這個系統能夠良好地使攝取和支出相符，當我們吃了足夠的東西來滿足我們的需要時，我們就會感覺飽，然後停止；當我們燃燒我們儲存的肝醣和脂肪時，我們會感到飢餓並進食。如果我們碰巧暴飲暴食或挨餓，我們的新陳代謝率會做出適當的反應，以糾正不平衡。這就是為什麼像哈札族這樣的族群不需特別多想，就能在整個成年期保持相同的體重。

但是，我們在工業化世界中開發出各種奇思妙想的食物宇宙，暴露了這個系統的弱點。對我們當中的許多人來說，我們吃的食物已經壓倒了調節攝取量的常規檢查和平衡。簡而言之，我們現代的飲食太美味了。

我們喜歡食物的原因與我們喜歡一切的原因相同：它觸發了我們大腦中的獎賞系統。像所有的動物一樣，我們的大腦被演化為獎賞那些提高我們生存和繁殖機會的行為，從最簡單的蠕蟲到最複雜的靈長類動物都是如此。性、糖、社交聯繫……所有基本的、普遍的渴求從一開始就內建在我們體內。我們有預先規劃的神經元，等著要感知「好」東西，然後釋放多巴胺和內生性大麻（endocannabinoid）等獎賞分子，讓我們繼續追求更多。演化的邏輯很簡單：擁有針對社會和物理環境之獎賞系統的生物體，會尋求更多食物和更多的性，也更容易產生繼承這套神經獎賞系統的後代。

由於我們是如此複雜的文化動物，所以我們學會了一百萬種方法來表達這些欲望，並為每一種獎賞提供了令人難以置信的各種關聯。我們的大腦學會了只要有一絲線索暗示即將到來的好東西，就會觸發我們的獎賞系統。我們看到甜甜圈或聞到爆米花的香味就會流口水，或者對一雙高跟鞋或低沉的聲音產生幻想，因為我們的大腦在潛意識中產生了聯想。從香港到赫爾辛基，每個人對於什麼東西看起來很性感、很美味或適合社交的聯想可能完全不同，但基本的獎賞系統是一樣的。

人類大腦的獎賞中心對食物，特別是脂肪和糖有強烈的反應。但並非所有食物都是平等的。有些食物，如未調味的水煮馬鈴薯，幾乎不會對獎賞系統產生影響。美味的食物——通常是脂肪、碳水化合物和鹽的某種組合——會像交響樂一樣啟動我們的獎賞系統，使多巴胺和其他獎賞分子湧入我們的大腦，讓我們感覺很好。研究人員將這些美味的食物描述為「高度適口性」（highly palatable）。換句話說，我們喜歡吃它們。

與我們吃適口食物的欲望相抗衡的，是一系列減少這些食物帶來的獎賞反應，使我們感到飽足的信號。當食物被消化並吸收到血液中，我們的胰腺就會釋放胰島素，脂肪細胞會釋放瘦素，這兩種物質在我們的大腦中發揮作用，削減對食物的獎賞反應。胃部的拉伸受體和來自消化道的激素和神經信號，向我們的大腦傳達我們要吃飽了的訊息。蛋白質的攝取量也受到監控，使我們越吃越覺得飽（事實上，具有說服力的證據顯示，我們會監控我們所吃的蛋白質的數量，直到我們吃夠了才不會覺得餓）。所有這些飽腹感信號，本質上是就將食物提供的獎賞信號的音量調低，就算食物很美味也能讓我們覺得飽，導致停止進食。

適口性和飽腹感的推拉是由大腦的獎賞系統管理的，該系統與下丘腦進行溝通。下丘腦整合這些信號（以及其他信號——我們在這裡只觸及系統的表面），以判斷飢餓和飽腹感。正如我們已經討論過的，它通常在管理能量平衡和體重方面做得很好，至少在哈札族這樣保持傳統飲食習慣的小規模社會中是如此。

現代飲食以兩種方式壓倒了我們的下丘腦及其平衡攝取和支出的能力。首先，我們受到了比我們的狩獵採集者祖先所遇到的更多類型食物的轟炸。這種多樣性破壞了我們通過從一組獎賞神經元跳到另一組來判斷攝取量的能力。我們的大腦關閉了它正在體驗的味道的獎賞反應，但其他的味道卻依舊能帶來獎賞反應，這種現象被稱為「特定感覺的飽足」（sensory specific satiety）。典型的例子是在餐廳用餐時，就算主菜已經讓你吃很飽了，你還是能吃甜點。主菜通常是鹹的，點燃了脂肪和鹽的獎賞神經元。當你吃完時，你的下丘腦已成功熄滅了鹹味食物帶來的獎賞；你一口都吃不下了。但是甜點是甜的，那些針對甜味獎賞的神經元就開始營業了。光是看到甜點菜單，糖分獎賞迴路就會啟動，而你的下丘腦無能為力。於是你笑著說還有個單獨的胃來吃甜點，接著點了焦糖布丁。

我們知道食物多樣性對腰圍的破壞效果已有幾十年了。在一九七〇年代末肥胖症流行的初期，研究人員就發現，如果你餵食實驗室老鼠標準的、營養均衡的實驗室飲食，即飼料和水，牠們會無限期地保持健康體重。但若為牠們提供典型西方食物、有很多美味選擇的「自助餐」飲食，牠們將不可避免地暴飲暴食並變胖。自從最初對老鼠的研究發現以來，研究人員已在一系列物種中看到了同樣的現象，從猴子到大象都成立，以及，毫無意外，人類也是其中之一。

現代食物的另一個主要問題是，它們被設計成可以過量食用。這個過程始於數千年前的農業和動植物的培育，提高了這些人工養殖的食物的適口性特質，如提高糖和脂肪，同時減少了使我們感到飽足的元素。工業化更是將這個過程提高到一個全新的水準。我們在超市購買的許多食物，以及我的哈札族朋友認為非常有趣的罐頭和包裝食品，都是經過設計的，超出了我們祖先的認知範圍。纖維、蛋白質和其他任何能讓你感到飽足的東西都被去除，糖、脂肪、鹽和其他可以刺激你獎賞系統的東西都被加入。結果，添加的糖和油是今日美國飲食中主要兩個的熱量來源，占我們消耗的能量的三分之一。我們演化的獎賞系統，對這些加工食品所提供獎賞信號的強度和廣度毫無準備。我們的下丘腦太慢，無法關閉我們的食欲，於是我們過度進食。

食品公司很清楚他們在做什麼。調味工程是一個價值數十億美元的產業，科學家團隊使用一系列令人難以置信的技術和添加劑來製造高度適口的食物，但沒有飽腹感：這些食物總是讓你想吃更多。這些食品的設計是為了規避大腦演化的獎賞和飽足系統。除了添加脂肪和糖，化學調味品也使用焦點小組測試的方法，直到找到一種無法抗拒的混合物為止。帶著舊石器時代的食物獎賞系統和下丘腦，在超市的加工食品走道上徘徊，就像帶著一把石製手斧去參加槍戰。「我敢打賭你不會只吃一個」聽起來像是一個友好的賭注，但食品公司很清楚他們的勝率有多高。

霍爾和他在美國國家衛生研究院的團隊最近的一項研究，說明了加工食品能有多強大。在一項為期四週的住院研究中，男性和女性被餵食兩組膳食，他們的碳水化合物、脂肪和蛋白質的比例以及纖維、鈉和糖的數量都是相同的。最大的區別是加工方式：一組膳食包括高度加工的食物，如熱狗、包裝麵食和盒裝早餐麥片；另一組膳食包括相對未加工的食物，如牛柳、鮭魚片、新鮮水果、蔬菜和米飯。受試者連續兩週內吃其中一組飯菜，然後再吃另一組（一半從加工食品開始，一半從未加工食品開始）。除了想吃什麼就吃什麼外，他們沒有得到任何指示。結果令人震驚：受試者在加工飲食中每天多吃了五百大卡的熱量，每週增加了近〇．四五公斤。

誰能避免肥胖的陷阱？

在過去幾十年裡，各種美味加工食品的供應增加，這輕易說明了已開發國家肥胖症的增加。但是，雖然每人可取得的食物熱量增加能解釋每人平均體重的增加，但並不能解釋體型的多樣性。如果在工業化世界中，圍繞著我們的各種美味加工食品這麼會令人發胖，為什麼我們不全都是肥胖者？為什麼有些人能夠在誘惑下保持體重？

一個重要的線索是，肥胖症往往具家族性。它有高度的遺傳性，這代表著似乎有很強的基因成分：擁有相同基因變體的人最終往往會達到相同的體重。一九九〇年代的雙胞胎研究有助於說明這些相似性是如何表現的。如果你給人吃過多的食物，他們會增加體重（這並不奇怪），但由於我們在上一章討論的代謝補償，有些人增加的會比其他人更多。雙胞胎傾向以相同的方式進行補償，因此，他們會增加類似分量的脂肪，而且是在他們身體的相同位置。雙胞胎對食物不足和體重減輕也有類似的反應。

在過去二十年裡，基因研究的革命已經發現了九百多個與肥胖有關的基因變異。正如我們所懷疑的，幾乎所有這些基因主要都在大腦中活躍，明確指出大腦是肥胖症調節障礙的中心。食物獎賞系統是複雜而廣泛的，正如調節飢餓、飽腹感和代謝率的系統一樣。這些系統是由我們的基因點點滴滴建構而成，而這些基因因人而異。有些基因變體使我們的獎賞和飽腹感系統更容易暴飲暴食，另一些則使它們更有抵抗力。你手上拿的牌，對你是否容易保持健康的體重有很大的影響。

但基因並不等同於命運。畢竟，生物演化是緩慢的。讓我們在今日的工業化世界中陷入困境的那些基因變體，遠在肥胖危機出現前的我們曾祖父母那一代就存在了。在全球各地的人類族群中也都能找到同樣的變體，包括哈札族也有，但肥胖對他們來說根本不成問題。顯然，我們能以幫助或傷害我們的方式，改變我們的環境。

有一個顯而易見、能管理我們的體重並保持良好代謝健康的策略，就是用那些可以填飽肚子和營養豐富，同時又不包含大量熱量的食物，來建立我們的飲食。幸運的是，我們已經知道一個令人滿意且熱量適度的飲食法要有哪些特徵。一九九五年，雪梨大學的蘇珊・霍爾特（Susan Holt）進行了一項基礎研究，測試了三十八種不同的食物，看看哪些食物在吃完兩百四十大卡分量後的兩小時內，會讓人感覺最有飽足感。原型食物，如新鮮水果、魚、牛排和馬鈴薯，是最飽足的。白麵包、盒裝麥片和調味優酪乳等加工食品是飽足感次差的食物，而餅乾、蛋糕和牛角麵包等烘焙食品則是最沒有飽足感的。這其中的共同點在於蛋白質、纖維和能量密度。有比較多纖維、蛋白質和每口較少熱量的食物，最有飽足感。不出所料，適口性也是一項因素。被列為更適口的食物——代表著它們有更大的獎賞系統反應——是最沒有飽足感的。

霍爾特關於飽足感的研究為飲食戰爭提供了一道解決方案，為任何願意傾聽的戰士提供了休戰的條件。有效的飲食，包括低碳水化合物和低脂肪的飲食，都是有效的，因為它們減少了低飽足感的食物，幫助我們用較少的熱量獲得飽足感。蔬菜、水果、肉類和魚類都可以成為健康飲食的一部分，只要我們避免那些促使我們過度進食的食物就好。低碳水化合物愛好者正確地指出，含糖食品太容易讓人過度食用了：它們會使我們的獎賞系統混亂，卻沒有讓我們感到飽足。含糖飲料（汽水和運動飲料）、果汁和富含碳水化合物的加工食品是危險的，因為它們帶有大量的獎賞反應，而沒有任何使原本的水果和蔬菜如此飽滿的纖維。然而脂肪類食物，特別是缺乏蛋白質的加工食品，也會引起同樣的問題。這就是為什麼低碳水化合物飲食通常把重點放在肉類和其他高蛋白食物上，在不犧牲飽足感的情況下減少熱量。植物性飲食和綜合性飲食可以是高纖維以及高蛋白的，在減少能量攝取的同時還能讓人感到滿足。最適合你的飲食方式將取決於你的特定獎賞系統，和能用最少的熱量滿足你的各種食物。

即使沒有採用特定的飲食法，我們都可以做一些事情來減少熱量攝取而不感到痛苦。把高熱量的加工食品從你的家裡和你的辦公桌上拿走，用高蛋白質的替代品（如原味堅果、水果或新鮮蔬菜）來代替，幫助減少你每天攝取的熱量，同時仍感到飽足。多多自己做飯也有幫助，因為大多數餐館做的都是容易讓人暴飲暴食的美味食物。

我們也可以嘗試降低我們生活中的壓力。情緒和心理上的壓力，以及睡眠不足等生理壓力，都可能使我們的神經獎賞系統失調，從而導致暴飲暴食。我們的大腦也可能學會用食物獎賞來取代我們感到孤立、害怕或悲傷時渴望的情緒和心理獎賞。這樣的結果就是壓力性進食，這確有其事，就算是在實驗室環境中，人們在經歷壓力後都會吃得更多。美味的食物和社會壓力相結合，有助於解釋為什麼美國和其他工業化國家的人，每年在假期中平均增加〇．五到一公斤。在一生中，慢性壓力會對我們的體重和健康產生破壞性的影響。難怪在美國，貧窮和缺乏機會與肥胖和心腦血管代謝疾病密切相關，尤其在非裔美國人群體，以及其他必須想辦法處理結構性種族主義的明槍暗箭的群體，更是如此。我們將在第九章中，處理能量學和代謝健康方面的一些社會挑戰。

如何吃得像個哈札族

在哈札族營地的一個早晨，布萊恩和我正挨家挨戶發放GPS設備（這是我們地景使用研究的一部分），詢問大家情況如何。我們在每個小屋裡都閒聊了一下，也沒說什麼，人們也才正在要起床而已。接著，我們碰到了馬納西（Manasi）。

馬納西睡在星空下，裹著毯子在地上過了一夜。未婚男性經過哈札族營地時，一般都不會費心蓋房子，一星期前來的他也不例外。但在過去的幾天裡，他始終感覺很沮喪，一直不想離開營地。他坐在毯子上，一邊描述自己的問題，一邊直接伸手在小火爐的熱灰中翻找。胃部問題，抽筋，腹瀉。哦，我們要不要吃一塊斑馬肉？

馬納西從灰燼中拉出一大塊發黑的斑馬肉，開始把它撕成三塊能一口吃的大小。斑馬是五天前被殺死的，營地的人都享用了牠的肉：細肉條在陽光下軟綿綿地掛在每間房子上方的樹枝上。我不清楚這塊肉在炭火中放了多久，但我很不情願地注意到，裡面的肉呈現泡泡糖的粉紅色。馬納西遞給我和布萊恩一人一塊，沒有中斷他的腸胃故事。哈札族有強烈的分享責任，如果拒絕就太不禮貌了。布萊恩和我用餘光交換了一下眼色：恐怕是得吃了。我在失去勇氣之前把它塞進嘴裡，開始咀嚼。它有著燒焦皮革的味道和口感。我大口大口吃著，極力想相信灰燼已經淨化了肉和馬納西帶有痢疾的手指。

身為一名科學家，我的部分工作是為我的研究進行公開演講，而我經常被問到哈札族吃什麼。我希望我可以提供一個有適當異國情調的答案。我已經品嘗了一系列哈札族的食物，內容涵蓋蜂蜜、塊莖到數種莓果和肉類。如果我能描述出另一個世界的味道和口感，說出疣豬、條紋羚和猴麵包樹之間複雜細微的差別，那就好了。但事實是：哈札族的食物並不令人期待。除了蜂蜜和一些有酸味的水果外，其他的都很平淡。除了偶爾使用少許的鹽之外，他們根本沒有聽說過香料。幾乎所有的食物都是單獨食用，不是生的就是烤的，不然就是水煮。這不是大多數西方人會用美味來形容的食物，根本一點也不吸引人。沒有什麼食物對他們來說是太血腥、放太久或太難看的。如果你曾經在大型烤肉聚會後的第二天打開烤肉架，發現一隻冰冷的、被遺忘的雞腿和一顆孤單的、被烤黑的馬鈴薯，那麼你遇到的就是哈札族料理。

採用哈札族的飲食原則將對工業化世界的健康產生深遠的影響，但也不要太期望會有一股新的飲食風潮。在一個充斥著高度適口性加工食品的社會中，這幾乎是不可能的。除了睪丸和蛇之外，沒有任何萬靈丹食品值得崇拜或避之唯恐不及。哈札族的飲食並不是低碳水化合物、生酮或素食，他們也不會挨餓或間歇性斷食。相反的，就像其他小規模社會一樣，他們的飲食簡單而充實，有大量高纖維的塊莖和漿果，以及含有大量蛋白質的肉類（哈札族每天吃的纖維大約是典型美國人的五倍）。這種飲食的脂肪含量相對較低（儘管飽和脂肪和不飽和脂肪的比例還沒有被研究），這可能有助於保護他們免受心臟病的困擾。他們的環境中總是有食物（塊莖永遠都是當季的），但他們必須努力去獲得。他們沒有經常被各種美味食物包圍，更別提那些被設計成可以暴飲暴食的加工食品。因此，哈札族不會出現肥胖症和代謝疾病的原因很簡單：他們的食物環境不會促使他們過度進食。

將這些來自草原的教訓應用在我們的日常生活中，代表我們要超越飲食戰爭、關於熱量的奇幻思維和陰謀論。人類是機會主義的雜食動物，從舊石器時代和現存的狩獵採集者，到「最佳飲食」和霍爾在美國國家衛生研究院的那些飲食控制研究，所有現有的證據都告訴我們，各式各樣的飲食法都可以是健康的。一般來說，我們應該尋找纖維素和蛋白質含量較高的食物，使我們吃飽，並避免添加糖和脂肪的加工食品，因為這些食品將導致我們的食物獎賞系統崩潰。真正適合你的飲食方式是能讓你達到並保持健康的體重，而不覺得自己在挨餓。你不需要計算熱量（反正也很難做到準確），也不需要報名參加科學研究來追蹤你的攝取和支出。你只需要一個體重計。如果你攝取的熱量少於你燃燒的熱量，你的體重就會下降。如果你沒有達到你喜歡的體重，或者不在達到這體重的軌跡上，那麼就是嘗試不同食物的時候了。

飲食仍然只是保持健康的解決方案的一部分，是新陳代謝方程式的一半。更好的食物環境將幫助我們調節體重和攝取的能量，但它不會影響我們燃燒的熱量。針對這部分，我們需要把重點放在身體活動上。

在上一章中，我們駁斥了運動是減肥的有效工具這一觀點。面對不斷增加的日常身體活動，身體會進行調整，在其他地方節省能量，以保持對每日能量消耗的控制。任何持續增加的日常消耗，都會被增加的攝取量所補充，使減肥的可能性被中和。雖然運動並不能改變我們每天燃燒的熱量，但它確實會改變這些熱量的使用方式，而這可能代表著健康和疾病之間的區別。為了像哈札族那樣保持健康，我們需要像狩獵採集者那樣運動。要想知道為什麼，讓我們來看看住在非洲雨林深處的猿猴表親吧。

CHAPTER 07

要活命就快跑！

Run for Your Life!

地球上有多少物種，就有多少種贏得生命遊戲的策略。當地的條件以及周遭生物的策略，會決定什麼是最好的做法。

當我的班機在撒哈拉沙漠上空近一萬零七百公尺的夜空中飛行時，我透過我的小塑膠窗往下看到一望無際的黑，想著我們降落後會有什麼發現。這是我第一次到非洲旅行，我要去烏干達研究黑猩猩的攀爬。我是在手機出現前的時代獨自旅行的，我的安全全靠一張列印出來的紙——由其他研究生學長整理和傳授的少許有用的小抄，介紹如何從恩德貝機場搭計程車到首都康培拉，再乘坐巴士到位在該國中心的基巴萊國家公園（Kibale National Park）。我在腦海中再次複習我的檢查清單和所攜帶裝備，並默默演練了我將與機場擁擠的計程車司機講價的對話。我提醒自己：放輕鬆，你已經準備好了。

我確實準備好了，大部分。我對雨林的田野調查完全是個新手，但我已經準備了好幾個星期了。我帶了長筒橡膠鞋、長袖襯衫和長褲、雨具。兩個巨大的行李袋裝滿了設備，其中大部分來自我的指導教授，他（像所有好的指導教授一樣）把他的研究生當作騾子，把設備運到野外。我已經接種了全套疫苗，並好好服用了瘧疾預防藥物。我到了康培拉的飯店，然後到了基巴萊，沒被綁架。我從學長給我的小抄學會如何用烏干達語（Rutoro）向人打招呼（單數對象要用 *Oliota*，複數對象要用 *Mulimuta*；回應一律是 *Kurungi*！）。我甚至已經準備好迎接蟲子了。蚊子和其他嗡嗡作響的煩人小蟲並不像我擔心的那樣糟糕。我偶爾會把芒果蠅的幼蟲從我的皮膚上擠出，就像粉刺一樣，慶幸牠們沒有往我的下體衝。第一次被咬人的軍蟻包圍時，我撕開褲子，像個老手一樣把牠們從大腿上拔下。我甚至成功從我的鼻子深處拽出了一隻蜱蟲，就在我的兩眼之間，需要的只是一點耐心，再加上我從一位樂於助人的（也是驚恐的）研究人員那裡借來的一雙長長的金屬露華濃牌鑷子。

但我對黑猩猩的氣味毫無準備。

在我跟隨基巴萊黑猩猩研究小組進入森林的第一天，我們爬上一個小山丘，俯瞰一片開闊的區域，接著停下了腳步，陷入沉默。在前方，大概二十七公尺遠的地方，一群黑猩猩在一棵巨大茂盛的無花果樹上散步，牠們黑色的身體在森林柔和的綠色和棕色映襯下顯得格外鮮明。牠們一個接一個地竄上樹冠，開始進食，在巨大的樹枝上閒逛，像希臘神祇般狼吞虎嚥地吃著無花果。這是我第一次在野外看到人猿，而這一幕深深地印在我的記憶中。

像所有參加基巴萊黑猩猩計畫的研究人員一樣，我知道規矩。我們要安靜地觀察黑猩猩，給牠們空間。我們在牠們的世界裡，需要尊重牠們。在剛開始的幾天裡，一切都按計畫進行。我們在黎明前起床，找到黑猩猩，並盡可能長時間地跟蹤牠們（往往直到黃昏），始終保持至少十八公尺的安全距離。這很刺激，但還是感覺有點像去動物園的旅行。與黑猩猩保持夠遠的距離，使我能夠在理智上保持距離。**牠們**是動物，而**我**是一個嚴肅的研究者，以學術上的疏離感仔細觀察牠們。

然後，在我的第一週快結束時，一群黑猩猩讓我們嚇了一跳，我們跟在牠們後面，但牠們卻在離我們只有幾公尺遠的地面上折返，經過我們身邊，近得可以聞到牠們的味道。那是一種刺鼻的、木質的氣味，一聞就知道是潮濕森林中的生命，但仍令人不安地帶著人類的感覺。這種直觀的體認似乎將我從迷霧中喚醒。突然間，我感覺自己不再是在觀察動物了。這些生物有著更為複雜的內涵。

普林斯頓大學的道德哲學家彼得．辛格（Peter Singer）強力主張，我們在自身物種周圍所劃定的界限是武斷的，所有有生命的動物在道德上都與人類等同。我在賓夕維尼亞州西部的農村長大，在森林、牧場、偶爾透過獵槍的瞄準鏡，來觀察動物，我明白我們的物種只是生命之樹上數百萬根細枝中的一根，但我對人類和其他物種間的界限從未感到任何混淆。人類並不獨特，我們和他們之間的界限是我們武斷定義、毫無意義的，這種觀念在我看來相當荒謬，是那些從未在森林裡待過一天的庸俗傻瓜們不切實際、以管窺天的想法。而今，站在烏干達雨林的中央，我不確定我在看的是什麼。我腦海中人類和動物之間的界線仍然存在，但黑猩猩已經越過了那條線，來到了我們這邊。我對我們團隊中一位資深研究人員咕噥了幾句。她給了我一個理解的眼神，然後轉身跟著黑猩猩。

當然，這種不可思議的親屬關係正是我們覺得人猿如此迷人的原因。我們無法不在牠們身上看到自己。正是牠們不可避免的人性，使得年輕的珍古德打破傳統，為岡貝國家公園（Gombe National

Park）的黑猩猩取了菲菲（Fifi）和格姆林（Gremlin）這樣的名字，而不是像前幾代鳥類和哺乳動物生態學家，只會給他們的研究對象無生命的序號做為識別。自從珍古德、黛安・佛西（Dian Fosey）和碧露蒂・高蒂卡絲（Biruté Galdikas）在一九六〇年代開始對野生人猿進行開創性的研究以來，我們已經知道與這些在演化上與我們最接近的親屬在身體和行為上與我們有多麼相似（見圖4.1）。黑猩猩、巴諾布猿、大猩猩和紅毛猩猩都有複雜的社會生活和持久的友誼。牠們會打獵和使用各式各樣的工具，會摔跤和玩耍、打架和抱怨，當所愛的對象死去時似乎也會感到悲傷。人猿甚至有類似文化的東西，會從牠們的群體學習各種社會規範和覓食技巧。

我們與我們的人猿表親也有一些共同的壞習慣。正如我那年夏天在基巴萊學到的，黑猩猩很懶惰。沒錯，牠們力氣大得令人難以置信，能夠毫不費力地攀爬巨大的樹叢，而且雄性黑猩猩偶爾會互相毆打，表現得很凶猛。但是，只要每次快速橫越森林，或者雄性首領齜牙咧嘴尖嘯之後，我們就會看到猩群們開始閒逛好幾個小時。黑猩猩和其他類人猿每晚有九或十個小時的睡眠時間，白天會再花十個小時休息、理毛或進食。牠們每天走的路比典型的美國人還少，也不像你想像的那樣經常攀爬。我那年夏天在基巴萊收集的資料顯示，黑猩猩每天大約爬一百・五公尺的高度，相當於耗費步行一・六公里的能量。其他人猿的情況也是如此：牠們是一群懶惰蟲。

對我們來說，人猿那樣的閒散生活是一種災難。久坐的人類罹患心臟病和糖尿病等心腦血管代謝疾病的可能性比較高。然而，儘管人猿很懶惰，牠們卻不會生病。糖尿病在人猿中異常罕見，即使在動物園裡也是如此。牠們天生就有高膽固醇，但牠們的動脈不會堵塞。圈養人猿的主要死因是心肌病（cardiomyopathy），一種心肌病變，原因並不完全清楚。但牠們似乎對傷害人類的那種心臟疾病免疫。人猿不會出現血管硬化，或因冠狀動脈堵塞而心臟病發作。牠們也能維持精瘦。正如我和羅斯、布朗等人的研究所顯示的（第一章），動物園裡的黑猩猩和巴諾布猿的身體脂肪含量不到百分之十。

我們在演化上最親近的表親不需要透過運動來保持健康，這個事實告訴我們，運動並不像水或氧氣，不是所有動物生存所需的必要元素。我們對運動的需求是獨特的，使得我們與眾不同。當我們的人族祖先演化為狩獵採集者，身體便適應了隨之而來的難以置信的生理需求，沒有一個地方維持原樣。肌肉、心臟、大腦、腸道——一切都受到影響。正如我們在第四章所談到的，這種轉變從根本上改變了我們細胞的工作速度，加快了我們的新陳代謝率，以滿足我們高活動量策略的能量需求。這些古老的適應性特徵也影響到了現在的我們：我們的身體是為了移動而打造的。在我們現代工業化的世界裡，沒有了每天為食物奔波的煩惱，於是我們需要運動才能使我們的身體正常運作。這是我們身為狩獵採集者的過去所留下的遺產。

狩獵採集者的過去為運動提供了一個演化背景，回答了**為什麼**運動如此重要，但它並沒有告訴我們運動**如何**保持我們的健康。從我們對哈札族的研究和第五章中討論的所有其他研究中可以知道，標準的說法——運動幫助我們燃燒更多的熱量——是錯誤的。可悲的是，很多人在發現運動對每日能量消耗沒有很大影響，也沒有對體重產生持久影響時，就認為運動不重要了。這完全是一個**錯誤的**結論！過去幾十年來，來自數百項研究和數十萬名受試者的資料很清楚地顯示：當我們運動時，我們的身體會運作得更好。但是，如果運動並沒有增加我們每天燃燒的熱量，那麼它到底對維持我們的健康有什麼作用？

在本章中，我們將深入研究運動對我們身體的影響。明確地說，我們會研究運動對我們的新陳代謝的影響。正如我們所看到的，運動的新陳代謝反應——無數的此消彼長和適應，使每天的能量消耗得到控制——是運動如此有益的一個重要原因。與其說受限的每日能量消耗是避免運動的藉口，不如說它正是固定運動如此重要的主要原因之一。鍛煉並不會改變你每天燃燒的熱量，但它確實改變了你消耗這些熱量的方式——這會讓一切都變得不一樣。

運動萬能

運動的好處並不限於對能量學上的影響。首先，你會變得強壯和健康，這是讓死神遠離你的好方法。一個有趣的例子：與不能做扶地挺身的男人相比，能一次做十個以上扶地挺身的男性，心臟病發作的風險比前者低了百分之六十以上。（來吧，放下書，看看你能做幾個。我等你。）有氧體適能與更好的心肺代謝健康有關，也與更長、更健康的壽命有關。隨著我們年齡的增長，保持強壯的好處尤其重要。衡量老年人體能的一個標準是六分鐘步行測試，即一個人在六分鐘內（你猜對了）所能走的最遠距離。在這段時間內能走完至少三百六十五・七公尺的老年人，在未來十年內死亡的風險，只有那些走不完兩百九十公尺的老年人的一半。

劇烈活動，定義上指任何需要六個代謝當量（METS）或更多（第三章）的活動，這對身體各方面都有正面影響。這類活動包括慢跑、踢足球或打籃球、背包旅行或騎自行車等真正能使你的心跳上升的活動。劇烈運動使血液衝過你的動脈，引發一氧化氮釋放，使血管保持開放，維持彈性。柔韌的血管能使血壓維持在較低的水準，不太可能堵塞或爆裂，避免導致心臟病發作和中風的災難性事件。中度活動（三至六個METS，如快走、輕鬆騎車或園藝）也很好。這類活動有助於將葡萄糖從血液中運出並進入細胞，而且已知可以改善情緒、壓力，甚至可以幫助治療憂鬱症。固定運動還能使你維持精神上的敏銳，延緩隨著年齡增長認知能力下降的速度。跑步和其他有氧運動會增加流向大腦的血液，釋放神經營養因子，促進腦細胞的生長和健康。雷克倫與同僚主張，步行和跑步能挑戰大腦協調急速下的視覺和其他感官資訊，加以導航並維持速度和平衡，藉此改善認知功能。

運動並不侷限於此。正如我在哈佛大學的博士指導教授李伯曼在他《天生不愛動》（*Exercised*）一書中的詳細說明，身體活動影響著身體裡的每一個系統，從免疫反應到生殖都包括在內。運動所觸及的信號機制目前仍在研究中，但範圍廣泛得驚人。除了直接參與的神經系統和循環系統（這兩個系統延伸到整個身體）外，運動的肌肉還會向血液中釋放數百種分子。我們才剛剛開始了解運動對我們產生影響的皮毛，而我們的身體沒有一個部分不受其影響。

關於運動能量學的不同思考方式

對哈札族和其他體能活躍群體進行研究後，我們獲得的基本見解是：我們的身體是在一個固定的能量預算下運作。這就是受限的每日能量消耗模型（第五章）。像其他動物一樣，即使需求發生變化，我們演化而來的新陳代謝系統會盡力維持每天消耗的總能量不變。當然，我們會經歷每天能量消耗的波動，如果我們運動，就會燃燒更多的熱量，如果不運動，燃燒的就會減少。但我們的身體會適應我們的按表操課，也就是我們習慣性的工作量。當你增加身體活動所消耗的能量時，可用於其他任務的能量就會減少（圖7.1）。

受限的每日能量消耗讓我們重新思考運動在日常能量預算中如何發揮作用。在固定的能量預算下，一切都是此消彼長。運動不是增加你每天燃燒的熱量，而是傾向於減少用於其他活動的能量，因為你不可能把同樣的熱量花上兩次。

雖然自達爾文以來，人們已經理解了取捨的重要性，但公衛領域卻很大程度上地忽略了這一點。相反的，正如我們在第三章和第四章所討論的，公衛領域的臨床醫生和研究人員一直堅持那種不切實際的新陳代謝觀點，認為運動只是增加了日常支出，並不影響可用於其他任務的能量。直到最近，隨著以二重標識水對各種生活方式的日常消耗能量進行的研究增加，受限模型才得以受到注意。因此，我們現在才剛開始了解運動和健康的代謝取捨的重要性。

我們在前兩章中已經看到，我們演化而來的代謝引擎是多麼精明。面對熱量的限制，我們的下丘腦會降低我們的代謝率，提高我們進食的動力。當多餘的熱量湧入時，新陳代謝率就會上升，燃燒掉大部分攝取的多餘能量。想一想這對你的器官和它們的各種任務代表了什麼：當能量匱乏時，一些非必要的代謝過程會被抑制；而當情況有餘裕，一些非必要的代謝過程則會被促進。圖7.1說明了日常身體活動對其他代謝支出的影響。

人類和其他動物作為五億年脊椎動物演化的繼承者，當然能夠聰明地判斷遇到困難時要犧牲哪些任務、保護哪些任務，這一點也不令人意外。我最喜歡的例子來自我在第五章提到的約翰·司畢曼（John Speakman）實驗室的老鼠研究。他的團隊為成年雄性老鼠設定不同程度的熱量限制，並測量牠們的身體在能量不足越來越嚴重時的反應。代謝率和身體狀態一如預期的急遽下降，但這種影響並不是平均分布在整個身體裡。心臟、肺和肝臟等大多數器官，都隨著老鼠體重的減輕而縮小（燃燒的能量也更少）。大腦得到了保護，維持了原本的大小。胃和腸子其實還**長大**了，為了從食物中榨取每一分熱量而付出昂貴的努力。不過，脾臟和睪丸是最好的比較對象。脾臟是免疫系統中的主要器官之一，但它轉瞬冰消瓦解，比其他器官收縮得更多。另一方面，睪丸則受到保護，沒什麼改變，直到能量不足至絕望的程度才會有改變。我喜歡這項研究，因為它揭露了老鼠的演化代謝策略。生命苦短，生孩子吧，免疫系統可有可無。

對於我們這樣的長壽物種，演化的代謝策略就不一樣了。烏拉賀對舒阿爾人孩童的研究顯示，對抗感染中的孩子會增加用於免疫防禦的能量，同時減少他們用於成長的能量。顯然，當形勢嚴峻時，人類會看得比較長遠，將能量分配給維持機能和生存。

當運動開始占用有限的日常能量預算中的一大塊時，我們會看到同樣的輕重排序發揮作用。其他功能會被排擠，非必要的活動——只有在能量充沛時才得以放縱的奢侈品——會首先被關閉，必要的活動則被保護到最後一刻。因此，運動對我們新陳代謝的管理方式和熱量的消耗有廣泛影響，繼而對我們的健康也有了巨大的影響。

發炎

當你的身體受到細菌、病毒或寄生蟲的攻擊，比如在基巴萊，

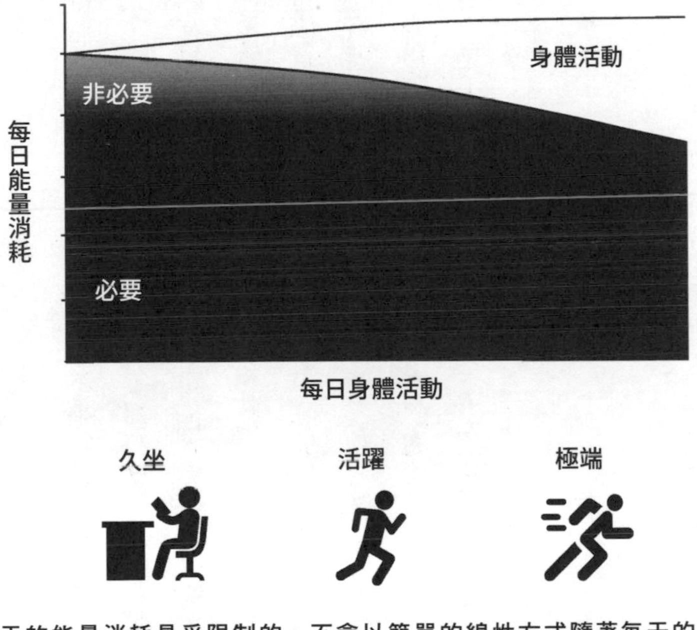

圖 7.1 每天的能量消耗是受限制的，不會以簡單的線性方式隨著每天的身體活動而增加（見第五章）。隨著生活方式越活躍，每日身體活動增加，耗費在身體活動上的能量也會增加（白色部分），排擠掉耗費在非必要任務上的能量額度。極端的活動量甚至會進一步削減必要任務的能量額度，造成過度訓練症候群等問題。

蜱蟲在我的鼻子深處住了五天時，身體的第一道防線就是發炎。免疫系統會把細胞派往感染部位，大量被稱為細胞介素（cytokines）的信號分子會被釋放到血液中，組織也會膨脹。發炎反應在能量上是昂貴的，但必不可少。它是緊急應變團隊，你需要它來處理入侵者。

當發炎搞錯目標，攻擊我們自己的細胞或一些無害的花粉顆粒而不是真正的威脅時，就會出現大問題。這就像消防隊拉著水龍破門而入，出現在一間沒有著火的房子裡一樣。如果是慢性發炎，那他們永遠不會離開。這會造成破壞性的結果。根據所涉及的組織不同，發炎可以導致從過敏、關節炎到動脈疾病等一切身體問題，還可能影響下丘腦，導致暴飲暴食和其他調節功能失調。

幾十年來我們已經知道，定期運動是降低慢性發炎的有效途徑，而降低發炎代表心臟病、糖尿病和其他代謝疾病的風險降低。受限的每日能量預算有助於解釋為什麼運動對減少發炎如此有效。當每日能量預算的一大部分用於運動時，身體就被迫更加節儉地使用剩餘的可支配熱量。抑制發炎反應，將它限制在處理真正的威脅上，而不是不斷地敲響警鐘，就能減少花在不必要的免疫系統活動上的能量。

壓力反應

你需要健康的壓力反應來處理生活中不可避免的真正緊急情況。對於我們的狩獵採集者祖先來說，腎上腺素和皮質醇——戰或逃反應的核心激素雞尾酒——的激增，對於躲避偶爾出現的花豹是必不可少的。到了今日，它可能是你逃脫歹徒或閃避計程車所需的燃料。但正如發炎一樣，當壓力反應被錯誤地觸發或從未關閉時，造成的慢性壓力，也會摧毀我們的健康。

眾所周知，運動之所以能減少壓力和改善情緒，部分是透過減少壓力反應的幅度。一個絕佳案例來自瑞士的一項研究，該研究使用公開演講來誘發兩組男性的壓力反應：耐力運動員和久坐不運動的人。這兩組人在年齡、身高和體重以及一般的焦慮水準方面都很相似，但他們對壓力的反應卻明顯不同。兩組人都顯示出心跳和皮質醇濃度的升高，但運動員的反應更小，消散得更快。他們的身體在壓力反應中投入的能量較少，就像受限的日常能量模型所預測的那樣。

運動對壓力反應的健康與抑制作用有另一個很好的例子，來自於對患有中度憂鬱症的女大學生的研究。這些女性參加了一個為期四個月的試驗，其中八週要固定慢跑，另外八週沒有規劃運動行程。正如我們從新陳代謝的演化角度所期望的那樣，運動對體重沒有影響（她們的身體完全適應了增加的工作量），但確實減少了她們的壓力反應。當她們定期運動時，他們的身體每天產生的腎上腺素和皮質醇數量減少了百分之三十。她們的憂鬱症也得到改善，再次證明了運動對我們身體的廣泛影響。

生殖

快問快答：一個正值壯年的哈札族和一個來自波士頓的軟腳蝦，誰體內的睪固酮比較高？結果跟你想的天差地遠。哈札族男子體內的睪固酮大約是美國普通男子的一半。這不僅限於男性，也不僅僅限於哈札族。在世界各地，像哈札族、齊曼內人和舒阿爾人，這些身體活動活躍的小規模社會不分男女，體內循環的生殖激素（睪固酮、雌激素和黃體酮）都比久坐的工業化世界同伴低很多。

我們可以確信，小規模社會中生殖激素的含量低，是他們高活動程度的生活方式所造成的，因為這確實反映了實驗研究中關於運動對激素的影響。參加運動研究的大學年齡女性通常顯示出較低的雌激素和黃體酮，而且也更容易出現月經週期紊亂的情況。運動對生殖系統的抑制作用很難用傳統不切實際的能量消耗觀點來解釋，但從受限的能量消耗角度來看就是有意義的。當更多的能量花在身體活動上，可用於生殖的能量就會減少。

研究生殖激素對運動的反應，也揭露了調整的過程會有多久，因為我們的身體要適應不同程度的身體活動。北卡羅萊納大學教堂山分校的運動生理學家安東尼・哈克尼（Anthony Hackney），就在離我不遠的地方，幾十年來一直在研究男性對耐力訓練的生理反應。他將長跑者的睪固酮濃度與年齡相同的久坐不動男性進行比較，發現訓練一年的男性的睪固酮平均下降百分之十左右，訓練兩年的男性下降百分之十五左右，訓練五年以上的男性則下降百分之三十左右，這顯示身體可能需要幾年時間才能完全適應不同程度的運動。這些研究也為工業化世界的運動生理學，以及哈札族等群體的人類生態學之間提供了一座橋梁。長期跑步的人，睪固酮減少了百分之三十，這與我們在小規模傳統社會的男性中看到的情況大致相似，而他們有一生的時間來適應大量的身體活動。

抑制生殖系統聽起來好像是一件壞事，但在一般情況下，剛好完全相反。運動是降低生殖系統癌症（如乳癌和前列腺癌）風險最有效的方法之一，部分原因在於它能隨時維持體內生殖激素含量高低。事實上，從哈札族和其他身體活動活躍的傳統族群體內的生殖激素含量來看，久坐的工業化世界族群的體內生殖激素含量，可能比過去的狩獵採集者都要高得多。

運動造成的生殖抑制是有代價的，至少對於可能的家庭規模來說是如此。像哈札族這樣的族群不存在生育控制，人們通常希望有大家庭，母親也通常每三到四年生一次孩子。在美國，大多數想生孩子的母親可以每隔一到兩年生一次孩子，即使她們還在餵母乳也沒有影響。美國婦女的活動程度較低，更容易獲得高熱量的食物，代表她們的身體可以將更多的能量投入到繁殖中，並且可以比哈札族的母親更快地從上次懷孕中恢復，這一點我們將在第九章再次討論。哈札族母親較長的生育間隔，可能更接近於人類「正常」的、演化的生理學。

在極端情況下，運動會開始削減正常的生殖系統功能。在不健康的工作量下，排卵週期可能完全停止，性欲可能煙消雲散，精子數量也可能驟減。而這只是你一連串問題的開端。

黑暗面

還記得九〇年代初興奮劑醜聞在自行車運動投下的震撼彈嗎？你當然不記得了，因為我說的是一八九〇年代。使用藥物是人類的一種消遣，比車輪的出現還要早，所以在競技自行車運動誕生時就出現了興奮劑應該也不奇怪。現代自行車是在一八八五年發明的，不到十年的時間，在比賽中使用藥物已很常見，而且普遍被接受。而當車手在一八九〇年代出現了致死問題時，大家開始有所疑慮也是可以理解的。顯然，當時所偏好用來提升表現的雞尾酒——由古柯鹼、咖啡因、馬錢子和海洛因混合而成——有一些討厭的副作用。

然而，從二十世紀初到中期，車手繼續使用這些興奮劑和止痛藥，好讓自己完成艱苦的多日賽程，例如在一九〇三年首次舉行的環法自行車賽。當安非他命被開發出來，並廣泛用於第一次世界大戰雙方士兵身上，讓他們隨時精神抖擻後，運動員也開始把這些東西加入到混合物中。直到一九六七年，國際奧林匹克委員會才覺得受夠了，開始禁止使用興奮劑和麻醉劑。而成效立竿見影：自行車運動員和其他運動員都不再承認他們使用了興奮劑。

一九六〇年代，自行車運動員使用的藥品種類更為豐富。他們開始使用睪固酮及其模擬物，這些強大的激素可以促進肌肉生長和攻擊性。國際奧會在一九七五年禁止這些藥物，但依然被普遍使用。世界反興奮劑組織（World Anti Doping Agency）在二〇〇六年的一項調查發現，睪固酮及其合成的相似物質，占當年所有違規使用興奮劑行為的百分之四十五。那年夏天，美國自行車運動員佛洛伊德·蘭迪斯（Floyd Landis）贏得了環法自行車賽，但由於未能透過藥檢，最後被剝奪了獲勝資格。罪魁禍首？睪固酮。

從純粹功利主義的角度來看——拋開服用老鼠藥和麻醉劑會帶來的健康風險，以及作弊的道德問題——你可以理解運動員為什麼可能會受到誘惑，選擇服用興奮劑和止痛藥能為比賽提供動力，忽略自己正痛苦尖叫的肌肉。但，**睪固酮**？為什麼自行車運動員要冒著健康和事業的風險，去服用一種他們的身體就能製造的激素呢？當然，睪固酮有助於肌肉生長，這在賽季前幾個月的訓練中可能會有幫助。它還能激發好勝的侵略性，如果你沒心情跟人競爭，那這種效果在比賽中可能是好事。但是，為什麼一個職業運動員，在所從事運動中最重要比賽的最後階段會想要長**更多**的肌肉，或需要化學的火花，才能夠激勵自己呢？

答案部分在於運動對身體的抑制作用。以我們大多數人——甚至是胸懷大志的運動者——可能經歷的身體負荷量而言，抑制作用對我們是有益的。它們有助於將發炎、壓力反應和生殖激素維持在健康的水準。但極端的負荷量會讓運動的影響更深。正如我們將在下一章討論的，像蘭迪斯這樣的環法自行車賽選手每天在騎車時會消耗超過六千大卡熱量，而且比賽會持續將近一個月。他們在將自己的身體推向極限。而這樣的後果非常明顯：他們的身體關閉了其他功能，削減了維持我們健康的基本任務（圖7.1）。

這就是受限的每日能量消耗模型的陰暗面，有助於解釋體育運動中一個眾所周知，但理解有限的現象：過度訓練症候群（overtraining syndrome）。幾十年來，我們已經知道過多的運動會對你的健康不利。頂尖運動員在訓練期間經常要承擔的運動量會讓他們的身體崩潰。由於他們的免疫系統被削弱，他們會更常生病，也需要更長的時間來恢復，受傷後也需要更長的時間才能痊癒。幫助他們在早晨醒來的皮質醇衝擊被消音了，他們一直覺得很疲勞。他們的生殖系統進入冬眠狀態，性欲下降，女性的月經會不規律，或完全停止週期，男性的精子數也會下降。睪固酮這種能幫助維持肌肉和競爭優勢的激素也崩潰了——當然，要是他們能謹慎地的注射幾次，就能以人為方式加以提高。

令人驚訝的是，為過度緊繃的運動員提供更多的食物並不能解決問題（除非他們背後有飲食失調的問題——不幸的是，這在頂尖運動員中並不罕見）。卡蘿琳娜・拉格絲卡（Karolina Lagowska）與同僚在二〇一四年的一項研究中，為三十一名排卵週期不規則以及有其他過度訓練症狀的女性耐力運動員（划船選手、游泳選手和鐵人三項運動員）提供食物補充劑。經過三個月額外攝取熱量後，這些女性的每日能量消耗出現適量的增加：她們每天吃的和燃燒的熱量增加了大約百分之十，這是我們預期的代謝效果，因為這是身體對暴飲暴食通常會有的反應。這些女性的體重和體脂沒有變化——她們沒有儲存額外的能量，而是在使用這些能量。這些額外的熱量有一部分進入了生殖系統，使黃體生成素（刺激卵巢）適量增加，但還不足以對卵巢功能產生有意義的影響。每天的能量消耗仍然過於緊繃，無法攝取足夠的熱量來產生影響，而且她們驚人的運動計畫仍然占用了太多的能量預算，使生殖系統無法正常運作。

有趣的是，像拉格絲卡這樣的研究人員，幾十年前就已經從不同角度發現了每日能量消耗的限制。他們發現，從每天的總能量消耗中減去運動時燃燒的能量，可以得出一個非常有用的「可用能量」估計值，這些是可用於免疫功能和生殖等非運動任務的能量。隨著運動量增加，運動員每公斤無脂肪質量的可用能量會下降到每天三十大卡以下（對於休閒型運動員來說不是那麼好計算，但還必須考慮到體型大小），過度訓練症候群的風險就會攀升。直觀的治療方法是提供更多的熱量，嘗試增加每日的能量消耗。受限的能量消耗模型有助於解釋為什麼這不是個好方法。在每日能量消耗固定的情況下，增加能量供應的唯一方法，是減少訓練量。

過度訓練症候群並不是什麼神祕的反常現象，或是缺乏食物造成的，它和適度運動對我們有益的能量邏輯一樣，只是更延伸了。就像性、水、藍草音樂（bluegrass music）、啤酒和其他所有美好的事物一樣，太多了就會出問題，運動量過大也是其中之一。那麼，多少運動是足夠的？多少又會帶來麻煩？

關於人猿和運動員

要想找到日常身體活動量的甜蜜點應該是很容易的，畢竟在基巴萊閒晃度日的黑猩猩，以及參加環法自行車賽的化學強化狂人之間，有著非常大的空間。一如往常，我們身為狩獵採集者的過去是一個很好的起點。

狩獵和採集是艱苦的工作，但它不是環法自行車賽。我們對哈札族的研究顯示他們的男女每天要進行大約五小時的身體活動。其中三分之一——大約一到兩個小時——是生理學家所說的「中度和劇烈」的活動，如快走或挖塊莖，那種真正讓你心跳加快的運動。其餘的是「輕度」活動，如在營地周圍散步或採摘漿果。齊曼內人和舒阿爾人這類群體的日常工作量也差不多如此。當然，現存的狩獵採集者和其他小規模社會有不同的文化，但總的來說，五個小時的身體活動，其中一兩個小時在「中等」或「劇烈」的範圍內，將上述條件視為我們狩獵採集者祖先典型的每日身體活動量的合理準則，是合理的推估。如果我們想用每天的步數來考慮這個問題，那會遠遠超過一萬步。哈札族男女平均每天走一萬六千步左右。

將這個數字與頂尖運動員的訓練制度做比較。職業自行車手每天大約訓練五個小時，大部分是「劇烈」（6+METS）的消耗水準。奧運游泳選手在訓練期間，每天固定會有五到六小時的游泳紀錄。根據哈札族的標準，這比我們的身體所能承受的運動量多出三倍。難怪專業的耐力運動員會嘗試使用激素和其他藥物來掩蓋他們超人訓練計畫造成的代謝後果。

在光譜的另一端，野外黑猩猩每天的身體活動不到兩小時，且大部分是輕度的。牠們每天平均走五千步左右。這與典型的美國成年人非常相似，他們每天有大約兩小時的輕度活動（每天五千步），以及不到二十分鐘的中度和劇烈活動。懶惰的人猿生活對黑猩猩來說很好，牠們的身體經過數百萬年的調整已經適應了這種生活，但人類的身體已經演化到可以期待更多。如果我們以哈札族和其他覓食者為指南的話，大約是黑猩猩的三倍以上。儘管我們與我們的人猿親屬有所有迷人的相似之處，但我們的新陳代謝引擎從根本上是不同的。若我們像人猿一樣行動，我們就會生病。

那麼，第一步，我們可以把目標訂為一天站立五小時左右，其中有一個小時左右的時間，進行結構式運動（structured exercise）或其他能讓我們心跳加快的活動。這樣的身體活動量將使我們處於我們的人猿表親和過度訓練的奧運選手之間，並與我們的狩獵採集者朋友維持良好關係。運氣好的話，我們會以強壯的心臟、有力的腿和清晰的頭腦逐漸變老，像哈札族一樣健康。

獲得證實的哈札族身體活動程度，與臨床和流行病學的資料相吻合。在世界各地的文化中，每天的身體活動是預測你活得好或死得早的最有力因素之一。一項大型研究對近五千名美國成年人進行了五至八年的追蹤調查，藉此測試日常活動是否會影響他們在這段期間內的死亡風險。每天進行一小時或更多中度和劇烈活動的人，比最久坐不動的參與者的死亡可能性低百分之八十。一項針對十五萬名澳大利亞成年人的類似研究發現，每天一小時的劇烈運動有助於抵銷整天坐在辦公桌前的負面健康影響。在丹麥，著名的哥本哈根市心臟研究中的男性和女性如果每天平均至少做三十分鐘的運動，死亡風險就會減少一半

關於找到日常身體活動的甜蜜點，我最喜歡的例子來自對格拉斯哥郵務人員的研究。正如你可能猜到的那樣，這些男女每天都要走很多路來運送郵件。研究中的郵差每天走一萬五千步（大約兩個小時的步行），幾乎都沒有心臟問題和其他代謝性疾病。而且這是在蘇格蘭的研究，這裡可是炸巧克力棒（Mars bar）的故鄉，是西歐預期壽命最低的國家之一。你不必搬到非洲大草原或扮演狩獵採集者，就能獲得活躍的生活方式所帶來的健康益處。

對於我們這些整天敲打著鍵盤，發送著無聊的備忘錄而非信件的人來說，哈札族的日常活動程度似乎遙不可及。美國疾病控制中心建議每星期進行一百五十分鐘的適度和劇烈活動，但仍然只有百分之十的美國人達到這個目標。不要感到絕望。只要試著動起來就好。到處尋找，直到找到你喜歡的活動。走樓梯也好，騎自行車去上班也行。不需要做太多運動——任何身體活動都有助於調節你的能量消耗，減少花在發炎和其他不健康活動上的熱量。

當我們這麼做的時候，我們也可以從哈札族和其他狩獵採集者那裡學到最好的休息方式。重質不重量，即使沒有電燈或五花八門電視節目的誘惑，在西方，哈札族、齊曼內人和其他傳統族群的睡眠時間，依舊與工業化世界族群中的成年人差不多，平均每晚七至八小時左右。但他們維持著一

個由太陽決定的固定時間表。在工業化世界中，許多人都有變動的時間表，我們身體的內部時鐘和睡眠時間表之間的錯位，會減少每日的能量消耗，並增加我們罹患心腦血管代謝疾病的風險。哈札族的成年人在白天也積累了與西方人相同的休息時間，在營地周圍閒逛或在覓食時休息。但是在工業化的世界裡，我們在舒適的椅子和沙發上花費了太多的時間，使我們的肌肉萎縮，而哈札族男女則使用更積極的休息姿勢，如下蹲，使核心肌肉和腿部肌肉也參與其中。這種低水準的肌肉活動有助於降低體內循環的葡萄糖、膽固醇和三酸甘油酯。

那麼，多少運動是最好的呢？最簡單的答案就是，**多一點**。我們絕大多數人的日常活動太像黑猩猩了，在非必要的（和潛在有害的）任務上燃燒了太多熱量，像是把能量用於發炎而不是運動。除非你已經經常挑戰你的身體極限，不然多花點時間運動絕對不會有錯，你的身體會感謝你。我們也應該意識到我們不活動的行為，避免長時間坐在椅子上，並力求維持規律的睡眠習慣。如果你是少數已經每天花幾小時運動的人之一，請注意過度訓練的警告信號，如持續的疲勞和久治不癒的感冒。如果你發現自己在一間法國飯店的房間裡，打算為自己注射合成睪固酮，這就是一個要你收斂一點的明確信號了。

等等，「重」點還沒完

運動對代謝有這麼多好處，難道真的對體重沒有影響？這個嘛，簡短的答案仍然是否定的。幾十年的研究已經非常清楚了。正如我們在第五章中所討論的，運動對減輕體重並不有效，而且更多的身體活動，對於防止不健康的體重增加的真正問題——暴飲暴食——的效果很差。但是對於運動如何影響我們身體，有兩個重要的注意事項會讓人眉頭一皺，發現事情並不單純。

首先，完全沒有身體活動——整天坐在沙發上或辦公桌前——似乎會擾亂我們身體調節新陳代謝任務的能力，**包括**調節飲食。運動萬能，會把激素和其他分子送到身體各處。沒有這些提示和交流，系統就不能正常工作。就像一個億萬富翁不與人類接觸，在黑暗中隱居好幾個月那樣，事情會變得很奇怪。細胞衛生的基本任務（如分解血液中的脂質或將葡萄糖運送到細胞中）會開始崩潰。

關於不活動的危險，一些最好的早期證據來自一個不太可能的地方，印度清蓋（Chengail）的勒多黃麻工廠（Ludlow Jute）。一九五六年，哈佛大學生理學家尚・梅爾（Jean Mayer）與這家大型工廠（當時該廠有七千多名員工）的一名營養師和醫務人員合作，研究日常活動對體重的影響。他們根據工作的體力要求，對兩百一十三名工人進行排名，從一週六天、天天坐在攤位裡的攤主，到在工廠裡搬著八十六公斤重黃麻走來走去的工人。一般來說，每天的身體活動量對體重沒有影響：拿鉛筆的文員與辛勤工作的煤礦工人體重相同（圖7.2）。但對那些極度久坐的人則是另一回事。攤主被梅爾描述為有一種「特別惰性的生活方式」，比其他男性重二十二・七公斤。主管是第二大久坐群體，比其他男性重十三・六公斤。通常能使能量攝取與支出相符的制衡機制，在此沒有發揮作用。

導致「特別有惰性」的人暴飲暴食的機制仍在研究之中。這並不是久坐的人每天能量支出較低那麼簡單。如果是這樣的話，我們就會看到所有男性的日常活動和體重都有相關，而不會僅僅只有最久坐的人特別重。活動和體重之間缺乏對應關係是一個普遍的現象。道格斯、盧克及同僚最近對來自美國和其他四個國家的近兩千名男性和女性進行了為期兩年的追蹤調查，研究結果顯示，透過加速計測量的每日身體活動，對他們的體重增加沒有影響。對於絕大多數人來說，身體活動和它每天燃燒的能量對體重沒有影響。

一個更有說服力的解釋是，身體活動改變了大腦調節飢餓和代謝的方式。定期運動似乎有助於大腦讓食欲與熱量需求相符。發炎也可能是其中一項因素。過度攝取富含能量的高脂肪食物會引起下丘腦發炎，導致飢餓和飽足信號調節不良和體重增加，至少在老鼠研究中是如此。這只是推測，

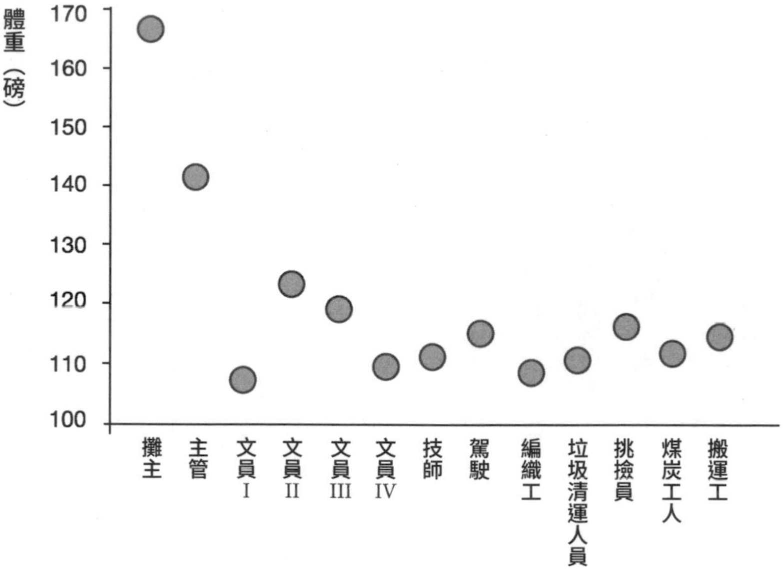

圖 7.2 梅爾在一九五六年勒多黃麻工廠研究中男性的平均體重。這些男性被分組，按照其職業的體力要求進行排序，從久坐的攤主到「非常勤勞」的搬運工。除了最久坐的男性外，每日身體活動都與體重無關。

但也許不運動帶來的慢性發炎，在大腦中也有類似的不良影響。

不管是什麼機制，很明顯的是，每天有幾個小時都不活動，會對你的健康有災難性影響。正如我們在黃麻工廠研究中看到的，極端地不活動會導致飲食失調和不健康的體重增加。每天坐著的時間，無論是在辦公桌前還是看電視，都是預測心臟病、糖尿病、癌症和一系列其他嚴重問題的有力因素。全世界每年有超過五百萬人的死亡，是久坐的生活方式所造成的。現代化正把我們拉到室內，離開陽光，投入電腦螢幕的溫暖懷抱——這種人猿般的懶散昏沉正在殺死我們。

關於活動和體重之間的關係，第二個注意事項是：一旦你能減掉體重，運動對控制體重也會有用。運動對於**達成**體重下降是很糟糕的工具，但它似乎確實有助於人們**維持**下降的體重。這方面有個很好的例子，來自於對波士頓肥胖員警的研究（不是前文提到睪固酮研究中的那幾個人）。這些人被分配為兩組，參加為期兩個月的減肥計畫：單純飲食控制，或飲食控制加運動。正如我們所期望的，兩組減去的重量沒有差異。然而一旦這種積極的減肥干預結束，有運動的男性在維持體重方面要成功得多（圖7.3）。不論是在頭兩個月裡進行運動的男性，還是那些一開始只參加「單純飲食控制」組的男性來說，只要他們有運動就都是如此。反之，在減肥干預結束後沒有運動的男性，他們的體重又全部增加了。

關於運動在維持減肥方面的作用，一些最佳證據來自「全國體重控制登錄網」（National Weight Control Registry），這是一個由一萬多名至少減掉十三．六公斤，並維持了至少一年的男女組成的線上團體。這些人無視那些認為「有意義、可持續的減肥是不可能的」憤世嫉俗觀點。「登錄網」的成員平均已減去超過二十七公斤，並維持了四年多的時間。他們是真正的例外。

我們對「登錄網」成員的了解大多來自調查，這點值得牢記。只要討論到飲食、運動或體重時，人是出了名的不可靠。不過，這些減肥成功故事中的共同點還是很有趣的。幾乎所有的人（百分之九十八）都表示，他們改變了飲食習慣以減輕體重，這是有道理的，因為飲食可以影響我們大腦中的獎賞和飽足感系統，並影響我們的飲食量（第六章）。他們也回報表示自己有更多身體活動，最常見的運動是步行。

對「登錄網」成員所做的實證研究揭開了更多祕密，這些是研究人員收集關於他們的新陳代謝和生活方式的硬資料（hard data）。二〇一八年的一

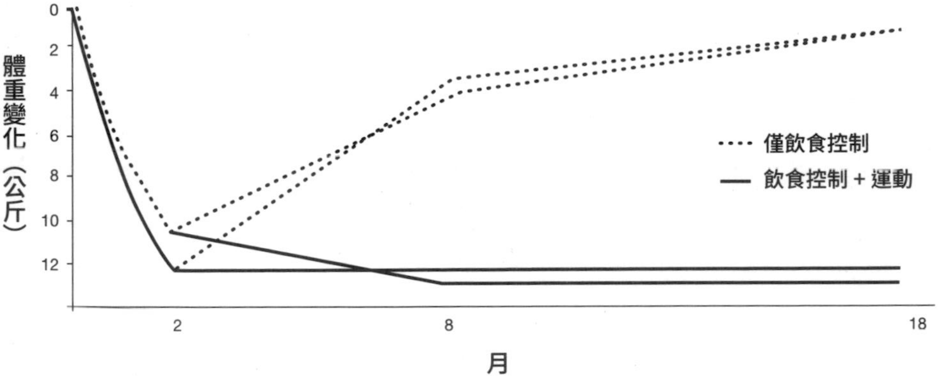

圖 7.3 波士頓員警研究中男性的體重減輕和增加。在為期兩個月的積極減肥階段中，在減少熱量飲食的基礎上增加運動對體重下降並沒有改善。然而，計畫結束後會運動的男性維持了減重後的體重，而在減肥計畫後的幾個月內沒有運動的人，體重又全部恢復了。

項研究將「登錄網」成員的日常身體活動（使用加速計測量）與其他兩組進行比較：一組是肥胖的成年人，他們的體重與「登錄網」成員減肥前的體重相同；另一組是正常體重的成年人，他們從未肥胖過，體重與「登錄網」成員現在的體重相同。正如我們從波士頓員警的研究結果中所預期的，「登錄網」成員每天比肥胖組多花近一小時從事輕度身體活動（如休閒散步），並多花大約四十分鐘從事中度和劇烈身體活動。運動似乎有助於「登錄網」成員維持體重。

有意思的是，「登錄網」成員每天的身體活動，也比從未肥胖過的正常體重成年人要多。換句話說，「登錄網」成員要比從未肥胖過的成年人更努力運動，才能維持相同的體重。一項後續測量每日能量消耗的研究有助於解釋原因。儘管他們的體型較小，基礎代謝率較低，但「登錄網」成員的每日能量消耗與肥胖的成年人相同。他們的身體——或更具體地說，是他們大腦中的體重管理系統——依舊停留在他們舊的、減肥前的每日能量消耗上，並且以攝取他們在減肥前、體型大得多時所燃燒的相同熱量為目標。為了維持能量平衡並維持體重，「登錄網」成員必須找到一種方法來燃燒所有這些熱量，而運動就是解答。

「全國體重控制登錄網」成員的每日能量消耗，揭示了我們演化的代謝引擎的內部運作。首先，他們讓我們知道，即使我們維持較低的體重多年後，即使飢餓反應已經過去，基礎代謝率已經恢復到正常，但是我們下丘腦的每日能量攝取目標，依舊沒有在節食造成的體重下降後而改變。也許是飢餓反應的某種深層、遙遠的回聲，促使下丘腦保留舊有的食物攝取目標。另一種可能性是，對每日能量消耗的限制也影響了能量攝取的調節，使身體抗拒任何熱量獲取上的改變。無論是哪種情況，這都是一個問題。正如我們在第三章所討論的，減肥會降低我們的每日能量消耗。如果我們下丘腦的飢餓感和飽足感系統繼續以減肥前的攝取量為目標，我們就會被逼著吃下比自己燃燒的更多的熱量。因此，我們會慢慢地恢復體重，直到體重和每日能量消耗恢復到減肥前的水準。這聽起來是不是很熟悉？

運動是在能量消耗受限的情況下，維持減重後體重的一種方法，使減肥成功的人能夠維持以前的、減肥前的每日攝取量和消耗量，而不至於復胖。正如我們前面所討論的，運動似乎也有助於大腦更好地讓飲食和消耗相符。對於成功的減重者來說，運動很可能同時發揮這兩種作用，將每天的能量消耗推回到減重前的水準，並幫助調節食物攝取。

突破極限

幾年前在一場關於新陳代謝的研討會上，我最後在飯店的酒吧裡和一位同事聊到深夜，他的職業生涯一直在研究能量消耗和肥胖問題。我在當天稍早發表了一場演講，闡述每日能量消耗受到限制的證據。細節有點模糊了，但我們的談話基本上是這樣的。

他說：「你可能是對的，運動對增加每日能量消耗或減肥沒什麼作用。但你必須小心。一旦人們發現運動不能幫助他們減肥，他們就會不再運動了。免於死亡風險不足以激勵他們，運動唯一可靠的動機是虛榮心。」

這是一位了解情況的沮喪科學家對人類固有弱點不加修飾的看法。我懷疑他是對的。當涉及我們內心的欲望時，即使我們不想承認，我們懶惰的人猿親屬更像是一面鏡子。在潛意識深處，我們仍然渴望整天躺在那裡，吃東西和理毛。我們自己建造的工業化人類動物園讓這一切變得太容易了。我們當然希望能避免心臟病發生，但我們想先看看手機，也許吃點零食，稍微放鬆一下。如果運動不會讓我看起來很性感，那就不急了。

不過，把運動當成一種減肥方式來推銷的危險在於它並不管用。人們最終會注意到結果與推銷的內容不一致。有些人還是會堅持下去，因為他們被運動的許多其他好處所吸引——改善情緒，頭腦更清晰，身體更強壯——願意忽略錯誤的誘餌並改變態度。但是，如果我們這些從事公衛的人對我們所推銷的東西誠實，那就會有更多滿意的顧客。運動不會讓你保持纖細，但它會讓你維持活力。

運動的作用遠不止是讓我們的新陳代謝引擎運轉。它是我們龐大內部管弦樂團的節奏部，使我們的三十七兆個細胞維持在同一個節拍上。受限的每日能量消耗並沒有削弱身體活動的重要性，而是恰好相反：每日能量消耗受到限制的事實，有助於解釋為什麼運動對整個身體有如此普遍的影響。我的實驗室和其他實驗室正忙著處理了解運動對我們其他系統的影響的艱鉅工作。這是一個令人振奮的探索時刻。毫無疑問，運動對新陳代謝和我們身體其他部分的影響還有很多，等待我們去發現。

然而，關於每日能量消耗受限的證據也引出了其他問題。我們要如何調解能量消耗受限觀點，與在頂尖運動員、登山者和北極探險家身上所見、令人瞠目結舌的運動計畫之間的矛盾？正如我們在最後兩章中會看到的，為鐵人三項運動員、環法自行車賽選手或北極探險家提供動力的新陳代謝機器，與為懷孕母親提供動力的機器是一樣的。然而，這些壯舉雖令人印象深刻，卻不能說明我們對能量貪得無厭的全貌。隨著我們物種的演化，我們的能量需求已經超出我們身體所真正要求的範圍。而今我們每個人所運用的熱量，形塑了現代世界，也威脅到了我們的長期生存。

CHAPTER 08

極端的能量學：人類耐力的極限

Energetics at the Extreme:The Limits of Human Endurance

懷孕正好落在人類耐力的邊界上。準媽媽們和環法自行車賽選手一樣，把代謝活動推至極限。懷孕是最終極的超級馬拉松。

布萊斯·卡爾森（Bryce Carlson）看起來像個普通人。他年近四十，身材瘦長，笑容可掬，顯然體態良好，但在職場假日派對上也不至於格格不入——像是那種每天在某個可怕時刻起床，上班前鍛鍊身體，並在午餐時隨口提到正為之訓練的馬拉松的人。他肯定會是那種組織年度五公里路跑比賽中的佼佼者，但不會是超人等級的世界紀錄保持者。

但外表可能騙人。

二〇一八年六月二十日上午，在紐西蘭海岸的奎迪維迪港（Quidi Vidi Harbour），布萊斯咧開了他那張快樂的大嘴，向一小群當地人和記者揮手告別。他看了看手錶，早上八點鐘，他抓起兩支長長的碳纖維船槳手柄，開始划動，用肩膀和背部感受著他的船露西爾（Lucille）的重量。露西爾不是典型的那種用槳划的船，它更像是一個有槳的太空飛行器，有光滑的白色卵形船體，以及位在船頭的船艙。這也不是典型出海的日子。當布萊斯背對大海駛離岸邊時，他正試圖創造歷史。他要橫跨北大西洋，在沒有後援的情況下獨自划行三千兩百多公里，目的地是到達英格蘭南部海岸的夕利群島（Isles of Scilly）。

即使船上有GPS和其他現代技術，這也是個危險的提案。過去踏上這場瘋狂冒險的十四人當中，只有八人成功。有兩人淹死在北大西洋黑暗、寒冷的海水中，屍體就此消失在海上。但別管那些，布萊斯的夢想遠大。他不僅打算在橫越大洋的航程中存活下來，他還希望能打敗這趟旅程。他想創下以人類為動力橫跨北大西洋的最快世界紀錄。他和露西爾有五十三天的時間抵達英國。

情況本來可以更好。旅程剛開始，用來供應淡水的主要去鹽裝置就壞了。他翻了十幾次船，鹽水滲入船上的電子設備，燒壞了導航系統。但布萊斯撐了下來。在八月初的一個陰鬱週六夜，布萊斯把船開進了夕利群島的聖瑪麗港，走下露西爾，接受英雄般的歡迎。數百人聚集在一起，想一睹這位新世界紀錄保持者的風采。布萊斯用三十八天六小時四十九分鐘完成了這次航行，把舊有紀錄遠遠甩開。

這次旅行讓他付出了很大的代價。布萊斯在旅途中每天吃下四千至五千大卡的熱量，但他消耗的熱量遠遠超過這個數字。他現身大西洋時，比出發時輕了六．八公斤，儘管他攝取了大量的能量，仍每天燃燒掉大約相當六百二十五大卡的脂肪和肌肉量。把他自己身體所消耗的能量和他飲食中的能量相加，布萊斯在划船過程中每天燃燒的熱量遠遠超過五千大卡。

布萊斯在海上是孤獨的，但他的新陳代謝倒是不孤單。其他耐力運動員的每日消耗量也很高。

環法自行車賽選手在比賽期間，每天燃燒八千五百大卡的熱量。而鐵人三項運動員在十二小時的鐵人比賽中也會燃燒這麼多能量。麥可．菲爾普斯（Michael Phelps），半人半海豚的奧運游泳比賽二十三枚金牌得主，據說在訓練期間每天要吃一萬兩千大卡。像這樣的壯舉似乎挑戰了每日能量消耗受限的觀點，也就是我們的身體會根據我們的運動量進行調整，保持每日消耗在兩千五百至三千大卡的正常範圍內。在本章中，我們將探討這一謎題，並描繪出人類能量消耗的極限。正如我們所看到的，限制我們日常生活中的消耗的這一代謝機制，同時也為我們最極端的雄心壯志設下了限制。你不必是超人類也能挑戰人類耐力的極限，這點只要問你媽媽就知道了。

時間的問題

你能跑多快？這是一個簡單的問題，但沒有簡單的答案。你的最大速度取決於你跑步的原因，和你的動機有多強烈。是躲避獅子？還是參加業餘的酒吧壘球聯賽？這也取決於你要跑**多久**時間。你可以衝刺數秒鐘的時間，但如果要跑一．六公里，你就需要把速度調回來。我們的最高速度是以連續的趨勢所決定，衝刺短而快，慢跑長而慢。我們大多數人打從小時候在學校操場上玩捉迷藏那時起，就知道我們的身體是這樣運作的。

時間對耐力的影響是如此直觀和本能，以至於我們往往不會多想。但是，疲勞的生理學並不明顯。體育科學家和生理學家仍在爭論我們身體中設定極限的機制（如果想了解這場科學爭論的情況，請參閱艾力克斯・哈欽森（Alex Hutchinson）的優秀著作《極耐力》〔*Endure*〕）。有一件事是肯定的：達到你的極限並不只是單純燃料耗盡。相反的，你的大腦似乎正在整合來自身體各處的信號——包括工作中肌肉的代謝副產品、體溫、你對困難程度的感知以及預期的剩餘工作量——並利用這些訊息來調節我們可以逼自己到什麼程度。當你因疲憊而倒下時，是你的大腦讓你陷入停工。這些決定都不是你可以做的。正如我們看到下丘腦以及它對食欲和新陳代謝的控制，形塑耐力和疲勞的神經系統在大腦深處，潛藏在我們的意識之下運作。

疲勞和耐力的神經控制在一九九〇年代是一個有爭議的概念，但隨著證據增加，這個論點獲得了認可。首先，從實驗室研究和生活經驗中可以清楚地看到，感覺全然筋疲力盡的人仍然還有足夠的燃料。即使我們覺得自己已經達到絕對的極限，我們疲憊的肌肉中仍有大量的ATP，血液中也有葡萄糖和脂肪酸在循環。我們經常看到頂尖選手在長距離比賽結束時倒在地上，完全耗盡了體力，但一分鐘後又能自己起身，微笑繞著體育場慢跑一圈，享受勝利。其次，疲勞的神經控制有助於解釋對自身表現的心情和感知的奇怪影響。世界級的馬拉松選手挑戰自身極限近兩小時，而不知為何，他們仍然能在最後階段跑得更快，完成衝刺——絕望和決心可以釋放出隱藏的運動潛力。相對的，實驗室研究表明，心理疲勞會降低耐力。世界各地的運動員和教練都知道，如果你想贏，就必須保持正確的心態。

大腦在疲勞中的核心作用也有助於解釋能量消耗和耐力之間的關係（圖8.1）。這些影響在跑步中最容易看到，但同樣的生理學也適用於游泳、騎自行車和其他運動。正如我們在第三章所討論的，當你跑得更快，你燃燒卡路里的速度也更快。這種影響是線性的，也就是說，讓跑步速度快百分之十，你燃燒能量的速度就需要快百分之十。這與我們在汽車引擎上看到的沒什麼不同：速度增加百分之十，通常代表燃燒汽油的速度加快百分之十（如果你開的是電動車，那就是電池耗盡的速度加快百分之十）。但是你的新陳代謝引擎和你的汽車引擎之間有一些重要區別。以你的汽車而言，速度對你在滿油或充飽電的情況下能開多遠沒有什麼影響，只會決定你耗盡燃料的速度；但是以跑步而言，速度對於你在達到極限前會燃燒多少能量有很大的影響。你跑得越快，你在「撞牆」

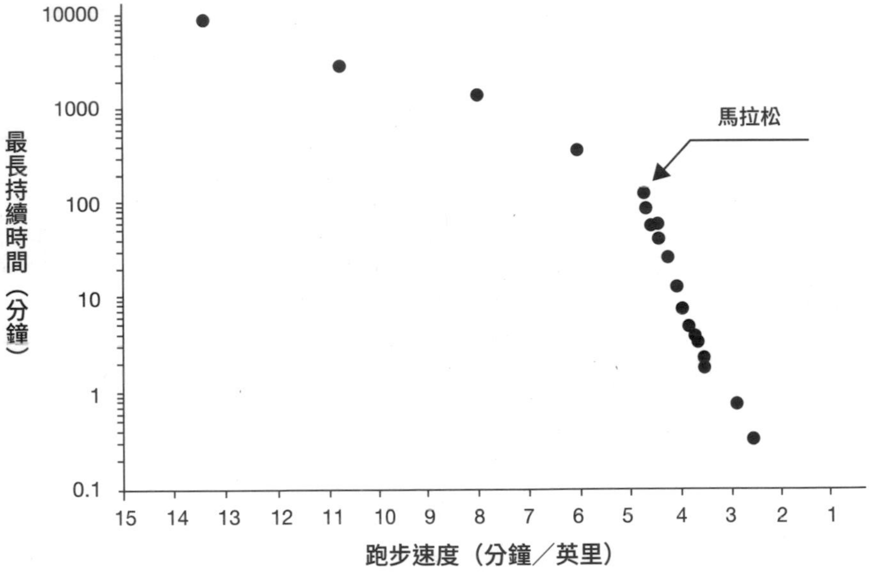

圖 8.1 耐力與功率輸出密切相關（以你能維持特定工作負荷的最長時間來測量）。 請看，圖上是從八百公尺到超過六百英里遠的比賽中，世界紀錄的比賽時間與跑步速度的對照。馬拉松比賽是以接近最大攝氧量的速度奔跑。速度越快，耐力會急遽下降，因為身體被迫依賴無氧代謝來獲得更大比例的動力。

（因耐力運動而出現不適症狀）前所燃燒的能量就越少。跑一．六公里，你會在燃燒一百大卡熱量後就撐不住了。參加馬拉松比賽，你會在燃燒了兩千六百大卡左右後無以為繼，並感到筋疲力盡。我們的身體不會因為燃料耗盡而停止運作（儘管會有這種感覺）。強度才是關鍵。

速度影響疲勞的一個原因，是你的身體在運動中所燃燒之燃料類型的變化。當我們在休息和進行低強度活動時（閱讀本書或在公園散步），我們的身體會燃燒脂肪作為主要燃料。這是一種有意義的生物策略：你有幾乎無限的能量能儲存為脂肪，而且，雖然處理和燃燒脂肪來製造ATP需要更長時間，但在能量消耗低的情況下，我們不需要更快的燃燒速度。可是隨著運動強度增加，會有更多的葡萄糖被添加到混合燃料中。這些額外的葡萄糖有些是由在體內循環的血糖提供的，有些則是從肌肉中儲存的肝醣所提取的。與脂肪相比，葡萄糖燃燒得更容易也更快（即使是先經由肝醣轉化而來）。隨著運動強度和能量需求的攀升，可取得能量的速度提升有助於維持肌肉的ATP供應。

高強度運動對葡萄糖的依賴，也是選手們會談論碳水化合物負荷，以及非常謹慎地計劃比賽中的補充能量飲料和能量棒的原因。燃燒的碳水化合物用完了，就會出現可怕的「撞牆期」（bonk），這是一種虛弱、遲鈍、僵屍般的狀態，此時你的身體被迫用燃燒緩慢的脂肪作為燃料。你可以訓練你的身體調整脂肪和葡萄糖的混合燃料，一些選手就是這樣做的，他們會在碳水化合物耗盡的狀態下運動，使他們的身體學會燃燒更多的脂肪，放棄寶貴的葡萄糖（圖2.1中燃燒脂肪的途徑獲得強化，部分是透過產生更多必要的酶）。但從脂肪中輸送能量是有限度的。在比賽那天，每個人都依賴碳水化合物作為燃料。

在某些時候，隨著跑步速度和能量消耗不斷增加，即使有穩定的葡萄糖供應，粒線體也無法快速製造 ATP 以滿足需求。如果我們在實驗室測量你在這時候的耗氧量，會看到即使你的速度和能量需求繼續攀升，耗氧量卻趨於平穩。到此你已撐不了太久了。轉折點在於你的最大攝氧量，也就是你有氧能力的極限。將氧氣和葡萄糖運送到你的細胞，再透過粒線體將它們轉化為 ATP 的供應鏈已經到達極限。它就是再也無法快速地提供能量了。

隨著你的有氧（基於氧氣的）ATP 生產達到極限，肌肉被迫依賴無氧代謝（第二章）。隨著無氧代謝增長，即使氧氣的消耗保持不變，二氧化碳的產生會繼續攀升。你的血液酸鹼值變得更酸。細胞中的葡萄糖被分解成丙酮酸，這種分子將跳入粒線體，轉化為乙醯輔酶 A，並為克氏循環提供能量，最終以成噸的 ATP 作為回報（圖 2.1）。然而在它們進入粒線體的路上，發生了交通堵塞，多餘的丙酮酸被轉移並轉化為乳酸鹽，接著轉化為乳酸。你的肌肉開始疼痛。你還能堅持多久？你的大腦有最後的決定權。一道黑暗的、無形的、任何跑者都熟悉的聲音，開始在你大腦深處呻吟，暗示你**停下來**。它的音量和強度越來越大，直到把你整個吞沒。最終，你屈服了。你就是無法再堅持下去了。你放慢了速度，或在喘息中倒下。

能量消耗和最大攝氧量的限制，只是設定你耐力極限拼圖中的一塊，但也是是關鍵的一塊。當身體從純粹的有氧代謝切換到更麻煩的有氧和無氧混合時，大腦正仔細聆聽。當頂尖選手達到他們的最大攝氧量速度時，耐力就會驟降（圖8.1）。一名世界級馬拉松選手可以保持每英里四分四十二秒的速度——**正好**在達到他最大攝氧量的邊緣——兩個小時再多一點。若把速度提高百分之五，達到每英里四分二十八秒，他能維持速度的時間就減少了一半。他已經越過了最大攝氧量的閾值，對無氧代謝的依賴有助於為他的肌肉提供燃料，這就向大腦發出了信號，在造成任何損害之前拔掉插頭。再快的話，他的耐力——相當於他在倒下前能跑的最長時間——將繼續急遽下降，因為他的身體越來越依賴無氧代謝。

我們的新陳代謝機制塑造了大家在每場耐力賽中看不見的內部景觀。馬拉松比賽之所以令人興奮，是因為整場比賽都像沿著懸崖邊奔跑，選手們艱難應對著最大攝氧量閾值（圖8.1），隨時在監測自己的身體，並試圖了解對手的身體，尋找合適的時機衝刺。最大攝氧量閾值使較短的比賽成為一種血腥的運動，每個競爭者都試圖找到氧氣和痛苦的正確組合，以促成越來越快的比賽，並避免自己在抵達終點前搞砸。

然而，田徑賽事通常都相當短。如果你跑得快，就算是馬拉松也會在三個小時內結束。那麼，**真正**的長距離比賽呢？那些不光鮮亮麗的、永無止境的痛苦比賽呢？那種你和一隊狗拉著雪橇穿越南極洲三個月，結果載著你所有食物的雪橇掉進了無底裂縫，而你為了回家，不顧一切地把你的狗一隻隻吃掉的旅程呢？像這樣的極端事件當然相當稀有，但已有越來越多的研究在追蹤像卡爾森這種挑戰人類表現極限者的能量消耗。他們教給我們關於耐力的知識，已經改變了我們理解自己代謝極限的方式。

數日、數週、數月的耐力

儘管令人印象深刻，但北大西洋航行並不是卡爾森最長的探險活動。在他橫越海洋之前，他橫越了一座大陸。

二〇一五年一月一六日上午，一群勇敢而開朗的跑者聚集在加州的亨廷頓海灘，他們的鞋子踩在沙裡，太平洋在他們身後。卡爾森當然也是其中之一，還有其他大約十幾名等不及要出發的男女。其中一位來自佛蒙特州、名叫牛頓的人，正在慶祝他的七十三歲生日，但這些跑者並不是為了吹蠟燭而聚在一起。他們即將開始一項大膽的橫跨大陸的跑步活動：全美橫越賽（the Race Across the USA）。

他們在上午八點出發，以輕鬆的步伐穿過南加州的都市蔓延區域，朝東往太陽前進。到了下午，跑者們完成了當天的馬拉松目標。他們在終點線附近的一個臨時營地休息，上床睡覺，第二天醒來後繼續跑。再一次。再一次……卡爾森和包括牛頓在內的其他參加全美橫越賽的跑者，要在一百四十天內每天跑一場馬拉松的距離，每週六天（有時七天）。他們總共要跨越四千八百二十八公里，蜿蜒穿過美國西南部的沙漠，橫越德州的丘陵和平原，穿過卡羅萊納的綠色森林，向北到達華盛頓特區，在白宮前結束比賽。

我們很幸運，達倫（Darren）和珊蒂．馮索伊（Sandy Van Soye）這對組織全美橫越賽的夫妻，邀請了一群科學家一起參加比賽（達倫也是跑者之一）。卡爾森當時是普度大學的教授，也是跑者核心團隊的一員，他有遠見地要為這場比賽安排研究，馮索伊夫婦也同意讓他領導這項工作。在比賽前一年的一次人類學研討會上，卡爾森突然聯絡我，問我想不想來測量選手的能量消耗。這是我第一次見到卡爾森，也是第一次聽到關於全美橫越賽的消息，而我確信他在妄想。一個為期五個月、跨越整個北美四千八百二十八公里的徒步比賽？整件事聽起來太荒唐了。我馬上答應參與。

我與合作者卡拉．奥科博克（Cara Ocobock，我實驗室的一名前博士生）和道格斯（我們在第五章中認識）一起制定了一個計畫。我們將在比賽前測量選手的每日能量消耗和基礎代謝率，然後在跑步過程中測量兩次——開始和結束時。我們認為這些測量將為我們提供兩項關鍵資訊。首先，透過在比賽期間的兩次測量，我們將能夠對每天在極端運動負荷下消耗的卡路里獲得可靠的測量值，這是一個罕見的寶貴數據。第二，我們可以比較比賽開始和結束時的每日能量消耗來檢驗能量補償：跑者的身體是否會適應這種極端的負荷量，減少能量消耗，以補償身體活動消耗的巨大增加？

六名核心跑者同意參加我們的代謝研究。我實驗室的研究生凱特琳．瑟伯（Caitlin Thurber）領導了測量每日能量消耗的田野研究（使用二重標識水）。她在比賽開始時去了加州，五個月後又去了維吉尼亞州參加最後一個星期的比賽。她甚至追蹤了兩名為了更快完成比賽而中途脫隊的選手（再次證明野心和理智是相對的）。道格斯在比賽開始和結束時也仔細收集了選手們的基礎代謝率測量結果，雖然她沒能得到那兩名無賴選手的資料。在我們的六名跑者樣本中，其中一位在幾週之後因傷退賽。

瑟伯在那個夏天檢視了二重標識水的分析報告，當中出現了一組令人興奮的結果。在比賽的第一週，如果我們把跑馬拉松的能量成本（大約兩千六百大卡）加到他們賽前的日常消耗中，選手們的燃燒量與我們預測的完全一樣。這正是我們所期望的。一週的時間並不足以讓身體適應新的負荷量——每天一場馬拉松——因此，這項活動的成本被簡單地加到了身體通常的、賽前的能量預算中。卡爾森和其他選手平均每天要消耗驚人的六千兩百大卡熱量。

但到了比賽結束時，即一百四十天後，他們的身體已經發生了變化。即使是同樣瘋狂的每日一場馬拉松，選手們每天燃燒的熱量變成了四千九百大卡——這仍然令人印象深刻，但比起賽程第一週少了百分之二十。其中一些減少可能是由於美國東部的山丘較平緩，以及他們在比賽過程中體重減輕了一些，但每天至少有六百大卡的熱量，似乎從他們的日常能量預算中消失了。這是能量補償，是他們受限的新陳代謝在起作用：面對巨大的運動負荷，選手們的身體正在減少其他任務的能量消耗，以試圖控制每日的能量消耗。每天一場馬拉松的巨大成本超過了能量補償所能完全吸收的範圍——在比賽的最後幾週，他們的每日消耗仍遠遠高於比賽前的數值——但他們的身體正在努力調整。

當我們查看道格斯的基礎代謝率測量結果時，出現了另一個有趣細節：與跑者的每日能量消耗不同，他們的基礎代謝率在比賽開始和結束之間沒有任何變化（如果有，也是稍微高一丁點）。能量補償並沒有展現在每日能量消耗中基礎代謝率的部分。反之，每日消耗中縮減的部分是我們通常所說的活動能量消耗（activity energy expenditure），簡稱 AEE，是每日能量消耗減去基礎代謝率和消化成本後剩下的部分。當負荷量（每天的馬拉松）保持不變，你很難想像 AEE 會縮減，但事實上，我們會看到能量補償經常出現在AEE的部分。為什麼運動量增加，活動消耗卻會減少呢？

一種可能性是，人會在運動負荷增加時減少他們的非運動行為——研究者詹姆斯・萊文（James Levine）稱之為「非運動性燃燒」（non-exercise activity thermogenesis），簡稱NEAT——以減少AEE。這裡的想法是，身體可能會不自覺減少小的、被忽視的那些會燃燒卡路里的行為，如坐立不安的一些小動作或是站立，以應對運動需求的增加。這是個有趣的想法，當然也可能在能量補償中占了一席之地，但證據不一。正如艾德・梅蘭森（Ed Melanson）和其他人所提出的，大多數測量NEAT對運動反應的研究，都發現影響極小甚至沒有。此外，很難想像全美橫越賽的選手們會因為比較不會煩躁不安而每天節省六百大卡的熱量。

另一個可能的解釋是，AAE所捕捉到的不僅僅是身體活動。我們的身體有很強的晝夜節律：靜止代謝率（我們的器官在工作時的集體代謝）每天都像雲霄飛車的軌道一樣忽上忽下，在下午傍晚升到高峰，在清晨達到低點。我們在谷底，也就是清晨時測量基礎代謝率。當我們以每日能量消耗減去基礎代謝率和消化成本來計算AEE時，我們也默默忽略了當日靜止能量消耗的上升，反而將所有這些非活動燃燒的熱量納入AEE。我強烈懷疑，我們經常從AEE看到的能量補償，是反映了靜止能量消耗在晝夜節律中波動幅度的減少。增加運動負荷不一定會使靜止消耗的谷底更低，但它會壓制高峰值。由此造成的AEE減少**看起來像**是來自於活動變化的能量補償，但實際上是由於其他方面的能量消耗減少——例如我們在上一章討論的免疫活動、生殖激素和壓力反應的健康抑制。這是一個熱門的研究領域，我的實驗室和其他人正努力試驗這些想法。

事關消化，我親愛的華生

我很想知道全美橫越賽跑者的每日能量消耗與其他長距離運動相比如何，於是我翻閱了科學文獻，尋找所有關於極端事件中新陳代謝的資料：科納鐵人三項賽（Kona Ironman triathlon）、西部州一百英里（約一百六十一公里）超長距離馬拉松、環法自行車賽、南極徒步旅行、軍事探險等等所有這些運動。我追蹤了對超長距離的世界紀錄的可靠估計，從二十四小時內跑完的最大距離到三千五百四十一公里的阿帕拉契步道的四十六天紀錄。我搜索了比全美橫越賽持續時間更長的耐力活動，但卻一無所獲。我能找到的持續時間最長、能量消耗最高的活動是懷孕：長達九個月，在第三孕期每天的消耗熱量達到三千大卡以上。

當我們審視這些人類耐力的紀錄時，有一點是顯而易見的：像鐵人三項這樣較短的賽事，每日消耗較高，而像環法自行車賽這樣較長的賽事則每日消耗較低。然而我們很難對所有研究進行比較，很大程度上是因為每個研究的對象在體型上有很大的不同，而我們知道體型會影響代謝率（第三章）。為了解決體型的問題，我做了新陳代謝研究人員經常做的事：我把每天的能量消耗除以基礎代謝率。這個比值被稱為代謝範圍（metabolic scope），它消除了體型的影響，因為體型會以類似的方式影響每日消耗和基礎代謝率。你可以把代謝範圍看成是進行體型校正後的每日能量消耗。

當我把代謝範圍與持續時間作對比時，結果驚人而美麗。在我的筆電上回望我的是一條優雅的線條，一條優美的弧線，從最短事件的高消耗，到最長事件的低消耗（圖8.2）。我意識到，我在看的是一張地圖。這些點，這條線，標誌著人類耐力的邊界。很快地，我加入了我能找到的所有其他高耐力研究，從嚴格的軍事訓練到運動員訓練都有。它們每一個都盡職地落在人類能力的界限內，沒有一個越界。而懷孕呢？它正好落在邊界上，標示著我們代謝能力的最極限。準媽媽們和環法自行車賽選手一樣，把代謝活動推至極限。懷孕是最終極的超級馬拉松。

我們可以確信，圖8.2中的代謝上限是一個真正的極限，因為從來沒有人突破過它。頂尖自行車手、鐵人三項運動員和其他冒險到達我們代謝世界邊緣的人，一生都在訓

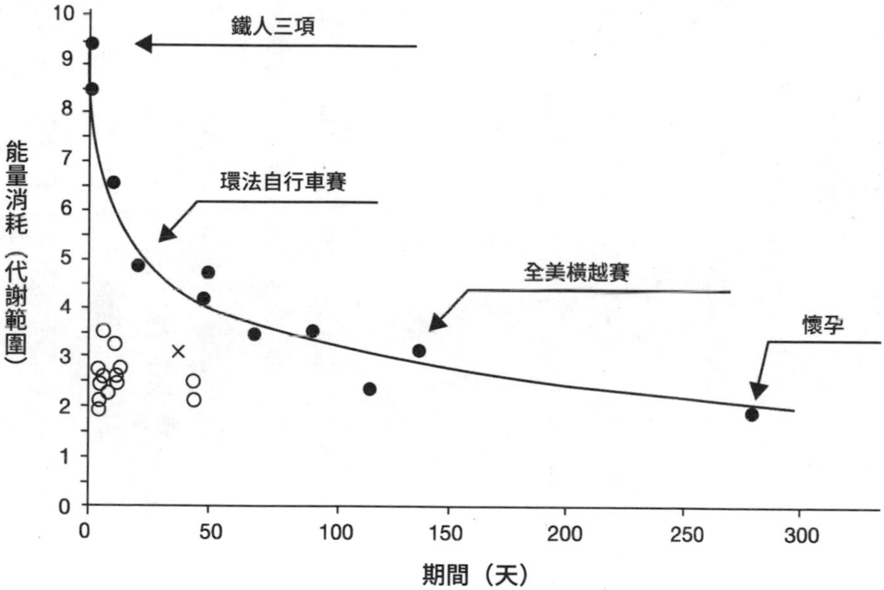

圖 8.2 持續數天、數週或數個月的活動的耐力極限（顯示為代謝範圍，或基礎代謝率的倍數）。黑色實心圓點來自於人類耐力極限的活動（部分標出活動名稱）。空心灰色圓圈來自對其他長期、高強度奮鬥的研究，從登山到奧林匹克訓練都有。卡爾森在北大西洋划船時的估計消耗被標記為 ×。

練，讓自己盡可能地接近這些極限。他們的競爭對手也是這樣，因此比賽的結果來自最細微的差距，經過幾小時甚至幾週的比賽，頂尖競爭對手之間僅差之毫秒。如果他們能以某種方式突破新陳代謝的上限——例如，一名自行車選手在整整四週的環法自行車賽中，保持一百六十一公里超級馬拉松跑者的代謝範圍——他們就能以小時之差獲勝，在每個賽段都領先大隊數公里。但他們沒有這樣做，因為他們做不到。他們不能超越人體的極限；他們只能把自己推到邊緣，希望他們的競爭對手先眨眼。

卡爾森是我所知道的唯一一個在廣泛不同運動中兩度到達代謝邊界的人。他和全美橫越賽的核心團隊在橫越美國大陸時達到了極限，而當他划著露西爾橫越北大西洋時，他幾乎再次達到極限。

耐力憑「肚」量

在我們把全美橫越賽的測量結果和所有其他高耐力研究放在一起後不久，我在瑞士的一個能量學研討會上發表了我們發現的人類代謝極限。新陳代謝生理學的先驅司畢曼對此表示讚賞，但基本上不為所動。他做了許多研究，尋找制約哺乳動物最大能量消耗的生理機制。司畢曼的研究指出體溫調節是關鍵問題：如果代謝率太高，身體就會過熱。一項值得注意的研究是，他將哺乳期的老鼠母親剃毛，以證明當牠們能更快散熱時，就能燃燒更多的卡路里，生產更多的母乳。我可能已經描繪出人類耐力的邊界，但司畢曼想知道塑造它的生理機制。

我對這個機制沒有考慮太多，但要說耐力極限受體溫調節影響似乎不太可能。畢竟，在我們不同的研究樣本中，有人在夏威夷參加鐵人三項比賽，有人在歐洲炎熱的夏天騎自行車，有人在寒冷的南極洲徒步旅行。但他們都符合相同的耐力極限。如果過熱是主要的障礙，那麼南極洲的跋涉者就會像被司畢曼剃毛的老鼠一樣，應該能夠超過正常人類的耐力極限。

司畢曼和我研究了這些數據，發現了一個更有力的解釋。當我們將所收集數據中那些耐力運動員減輕的體重與能量消耗作對比時，出現了一個清晰的圖樣。他們每天減少的體重，與每天的消耗成比例增加。這些運動員並不是要減肥——恰恰相反，他們正在用他們能吃到的所有高熱量運動食品來填飽肚子。但是，儘管他們很努力，他們還是無法快速獲得足夠的卡路里來滿足需求，而且隨著消耗的增加，能量不足的情況也在加劇。

然後，拼圖的另一部分出現了。當我們把每日能量消耗測量結果與體重減輕的數據放在一起，發現我們數據集裡的每一個運動員（和懷孕的母親）每天攝取的能量都是一樣的。從南極徒步旅行者到頂尖長跑運動員，他們的身體都吸收了約二・五倍的基礎代謝率（就像我們對能量消耗所做的那樣，我們以基礎代謝率的倍數計算能量攝取，來處理體型差異的問題）。所有超出二・五倍基礎代謝率攝取限制的能量消耗，都來自於他們的脂肪儲存，這就是超過這消耗程度的運動員體重會下降的原因。

為了測試身體是否真的不能吸收更多的能量，我們在分析中加入了暴食症的研究。在這些研究中，人們每天吃的熱量遠遠超過他們燃燒的熱量。一樣的，當我們再次計算身體吸收的總熱量時，數據集裡的每個人都在二・五倍的基礎代謝率左右徘徊。用卡路里來表示：不管發生什麼事件或情況，身體每天能吸收的最大能量約為四千至五千大卡。超過這個數字，你就會處於能量負平衡狀態，每天燃燒的脂肪和肝醣比你能補充的要多，並慢慢融化。

當然，你可以在幾天甚至幾個月內保持能量負平衡——正如人類耐力界限圖中陡降的線條所反映的。但你不可能永遠保持這種狀態。要想獲得真正無限的耐力，你需要讓自己維持住體重，而要做到這一點，你必須將你的每日能量消耗保持在基礎代謝率的二．五倍左右（約四千至五千大卡）或以下。你的身體就是無法再更快地消化和吸收卡路里了。對於持續數天、數週或更長時間的活動，阻礙我們的不是肌肉，而是我們的腸胃。

我們還不知道身體是如何理解連續多日和多週活動中的體重下降，並將這一訊號轉化為疲勞和耐力的降低。不過幾乎可以肯定的是，大腦會協調這種反應，就像它在馬拉松和較短的比賽中所做的那樣。畢竟，環法自行車賽的選手不是因**飢餓**而停下，而是因**疲憊**而停下——而這種感覺完全由大腦製造。

不過，我們確實認為，體重減輕的訊號有著關鍵的作用。正如我們在第五章中所討論的，大腦非常精確地追蹤體重的變化並做出相應的反應。因此，體重減輕的速度似乎是大腦調節耐力和努力程度的一個關鍵訊號。反過來說，找到某種方法來提高身體吸收熱量的能力，可能會是提高多日和多週賽事耐力的有效方法。無論如何，環法自行車賽選手或他們的隊醫似乎都同意這一點。在一九八〇年代和九〇年代，一些自行車選手開始在比賽階段間的晚上，進行脂類和葡萄糖的靜脈注射，繞過消化系統，將這些營養物質直接輸送到血液中，避開能量吸收的一般限制。也許這就是為什麼環法自行車賽中的選手（我們應該清楚，這裡說的是一九八〇年代比賽期間所測）減輕的體重比我們預期的少。與我們數據集裡的其他運動員相比，這些環法自行車賽選手是一群異類，他們在比賽過程中只減少不到一・四公斤的體重。脂肪和糖在耐力運動中並不違法（你必須吃點東西），但每晚進行靜脈注射卻令人皺眉。一九九〇年代起對靜脈注射補充能量的制裁，似乎讓這種做法銷聲匿跡，但就像其他非法的體能增強劑一樣，它可能只是更隱而未宣。

人人都是運動家

我們的代謝極限並不是只有在我們徒步穿越南極洲或在環法自行車賽中作弊時才重要。對能量吸收的限制決定了我們的日常生活。對母親們來說，能量吸收的限制可能避免了過長的孕期。在整個妊娠期，為使胎兒成長，媽媽要吸收的能量必須比自身燃燒的更多。這是懷孕的基本規則：媽媽勢必增加體重。但隨著她的體重增加，她每天消耗的能量也在增加。經過九個月的時間，也就是我們熟悉的典型孕期長度，媽媽已被推到了代謝限制的邊緣。如果嬰兒變得太大，媽媽將不能提供足夠的熱量讓兩人同時生存。我們認為，當媽媽接近代謝極限時釋放的代謝壓力訊號，有助於觸發分娩過程。

現代飲食和生活方式的變化，可能正在影響這種新陳代謝的觸發因素，使母親和嬰兒處於更大的危險之中。對我們這個物種來說，分娩一直是一件棘手的事情，因為足月的嬰兒出生時，體型正好是骨產道的尺寸極限。新生兒哪怕只是大了一丁點，就可能出現嚴重、往往足以威脅生命的併發症。那麼，嬰兒是怎麼變得那麼大的呢？因為他們從媽媽那裡獲得了太多的能量，可能吞併了媽媽血液中更多的營養物質，或是在媽媽體內過度滯留。在哈札族這樣的族群中，懷孕的母親直到第三孕期都一直維持身體活動，吃的食物未經加工，消化速度較慢，因此胎兒能獲得的能量較少。他們的嬰兒不太可能在母親的代謝極限觸發分娩前變得過大。關於哈札族或其他小規模社會分娩時出現併發症的比率，我們並沒有大量統計資料，但它們似乎相當低。在美國和其他久坐的工業化族群中，母親的身邊充斥著容易取得的熱量，胎兒也不需與身體活動的能量需求競爭。也許這導致了嬰兒出生得晚了一點，大了一點——雖然不多，但足以造成麻煩。值得注意的是，在過去的半個世紀，隨著現代飲食和身體活動的變化，剖腹產的比率急遽上升。

我們消化系統的限制，也為正常日常生活中的每日能量消耗設置了上限。從長遠來看，當幾個月延伸到幾年、幾年延伸到一生時，我們只可能吃進更多熱量，卻根本無法燃燒更多。我們必須在我們的新陳代謝能力範圍內生活。沒人能將每日能量消耗維持在遠超自身基礎代謝率兩倍的情況。猜猜怎麼著？還真的沒有人。我們檢視全球各地、從荷蘭到哈札族的數百個族群正常日常生活中的每日能量消耗，所有人都是以遠低於二．五倍自身基礎代謝率的消耗在過日子的。像哈札族這樣身體活動活躍的族群，身體會進行調整，使每日消耗保持在一個可持續下去的程度。

我們剛剛只是再一次發現了受限的每日能量消耗模型，就像麥哲倫向西航行一般，不過是以不同行駛方向，到達了我們在第五章中所結束的地方。

菲爾普斯特別在哪？

我們對人類耐力極限的研究，也為我多年來一直糾結的一個問題提供了一些認知上的安慰。自從我們發表了與哈札族進行的第一項能量消耗研究、說明人類的能量消耗受到限制之後，我在談話和公開演講中不可避免地會遇到同樣的問題。因為這種情況太常發生了，我還為它取了個名字：菲爾普斯之謎。我那些抱持懷疑態度的同事會問：「如果人類的能量消耗受到限制，菲爾普斯怎麼可能每天吃下一萬兩千大卡的熱量呢？」這是一個合理的問題，我也沒有一個簡單的答案。菲爾普斯成了我的夢魘。

這說明了人類的心理，認為頂尖運動員的飲食習慣是他們神話的關鍵部分，也是他們粉絲崇拜的對象。職業運動員的簡介中經常會詳細介紹他們的飲食習慣。在菲爾普斯達成的所有令人難以置信的壯舉中——世界紀錄、二十三枚奧運金牌、無數次登上領獎臺——留在人們腦海中的數字，其實是他塞進嘴裡的食物量。也許飲食的力量如此強大，是因為食物是如此能代表一個人：每天一萬兩千大卡的熱量?!你還需要什麼更有力的證據，來證明這些超級英雄與你我有本質上的不同？

要解開菲爾普斯之謎，我們必須首先掌握他的實際食物攝取量。從來沒有人真正測量過菲爾普斯或他奧運隊友的每日食物攝取量（至少沒人公布過這些測量結果）。相反的，在集體意識中流傳的每天一萬兩千大卡的數字，似乎是菲爾普斯或他周圍人等的虛張聲勢，有點奧運軼事的味道。他後來曾說，他在訓練期間每天攝取的能量接近七千至八千大卡。即使這個數字也是根據他訓練時的回憶做出的粗略估計，而且也有理由質疑。自我報告的能量攝取量是不可靠的，即使在最嚴格的研究中也是如此，而且其他游泳選手報告的飲食也都平凡得多。另一位奧運游泳明星凱蒂・萊德基（Katie Ledecky）報告說，她每天的飲食遠遠低於四千大卡。不過，就還是讓我們用菲爾普斯每天攝取七千大卡的假設來做初步的估計吧。

像大多數頂尖游泳選手一樣，菲爾普斯是個大塊頭，在他的比賽生涯中，他的身高（一百九十五公分）和體重（八十八公斤）都遠遠高於平均值。將這些數字放入我們第三章的基礎代謝率方程式中，可以估計他的基礎代謝率約為每天一千九百大卡。不過，這個預測值上下有相當大的不確定性。人們很容易就會偏離他們的預期基礎代謝率，每天兩百大卡或更多。像菲爾普斯這樣的人因為身體脂肪百分比比普通成年人低（因此有更多會能量燃燒的瘦肉），所以預計他的基礎代謝率會高於平均值。為了進行論證，讓我們估計他的基礎代謝率為每天兩千一百大卡。

接下來，讓我們思考一下每天吃七千大卡意味著什麼。你的消化道不會從你吃的食物中提取所有卡路里（如果它能這樣做，那你可能幾乎沒有大過便）。相反的，人類的消化效率——吸收的能量與吃的能量之比——約為百分之九十五。根據你的飲食，以及你的消化系統在解剖學和生理學上的具體情況，數字可能會有變動。如果菲爾普斯每天吃七千大卡，他將吸收大約六千六百五十大卡的能量供身體燃燒。其餘的會在廁所中流失。

如果菲爾普斯每天吸收六千六百五十大卡，也就是他基礎代謝率的三倍再多一點。這會使他處於我們收集的人類耐力數據集裡，能量吸收的最高範圍。我們發現，頂尖運動員平均吸收的能量是基礎代謝率的二·五倍，然而（就像代謝生物學中的一切）這個平均值也可能上下變動。在我們的樣本中，有幾名運動員的推估能量吸收率恰好高過基礎代謝率的三倍。菲爾普斯每天吃七千大卡食物，還在二·五倍基礎代謝率規則限制的延展範圍，但並沒有打破它。可以說頂尖，但不是超人類。

每年美國和世界各地有數以萬計的孩子在游泳訓練和比賽中奮力拚搏，許多人懷著成為下一個菲爾普斯或萊德基的偉大夢想。究竟是什麼讓極少數成為真正菁英的泳者，從成千上萬沒能成功的人之中脫穎而出？毫無疑問，你需要機會、好的教練、強大的支援和罕見的決心來贏得比賽。但也許不止於此，也許你還需要一副非常善於吸收熱量的消化道，讓你即使在泳池裡不眠不休，身體也不至於停止運轉。也許菲爾普斯、萊德基和我們現代奧林匹克殿堂中其他超級頂尖運動員的傑出之處，就在於和他們凶猛力量一樣驚人的腸道。

演化，為打破常規

我們人類喜歡自己的起源故事單純明瞭。一個原因，一個結果，一個教訓。毗濕奴建立世界，濕婆將之毀滅。普羅米修斯盜火，所以我們得以烹飪。夏娃嘗了禁果，所以祖母難逃一死。約翰和保羅成立了披頭四，是洋子拆散了他們。這樣的例子可以沒完沒了。

我們也被簡單的演化故事吸引著。然而天擇很少針對單一性狀，且大多數性狀都會有多種影響，進而導致演化的成功或失敗。今日一個性狀的明顯效用，可能不是它原本出現的原因。我們認為羽毛是為了飛行而出現的適應性特徵，但它們在最早的鳥類祖先身上出現時，是為了隔熱或禦寒之用。達爾文認為，人類祖先開始用兩條腿走路是為了用手揮舞武器——這不是一個糟糕的猜測（因為我們今天也這樣做），但從考古紀錄來看，顯然是錯誤的。我看到同事們無止境地爭論，天擇使人的大腦變大，到底是因為這樣能改善覓食能力，還是因為它能提高社交能力（肯定兩者都是，甚至還有更多）。語言有如此多的好處和用途，以至於在一八六六年，法國科學院禁止對其起源進行任何討論，因為沒有辦法為無數的解釋一分高下。但是，儘管可能令人沮喪，如果我們想深入和真正地了解我們的演化史，我們就必須接受演化的複雜性，以及我們的特徵和能力相互依賴的關係。處理證據和權衡相互競爭的觀點，正是科學與神話的區別。

我們的新陳代謝機制完美示範了我們身體在生理上的相互聯繫。限制我們運動耐力的機制，同樣也決定了胎兒的發育和孕期的長度，並限制了我們日常的能量消耗。有意思的是，與我們的猿類表親相比，我們代謝機制的以上各方面都獲得了加強。與黑猩猩、巴諾布猿或任何其他類人猿相比，我們的耐力更好、嬰兒更大、每日能量消耗也更高。天擇將我們的代謝能力推上了天，全面增加了能量消耗。而這一點的提升，帶來了全方位的改變。

那麼，到底哪一個性狀是導致天擇增加我們代謝能力的「唯一關鍵」呢？是用於覓食捕獵的強化耐力？是更頻繁生育更大嬰兒的生育力？還是供應更大腦部與更多每日身體活動的更大每日能量消耗？就像大多數解釋人類演化「唯一關鍵」的論點一樣，這個前提是有問題的。最有可能的是，所有這些優勢（可能還有其他優勢）加強了天擇，使我們的人類祖先的新陳代謝能力增強。每一個都是使我們成為現在的人類所不可或缺的一部分。

有一件事是肯定的：與我們的猿類親屬相比，我們已經將代謝的邊界向上和向外移動。正如我們在第四章所討論的，狩獵和採集改變了我們從周圍世界獲取能量並用於生長、繁殖和生存的方式。我們演化出了更大的能量足跡。就像語言、工具的使用和雙足行走一樣，更強的代謝能力幾乎影響了我們生活的方方面面。

但我們對增加能量消耗的演化驅力，並沒有隨著新陳代謝的加快而結束。我們已經以一個更基本的方式打破了規則。在過去兩百萬年裡，我們已經想出如何利用自己身體以外的能量來達到我們的目的。這是生命史上一個前所未有的創新。我們這個物種的未來，將取決於我們能夠多妥善地管理我們對能量日益增長的渴求。也許哈札族能分享一些他們的見解。

CHAPTER 09

人屬能源種的過去、現在，以及不確定的未來

Energetics at the Extreme: The Limits of Human Endurance

在不到一個世紀的時間裡，一些最瘋狂的科幻小說已經變成了日常的現實。我們要如何利用我們的力量來維持自己的健康，避免讓自己成爲引火自焚的物種？

堤卡山腳下的乾熱平原上，當我們圍坐在一個叫塞塔科（Setako）的營地的男性區時，奧納瓦西（Onawasi）問道：「走到你們家要多久？」

這是個合理的問題。由於沒有其他的交通工具，哈札族的男性和女性不管到哪裡都是步行，沒有一個地方是遠到他們走不到的。他們不怕走上兩天的路到村子裡用蜂蜜換些新衣服或炊具，甚至還可以走更遠的路去拜訪在遙遠營地的朋友。如果這聽起來讓你難以理解，你並不孤單。普通的美國人只要打算移動超過一英里，就一定會跳進車裡。

哈札族這樣的半遊牧族群，人們會在營地間流動，所以很早就適應了步行的日子。我記得我曾和幾個大約十歲的男孩聊過他們從寄宿學校逃出來的瘋狂經歷。他們的父母好不容易存夠了錢，才讓他們能去上學一個月左右，這對哈札族家庭來說是一筆不小的投資，但這些男孩就像其他地方的孩子一樣，對學校並不感興趣。其他孩子可能會繼續撐下去，但那只是因為「離開」不算是可行的選項：學校離家有幾天的路程，還得穿過充滿大貓、致命的蛇和其他危險的野外草原。但他們可是哈札族的孩子，幾天路程才嚇不到他們。一天早上，他們三人在黎明前偷偷溜出宿舍，往家的方向走。當時他們再大也不超過八歲，晚上就席地而睡，白天在烈日下行走數公里，穿過陌生的地形，沒有任何食物。與八歲時比我這成年人更勇敢的孩子聊天，可不是天天都有的事，但這顯然是其中的一次。

當他們講這個故事時，我試圖在他們的眼裡尋找當時跋涉時的恐懼，或冒險時的自豪，但我發現的，是哈札族慣有的淡漠。我想他們根本不明白我為什麼對這故事這麼感興趣。他們不喜歡學校，所以走路回家。這有什麼大不了的？

奧納瓦西的問題，關心的其實是距離而不是時間。哈札族知道研究人員和其他人喜歡用英里或公里來衡量距離，但這並不是他們習慣的測量系統。對哈札族來說，步行到某地所需的天數，可能是衡量與遠地的距離最有意義的標準。他知道我的家很遠，但到底有多遠？奧納瓦西想搞清楚答案，也許只是為了消遣，想在他的腦海裡琢磨一下這個旅程。他沒打算要走到我家去，但這也不是不可能的事。他的孩子們都長大了，他也沒有世俗的義務。他可以明天就出發，手裡拿著弓，臉上掛著陽光，像隻蜜獾一樣自由。他也不必向工作請假或為房貸煩惱。

當然，打算要「走」到我家是完全不合理的——我家在將近一萬三千公里遠，要跨越兩座大陸和一座海洋。一名哈札族每天通常能走十六公里的距離，即使他能以某種方式步行跨越大西洋，也需要兩年半的時間才能走到我家。這麼多的步行將消耗四十萬大卡的熱量。

奧納瓦西值得得到一個認真的答案，所以我開始說明。這將是一次漫長的旅行，長達**數年**。而且他不可能用走的完成這段旅程，因為中間有一片海洋，而他無法繞過，它太大了，他需要搭船……

聽到這裡，奧納瓦西就失去了興趣。要走幾年的路是一回事，但哈札族不坐船。

當時我與奧納瓦西的談話就這麼結束，並對他問題的荒謬微笑以對。但多年以後，我的看法不同了。在兩年半的時間裡旅行一萬三千公里並不荒謬，這對人類來說是正常速度。荒謬的是，我不到一天就完成了這個旅程。我在空中旅行的速度比人類所能達到的速度快了近一千倍，而且我到達哈札族營地的速度太快了，以至於抵達時我的身體都還在調時差。我的旅行花費的能量是步行的至少十倍，每位乘客燃燒了價值超過五百萬大卡的航空燃料，通常能讓我的身體消耗五年的能量，在一天內就被消耗掉了。而我連一滴汗都沒落下，甚至幾乎沒有意識到這件事。**這才是荒謬**。

生命需要能量。每一項生理任務，每一項代謝工作，都會燃燒卡路里。我們吸收和消耗這些卡路里的方式決定了我們生存的方方面面，從我們的生活節奏到我們的健康和體態都受其影響。在本書中，我們已經探索了新陳代謝的樣貌，剖析了從粒線體到馬拉松的一切。但我們一直停留在自己內部，只研究我們身體所消耗的能量。

現代能源經濟是基於全球可再生和化石燃料的龐大市場，感覺起來與我們內部的代謝能量預算好像是兩回事。我們甚至沒有使用相同的術語：我們的身體以卡路里為能量單位在運轉，而我們的家戶是以度（千瓦・小時）為單位運行，我們的交通工具則以燃燒幾公升汽油或幾桶石油在運作。但是，我們內部的代謝引擎，以及讓我們的世界運作起來的外部引擎，箇中區別很大程度上只是語言所造成的，是我們對自己玩的一種語言把戲。卡路里就是卡路里，無論它是在我們吃的食物中，還是在我們用太陽能電池板捕獲的陽光中，還是在我們的汽車裡燃燒的化石植物中都一樣。我們在內部和外部的兩個引擎密切地互依互存、交織在一起，而我們幾乎都沒有發現。自從幾十萬年前我們的狩獵採集者祖先掌握了火之後，我們就一直在外部燃燒能量，利用它達到我們的目的。我們駕馭了火的同時，它也塑造了我們。正如我們今日的新陳代謝反映了它的演化根源，我們的現代能源經濟，以及我們對它的依賴，都是我們狩獵採集者的過去的延伸。

而今，當我們飛速衝進一個奇怪而美妙的未來時，我們發現自己飄移到了危險的懸崖邊，而且沒有護欄。我們比過去更能控制我們的能量環境，擁有令人驚嘆的新技術，為我們的世界注入活力、為我們的身體提供燃料。我們可以提供數十億人食物且還有餘，我們能跑透全球，甚至登陸月球，還可以恣意移動山脈和河流。然而，我們對能源環境的管理不善也導致了生存危機：肥胖和氣候變遷。我們駕馭這雙重能源危機的能力，將決定我們人類的集體未來。

在本書中，我們已經討論了人類代謝的新科學，並把焦點放在從演化角度看我們的身體究竟是如何運作。既然我們已經向內看，穿梭時空回到了過去，現在讓我們向外看以及向前看，並為本書做出總結。人類已經發展出令人難以置信的神力，可以同時控制我們內部和外部的能量環境。在不到一個世紀的時間裡，一些最瘋狂的科幻小說已經變成了日常的現實。但是，強大的力量也帶來了難以置信的責任，以及把事情搞砸的可能性。我們過往的紀錄並不特別振奮人心。我們要如何利用我們的力量來維持自己的健康，避免讓自己成為引火自焚的物種？

從集中能量到玩火

我們早上大部分時間都在散步和打獵，在堤卡山懸崖的岩石和灌木叢中來回走動，這時丹福（Danfort）開始做一些我之前沒見過的事情。當他經過低矮的阿拉伯膠樹時，他開始邊走邊折斷拇指大小的枯枝，檢查斷口的中心，速度也沒有慢下來。他這樣做了幾次，一邊折一邊把樹枝扔在地上。它們顯然不是他要找的東西。但他到底在找什麼呢？我想不出來。我記下了這一奇怪的行為，並打算在下次停下來休息時問他。

休息的時間來得比我預期的要快。終於有根樹枝達到了他的標準，他立即找到一塊陰涼的地方坐下來，開始工作。我還沒來得及問他在做什麼，答案就已經很明顯了：他在生火。前晚下了點雨，地上的樹枝都濕了。但他找到了一根內部乾燥的樹枝，並準備開始動手。他將樹枝從中間劈開一根手指的長度，在裸露出的乾燥表面上挖了一個小凹槽，然後拔起一支箭的金屬頭，小心翼翼地將空著的箭桿一端放入凹槽，再用穿涼鞋的腳趾夾住裂開的樹枝，用雙手夾住箭桿，開始來回旋轉，使箭桿往下鑽入下方的乾樹枝內。

不到幾分鐘，一縷細細的煙霧開始輕盈地向上飛舞，繞著箭桿瘋狂旋轉。他很快地得到了小小的餘燼，彷彿有生命地發著光的一粒塵埃，停在斷裂樹枝被劈開的那一面上。我坐在幾公尺外，對他生火的速度和能力感到驚嘆。不過我還是不太明白他為什麼要費這麼大的勁。他整個上午都在打獵，而且稍微有點運氣，打中了一隻山羚和一隻土狼，但沒有真正到手的獵物，所以沒有什麼要烹煮的；現在當然也不冷。那他為什麼要生火？

丹福把一隻手弓起放在剛剛成形的火焰上，另一手開始掏他的短褲口袋，靈活地掏出一根粗的、吸了一半的手捲煙。他把煙頭夾在嘴唇之間，小心地彎腰接近發亮的火苗。吸了幾口之後，煙就點著了。丹福坐直身體，吸了一口煙以後，給了我一個微笑。生火的原因很明顯：抽根煙，休息一下，這是舉世皆然、讓人滿足的舉動。

自從我們這個屬出現以來，從早期的狩獵和採集時代開始，技術（technology）是一直決定人類策略的一個重要因素。一九六四年，李奇和他的團隊在奧杜威峽谷宣布他們發現了一種已滅絕的人族化石遺骸，大腦尺寸大約是今天人類的一半——只比人猿大一點點。但李奇不是太在意比較小的腦這件事，而是被與化石一起出現的簡單石器所吸引：用來肢解獵物或切割植物的粗糙菜刀和薄片。李奇一直是個傾向挑戰一般觀點的人，於是他將這個小腦袋的生物歸入人屬，命名為「人屬巧人種」（*homo habilis*）。他的論點很明確：任何聰明到足以使用工具，特別是用來狩獵和採集的生物，都已經跨越了那個門檻。他們更像是人類而不是人猿。

然而，與李奇生活在同一時代的那些清醒、穿著花呢衣服的人，對他的大膽主張進行了反擊，認為他把我們屬的界限拉得太寬了。然而後續幾十年當中的發現，卻使情況變得更加複雜：使用工具並不像李奇主張的那樣，能夠清楚劃分動物和人類之間的界線。最古老的石器比巧人還早出現，而且我們現在已經知道，人猿在野外經常會使用簡單的工具（但不是片狀的石頭）。儘管如此，李奇這種廣義的觀點，已經發展成為古人類學中最接近於共識的東西。對石器的依賴標誌著我們人族祖先謀生方式的巨大變化。我們是地球上唯一依靠技術來殺死和吃掉獵物的食肉動物。這些石刀使狩獵和採集——人類典型的生活方式——得以實現。

簡單的工具，從奧杜威峽谷的石刀到你廚房裡的刀，都很有用，因為它們使我們能夠集中能量。你有力氣能徒手切牛排，但前提是你能夠將力量集中在刀刃上；如果沒有這項工具，你就只能想辦法用粗糙的指尖和鈍鈍的牙齒把它撕碎，而且還徒勞無功。其他簡單的手持工具，不管是鏟子、撬棍到弓箭都一樣，它們不會使我們更強壯或提供任何額外的能量——它們完全由我們的身體提供動力，卻能使我們以更聰明的方式使用我們的能量。

簡單的工具是如此有用，因此它們從未消失。相反的，在過去兩百萬年裡，我們一直在改進經典的工具（似乎每天都有一個關於更好用的新刀具的廣告），同時也發明新的工具。從廚房裡的所有手持小工具到車庫裡的園藝工具，你家裡到處都是這些東西。在最初的兩百萬年左右，狩獵採集者的工具箱裡只有用來挖掘的木棒、石片和錘子。到了大約七萬年前，人們開始想出一些巧妙的方法來儲存肌肉能量，集中力量射出矛或箭。哈札族的弓就是這種創新的直系後裔，也是證明效果很好的例子。哈札族拉動弓弦時的力量往往能超過他們自己的體重——相當於單臂拉單槓的力量。這種能量儲存在弓身的拉力中，在射箭時瞬間釋放，箭會以超過每小時一百六十公里的速度離開弓，能量足以直接射穿毫無防備的疣豬的肋骨。

但是，儘管這些簡單的工具很聰明也很重要，但與對火的控制相比，它們的影響就相形失色了。火是偉大的技術飛躍。石製工具、弓箭和其他簡單的工具使你能夠操縱你自身身體能量的儲存、集中和釋放方式，但是有了火，我們的人族祖先接觸到了一個全新的引擎。與身體內部的代謝引擎不同，我們的狩獵採集者祖先現在可以隨心所欲地燃燒這些火，想燒多久就燒多久。他們可以離開，讓它們變冷，之後也能再重新點燃。最重要的是，他們可以利用火的力量來完成基本的演化任務：生長、維持和繁殖。這是二十億年生命史上的頭一遭：用外部能量消耗來增強自身的新陳代謝。

人類究竟是何時開始能控制火，目前還是一個激烈爭論的問題。有些人認為，在我們這個屬的早期，也就是一百多萬年前的直立人出現時，他們就已經能用火了。根據烹飪爐灶和燒過的動物骨骼的明確證據，保守估計人類約在四十萬年前左右開始用火。不管確切時間為何，火最初似乎有三種用途：烹飪食物、保持溫暖，以及驅離潛在的掠食者。

用火取暖代表我們的祖先不必在夜間顫抖。正如我們在第三章所討論的，即使是輕微的寒冷也會使我們的代謝率提高百分之二十五，相當於每小時約十六大卡。冷著身子睡覺八小時，可能會使石器時代的狩獵採集者損失超過一百大卡的熱量。有了火來保暖，這些卡路里可以用於其他重要的生理任務，如生長、繁殖和修復。我們的祖先可能還會睡得更香，因為他們知道大型貓科動物和其他物種會本能地避開火。

火對我們的飲食和消化的影響甚至更為深遠。正如理查・藍翰在他的優秀著作《著火》（*Catching Fire*）一書中詳細闡述的，烹飪完全改變了我們的飲食習慣，反過來也改變了我們的身體。用木柴燃燒的火，每〇・四五公斤的燃料能釋放約一千六百大卡的熱量。生起簡單的營火時，這些能量大部分都流失到了空氣中，但以「熱」的形式被食物捕獲的能量，會改變食物的結構和化學成分，肉類變得更容易咀嚼，蛋白質則會變性，使得它更容易消化；原本不能消化的澱粉會被轉化，使碳水化合物能被我們的腸道吸收；加熱根莖類蔬菜的效果最大，因為它們充滿了我們的腸道無法消化的抗性澱粉，因此我們從一顆煮熟的馬鈴薯中獲得的熱量是生吃時的兩倍。簡而言之，火大幅推進了人的飲食，提高了每一口的能量，同時減少了用於消化的能量。

隨著時間過去，我們的狩獵採集者祖先演化為依靠火來調理食物。消化能力降低了，用於龐大消化器官和密集消化活動的能量被轉移到其他任務。如同我們預期的天擇偏好，一些額外的能量似乎被分配給了繁殖。正如我們在第五章中所討論的，人類通常比我們的人猿親屬更容易生出體型較大的孩子。烹飪帶來的能量提升可能也促進了更大、更耗能的大腦的演化。

問題是，人在生理上開始依賴熟食。從熱帶地區到北極地區，每一種有紀錄的文化都會烹煮他們的食物。雖然透過剝奪人的熟食來測試烹飪是否真正必要是不道德的，但因為有夠多的人支持「生食主義」運動，因此他們提供了一個自然形成的實驗組，這些生食主義者出於各種哲學原因，或因為對食物中的「生命力」有誤解而放棄了熟食。針對他們的健康和生理學規模最大型研究來自德國，由三百多名遵循生食飲食（嚴格程度不同）的男性和女性組成小組參與。吃生食的人很難維持健康的體重，許多人的BMI低於十八・五，這是被判斷為營養不良的臨界值。吃生食的婦女經常會停止排卵，而卵巢被影響的程度會與飲食中生食的比例直接相關。男性的生殖功能有時也會受到影響，有些人回報他們失去了性欲。沒有熟食，人類的生存和繁衍能力——衡量演化適應性的兩個不容妥協的標準——就會被嚴重削弱。

這些男女當然能夠取得富含卡路里、低纖維的人工培養食物。他們有冷壓植物油和由其他現代食物製作的能量集中創新產品。但這些還不夠。即使有這些現代優勢，人體在生食的情況下也無法良好運作。我們那些只有野生食物可吃、已經適應用火的狩獵採集者祖先，不可能只靠生食維生。

我們的身體已經內建了對火的依賴，因此我們的內部和外部引擎便不可逆轉地結合在一起了。我們自己的新陳代謝已不再足夠，我們開始依賴第二種外部能源——火，來驅動我們的生活。我們成為了一個「火生」物種：人屬能源種（*Homo energeticus*）。

當然，火帶來的不僅僅是一個額外的熱量來源。火可以用來改變地貌，燃燒大片的森林或灌木叢，驅趕獵物和促進新植物生長。火焰還打開了一個化學和新材料的世界。舊石器時代的狩獵採集者學會用火來硬化木質長矛的尖端，哈札族婦女今天仍然用這種方法來處理她們的挖土棒。我們的祖先發現，經過火處理的岩石往往能製成更好的石器。尼安德塔人和現代人學會使用窯爐來製造瀝青，這是一種從樺樹汁液中提取的強力黏合劑，用來將石斧頭和其他刀片黏在木柄上。早在三萬年前，人類就開始生火，溫度足以燒製陶器。大約七千年前，早期的農業文明就開始思考如何熔煉礦石，製造銅和其他金屬。到了三千年前，他們已知如何製造鐵和玻璃。洪水的閘門已經打開。一百個世代後，他們的子孫會在口袋裡裝著智慧型手機走來走去，將火箭動力機器人送到遙遠的星球。

技術海嘯

在過去一萬年裡，我們對外部能源的要求和消耗都呈指數型成長。我們已經掌握了比火更多的東西，能駕馭任何想像得到的能源。但即使技術已經改變和有所發展，我們還是將它們應用於同樣的古老目標。隨著我們對外部能源的控制力越來越大，我們對它們的生理依賴性也越來越大。

在開始用火之後，我們能源經濟的最大改變是對植物和動物的人工培育（domestication，亦稱「馴化」）。大約在一萬兩千年前開始，世界上的一些族群開始接受一個徹底改變現狀的真知灼見：與其跋山涉水到野外去尋找植物和動物來吃，他們可以把食物帶回家種植或養殖。考古紀錄壓縮了時間，千年的歲月可能被記錄在只有一．三公分的沉積物層中，轉換為農業似乎也是在一瞬間發生。但以現實而言，不難想像這是如何逐步發展的。我看過哈札族在營地附近的土壤中試驗種植沙漠玫瑰叢，他們會用這種植物製作箭毒。他們經常修整他們已經用過的蜂巢，用石頭填補他們在樹上打的洞，這樣蜜蜂就會回來重建蜂窩。野狗有時會在營地周圍閒逛，偷吃殘羹剩飯，偶爾也會被徵召去獵捕小動物。在一萬兩千年前充滿狩獵採集社會的世界裡，可能在全球各地都有這樣的嘗試。

成功的實驗使早期的農業學家控制了植物和動物的代謝引擎。人擇取代了天擇。在野外，如果

圖 9.1 哈札族婦女在烤 *makalitako* 塊莖。與它們的人工培育親屬相比，野生的塊莖偏向木質、纖維極多。你要邊咀嚼它們邊吸出澱粉，再吐出纖維渣。

植物在果實上投資過多或生長過快，可能會對自己不利，因為這樣一來，能分配給在暴風雨中還能保持直立的堅韌根莖的能量太少，也可能沒有能量分配給原本使食草動物不想接近的纖維、荊棘和有毒化學物質。但在園藝家的花園裡，那些果實多的植物會被珍視並再種植，繁殖成功率會比那些吝嗇的鄰居高得多。隨著時間過去，我們操縱了這些人工培育植物的新陳代謝，將它們的能量轉移到為我們身體提供燃料的澱粉和糖類上。今日市場上的水果和蔬菜，與它們的野生祖先相比，看起來就像古怪的、滿是能量的怪胎。

我們對我們的家畜也玩了同樣的把戲。透過保護牠們免受天敵的攻擊，並挑選在繁殖中的優勝者和失敗者，我們偏愛了那些將更多能量分配給生長和產奶的動物。在我們的管理下，這些物種演化成了柔軟、笨拙、可靠的脂肪和蛋白質來源，它們提供了一個新陳代謝引擎，將我們不能食用的草和其他飼料轉化為牛奶、血液和肉，供我們食用。

馬和其他大型物種也提供了一種新的引擎——機械功（mechanical work）的來源，用以增強或取代我們自己的身體能力。正如蒸汽機的發明者瓦特在工業革命初期經由實驗所推斷的那樣，一匹馬每小時可以輕鬆地產生大約六百四十大卡的功（這就是「馬力」的定義），並且日復一日地維持這種輸出。這個數字甚至比它看起來的更厲害：肌肉將代謝燃料轉化為機械功的效率，充其量只有百分之二十五左右。為了在一天十小時內產生六千四百大卡的功，一匹馬要燃燒超過兩萬五千大卡的能量——這還**不包括**用於基礎代謝率、消化和其他生理需求的能量。

役用動物的出現對早期農民的經濟和心理肯定造成不可思議的衝擊。一個有馬的人獲得的是超人類的能力，能做十個人的工作，並運用大力士般的巨大力量。在馬背上的人可以輕鬆地在一天內移動四十八公里，如果需要，甚至可以移動兩倍的距離，且一滴汗都不會流。這比一個徒步的狩獵採集者每天能移動的範圍大了三倍以上。突然間，曾經看似遙遠的東西變得近在咫尺，伸手可及。

如同對火的控制，植物和動物的人工培育增加了我們食物的能量成分，減少為了獲取食物所需消耗的能量。早期的農民經歷的是一場能源大放送。由於體力活動和消化所需的能量減少，他們的內部引擎可以將能量用於其他任務。正如我們對任何演化的生物體所期望，這些額外的卡路里被用於繁殖。在世界各地的早期農業文化中，母親和嬰兒受益於馴化所提供的額外熱量，所以生育率提高了。在採行農業之後的幾個世紀裡，人類的家庭規模擴大，每個母親多了兩個孩子。我們現在也可以在狩獵採集者和覓食耕作混合的族群中看到這些影響。一名典型的哈札族婦女一生中會有六個孩子，而擁有一些傳統農業熱量優勢的齊曼內人婦女，一生會有九個孩子。

隨著人口增長，早期農民遇到了他們的狩獵採集者祖先從未遇到過的各種奇怪的新問題，如過度擁擠和公共衛生問題。在原本稀疏分布的狩獵採集者營地間很快就會消失的傳染病，現在變成會全面蔓延的瘟疫，在早期的農業城鎮和城市中肆虐。新冠肺炎疫情也讓我們清楚知道，我們至今都還在努力應對這些古老的挑戰。

但更多的人口也刺激了創新。更多的人口代表有更多的人一起生活、工作和思考。把更多的腦袋放在一起，能對新思想的發展產生綜效，哈佛大學的人類演化生物學家喬・亨里奇（Joe Henrich）把這種現象稱為「集體大腦」（collective brain）。生產食物的能力增強，也代表人們可以實現多樣化，有人可以自由地將他們的成年生活花在食物生產以外的任務，這是任何狩獵採集者都沒想過的奢侈，全新的工藝和工作也誕生了。三千多年前，地中海、南太平洋和其他地方的文明已經想出了如何利用風的力量來航行。水磨在兩千多年前出現，因為人學會利用流動河水的能量來磨碎穀物，將水提升到灌溉系統，進行各種其他工作。幾個世紀後，風車也加入了它們的行列。每一項發明和改進都擴大了我們的外部引擎和我們可以支配的能源。

我們外部能源經濟史的最新一章，也就是我們今日仍然生活其中的這一章，始於十八世紀，使用煤炭來燃燒工業革命的蒸汽機和工廠。化石燃料代表著遙遠過去裡，無數動植物辛辛苦苦累積數百萬年的集體新陳代謝，當我們燃燒它們時，我們正在釋放儲存在這些古老生物體中的能量。煤炭的開採和燃燒已有幾千年的歷史，但採礦技術的進步和工業的蓬勃發展，使得煤炭的使用在十八世紀的歐洲飛速增長。石油和天然氣的生產也跟上了腳步，隨著十九世紀中期商業鑽探的發展，石油和天然氣從邊緣的燃料來源，變成全球使用的主流能源。今日，這些化石燃料為地球上的每個人每天提供超過三萬五千大卡的能量，占我們人類外部能源消耗的百分之八十。

在工業化世界，因開採化石燃料導致能源消耗的量子躍進，完全改變了我們生產食物的方式。在一八四〇年，即美國工業革命的早期，農民占美國勞動力的百分之六十九，即美國總人口的百分之二十二。每個農民生產的食物足以養活自己和其他四個人。在後續幾十年裡，隨著來自化石燃料的能源以機動機械、石油基肥料以及先進的運輸和冷藏的形式湧入糧食生產的行列，農民可以生產的糧食數量大幅激增。而今，農民和牧場主人只占美國勞動力的百分之一．三，僅占美國總人口的百分之〇．八。食品加工、運輸和零售業雇用了另外大約百分之一的成人勞動力。從事農業和食品加工的一個人所生產的食物，就足以養活自己和其他三十五個人。

我們的現代食品系統需要大量的能源。美國的食品生產每年大約消耗五百兆大卡熱量，其中三分之一是在農業機械和運輸中燃燒的汽油或柴油，另外三分之一是用於製造化肥和農藥的化石燃料，剩下三分之一大多是農場、倉庫和超市運作所需的電力。

這些用於食品生產的數兆大卡熱量對我們飲食的能量成本和能量含量都有深遠的影響。要了解這一點，我們要先考慮將植物或動物轉化為食物所需的能量和時間成本。在哈札族這種狩獵採集社會中，生產食物需要一個人步行，梳理地形以找到他們的目標，然後他們必須透過射擊和追蹤獵物、挖掘塊莖、採摘漿果或砍樹採蜜等一些行動的組合才會有收穫。接下來，他們要把東西帶回家，但事情還沒完。動物需要屠宰和烹調（並要收集柴火），塊莖需要烘烤和剝皮，猴麵包樹的果核需要壓碎才能拿出裡面的堅果。只有在付出所有這些努力之後，他們最後才能好好吃一頓飯，所有這些努力都會直接影響到食物生產的速度。哈札族的成年人每小時的覓食，大約能讓他們獲得一千至一千五百大卡。

傳統的耕作方法使事情變得容易一些。田地和羊群離你的房子很近，所以你只要花比較少的時間和精力就能步行去找你的食物。農作物可以大批收割，提供了規模優勢。如果植物和動物是人工培育的，它們每公克可能含有更多能量。因此，對於齊曼內人和其他覓食混合農業的社會來說，能量生產的速度大約是每小時一千五百到兩千大卡。

在現代工業化社會中，從事食品生產的人數不多，而且那些人通常只對這份工作當中的某一個方面做出貢獻（種植小麥的人並不是將小麥變成早餐穀片的人），因此很難計算一個人的糧食生產率，不過有個替代方法。工業化經濟體使用貨幣來交換各種商品和服務。在自由的勞動力市場中，在一個行業（如製造業）中工作一小時，應該能賺取大致足夠的工資來支付另一個行業（如食品生產）運作一小時產生的產品。所以與其直接衡量食品產量，我們可以問：「一個藍領工人用一小時的工資能買多少食品？」

在一九〇〇年的美國，隨著工業化的發展，在製造業從事一小時的體力勞動可以買到超過三千大卡的麵粉、雞蛋、培根和其他主食（圖9.2）。隨著化石燃料能源流的增加，我們的購買力也在增加。今日，一名美國工人一小時的工資，可以購買大約兩萬大卡的這些主食。食物生產的基本要素與哈札族營地或齊曼內村莊沒有什麼不同，但由於對外部能源支出的依賴，人類所需的時間和能量已經大大減少。種植、收穫、運輸和加工食物所需的時間和能量，是由化石燃料驅動的機器提供的，而它們能以令人難以置信的規模和效率完成這一切。大量收入微薄（往往被剝削）的農場工人也投入了他們的能源，與巨大的化石燃料動力機器一起工作，採摘、加工和包裝我們的食物。所有這些廉價的能源都體現在最終出現在超市裡的那些食物中，讓你用三個小時的工作，就能獲得比一名哈札族一週生產的卡路里還多的熱量。

工業化加工也增加了我們食物的能量密度，也就是每一口食物所含的卡路里。所有的現代加工技術，如提煉油和糖，製造糖漿和甜味劑，以及對穀物脫殼和研磨，以萃取每個穀粒的澱粉核心等，都需要大量的能量。在前工業時代，這些需要耗費的心力都抑制了食品加工的發展，使加工食品維持稀有性和昂貴的價格，糖在過去就是一種奢侈品。但在今日，來自化石燃料的廉價能源使食品加工變得有利可圖。每克熱量最高的食物，也是生產和消費起來最便宜的食物。甜菜糖和高果糖玉米糖漿等甜味劑，已成為美國飲食中最大的單一成分，占我們所消耗熱量的百分之二十。油是第二大的組成成分，占我們熱量的百分之十三。事實上，加工過程已顛覆了成本和能量含量之間的常見關係，導致一種高度加工、能量暴衝的飲食出現。工業化飲食的能量密度比哈札族的飲食高了百分之二十，而且幾乎不需要付出任何體力就能獲得。我們的狩獵採集者祖先一定會對此感到震驚。

工業革命帶來容易消化的熱量和食物成本降低，兩者的結合可能導致生育率上升。還好沒有真的發生這種事。但所有這些額外的卡路里已經影響了潛在的生育能力。富含能量的加工飲食（包括嬰兒配方奶粉）和久坐的生活方式相結合，減少了生殖的能量負擔，縮短了母親身體在兩次懷孕之間的恢復時間。對於有一個以上孩子的十幾歲和二十幾歲的美國母親來說，兩次分娩之間的時間往往是兩年或更短，與齊曼內人的生育間隔相當，或者甚至更快一點。按照這種速度，一名美國母親在她的生育年齡可以很輕易地生出十個或更多的孩子。

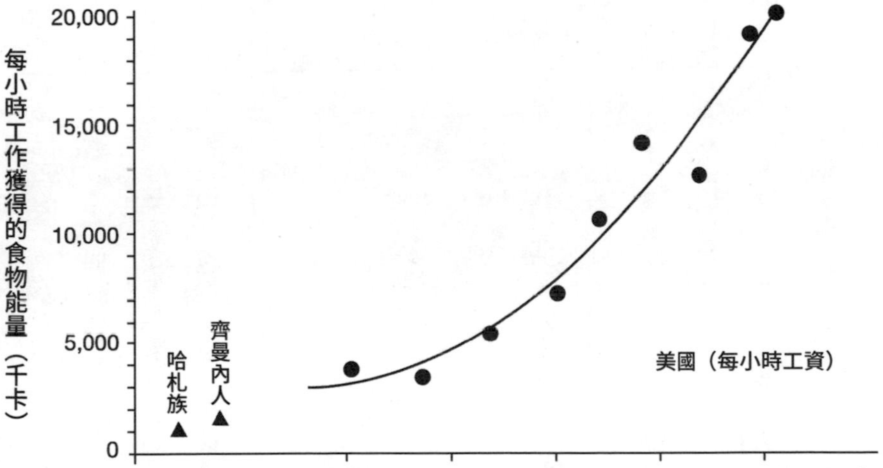

圖 9.2 工業化人口中的男性與女性每小時工作所獲得的食物能量，遠比狩獵採集或務農維生的農民獲得的多。

但是，世界各地的生育率並沒有隨著工業革命的發展而起飛，而是在現代化的過程中下降了，這種現象被稱為「人口轉型」。婦女開始減少生孩子的數量，並在每個孩子身上投入更多的時間和資源。我們目前還不清楚這種生殖策略變化背後，文化和生物因素如何確切組合。許多人指出，生育率的下降伴隨著預期壽命的延長，顯示出家庭對於他們的孩子更有可能活到成年這件事上做出了反應（不論是是刻意還是無意識的）；其他人則認為，文化的改變，包括女性得以接受教育和計畫生育，是改變潮流的原因。無論原因為何，我們都該心存感激。人口結構轉型減緩了全球人口增長，為我們贏得了拯救地球的時間。

意外的後果

食品生產的巨大能源成本，使工業化世界的人們處於怪奇不祥之地。如果一個物種花在覓食上的能量超過它所獲得的食物，那麼它就不可能持續存在，這是生命的基本規則。野生的哺乳動物通常每花一卡路里覓食，就能得到大約四十卡路里的食物。像哈札族這種狩獵採集社會中的人類，或者像齊曼內人這樣的採集農耕混合社會中的人類，覓食的成效會比較差一些，每花一卡路里工作，就能獲得大約十卡路里的食物。但我們的現代食品生產系統已違反了生態學的基本法則。如果我們把食品生產中消耗的化石燃料能源計算在內，我們每生產一卡路里的食物會燃燒八卡路里。這不是一個能夠避免滅絕的好比例。

而且情況還變得更糟了。食品生產中所消耗的能源，只是我們能源經濟的一部分。在美國，我們每年的消耗達到了驚人的兩萬五千兆大卡。美國的人口約為三・三億，每年的能源消耗相當於每人七千七百萬大卡熱量，也就是每天二十一萬大卡，相當於一個九噸重的哺乳動物（非洲象也只有七噸重）的每日能量消耗。每一個美國人消耗的能量，比七十個狩獵採集者加起來還要多。

少數國家的人均能源消耗甚至更高。坐擁大量石油供應的國家，如沙烏地阿拉伯，或擁有大量替代性能源的國家，如冰島，都傾向隨意消費能源。但是，世界上大多數國家其實無法便利地獲取我們這些工業化國家的人認為理所當然的外部能源。以全球而言，我們這個物種每年消耗十四萬一千兆大卡的熱量，平均每人每天四萬七千大卡，幾乎是我們內部代謝引擎的能量消耗的十六倍。地球上有七十七億人，但我們燃燒能量的分量就像我們有一千兩百億人一樣。

如果這一切聽起來好像無法永續和稍微有點可怕，那你就錯了：它是完全無法永續和絕對很可怕的。目前最好的評估也顯示，我們還剩下大約能使用五十年的石油和天然氣，煤炭也許還能使用一百一十年。隨著尋找和開採這些燃料的技術的改進，這些數字可能會再多一些，但這一切只是延長減少的時間而已。衝擊即將到來，不是本世紀，就是下個世紀。隨著化石燃料的耗盡，我們在外部燃燒的能源即將消失近百分之八十。即將經歷化石燃料末期的這一代，可能會是自我們舊石器時代祖先開始用火以來，第一代擁有的外部能源經濟比他們父母更少的人。如果沒有其他能源取代化石燃料，在地和全球的食品生產和運輸系統都將崩潰。我們面臨的世界將是沒有電子儀器的《飢餓遊戲》、沒有機動車輛的《瘋狂麥斯》。

唯一比化石燃料耗盡更可怕的，是當我們將之燃燒殆盡後會傾巢而出的災難。人類造成的氣候變遷正在發生，地球比十九世紀末的溫度高了攝氏〇．八度（華氏一．四度），而當時化石燃料的使用才開始起步。目前這一代的氣候模型對我們日益變暖和狂暴的天氣已經做出令人難以置信的準確預測：如果我們將目前已知的化石燃料剩餘儲備量燃燒殆盡，在接下來的一個到兩個世紀內，全球將再升溫攝氏八度。這座星球上一次這麼熱，是在五千五百萬年前的古新世－始新世氣候最暖期（Paleocene-Eocene Thermal Maximum），當時海洋非常溫暖，以至於幾乎所有深海中的東西都滅絕了。當時的海平面至少比今日高一百公尺（三百二十八英尺）。如果人類造成的氣候變化使海平面上升，就算只有一點點接近這個高度，我們就都有麻煩了。大約百分之十的世界人口，包括三分之二的大城市，都位在海平面上十公尺以下的地點，而世界上有一半人口生活在海平面上一百公尺以下的地方。燒盡我們所有化石燃料儲備將重塑我們的星球，淹沒我們的主要城市，消滅幾乎所有國家。

要避免許多嚴重的災難性氣候變化情境發生，我們必須戒除使用化石燃料的習慣，越早越好。其中一些改變很容易，而且很早以前就應該做了：使用更有效率的汽車和建築、減少包裝和產品帶來的廢棄物、更好的大眾運輸，以及更聰明的農業和製造業，這些都能減少我們的能源使用。儘管對燃料效率的規範和對大眾運輸的投資遇到了阻力，但還是有一些希望的曙光，讓我們在使用能源方面越來越聰明。自一九七〇年代以來，已開發國家的人均能源消耗一直在穩定下降，只是相當緩慢。英國的人均能源消耗自二〇〇〇年以來下降了近百分之三十，在美國，自一九七〇年代末的高峰值以來已經下降了百分之三十，自二〇〇〇年以來下降了百分之十五。

但光是更好的能源效率並不能拯救我們。我們這個物種，人屬能源種，需要極大量的能量。以文化和生物學而言，我們已經演化得過於依賴龐大的外部能源供應來為我們日常生活的各個方面提供動力。如果我們想保持一些現代生活的模樣，前工業化的能源經濟就不再可行了。正如我們已經看到的，光是在美國，每年就需要五百兆大卡的外部能源支出，讓數量極少的農民和食品生產者養活數以億計的人，其中大部分都住在數百公里外、人口稠密的市中心裡。我們花費**十倍**於此的能量來加熱、冷卻和照亮我們的現代家庭和公寓建築。如果沒有能源提供的氣候控制，太陽帶（美國北緯三十六度以南的地區）仍將是人煙稀少的沙漠。美國每年消耗在連結我們與家人、物品和工作的交通上，消耗了超過七千兆大卡的外部能源。只能用腳前進的哈札族每天步行大約十二．八公里，但在美國和歐洲，工作通勤的平均**單程**距離就接近十二．八公里了，而隔天我們只需支付機票的價格就可以飛到地球上的任何地方。同樣的，哈札族在運氣好的日子裡也許能攜帶十三．六公斤的食物回家，每一．六公里的能量成本為十大卡，但一輛柴油貨運列車可以在大陸的任何地方運載十三．六公斤的貨物，每一．六公里的能量成本約為一大卡。食物、住所、移動——在我們的工業化世界中，我們完全依賴我們的現代外部能源供應來生活。

我們需要前往的方向顯而易見——儘管要到達那裡相當困難。如果我們想繼續以人屬能源種的身分活下去，那我們就別無選擇，必須找到某種方法，在不燃燒化石燃料的情況下為我們的外部引擎提供動力。氣候科學家一致認為，我們必須在二〇五〇年之前在全球實現零碳排放，才能有合理的機率避免災難的發生。到目前為止，我們這個物種已經想出了四種在有意義的規模上不排放溫室氣體的發電方式：水力、風機、太陽能發電和核裂變。水力發電基本上已經用完了，我們已經沒有大河可以築壩，且在任何情況下都會造成大規模的生態破壞。這就剩下太陽能和風能了，它們目前總共提供了全球百分之二的能源，而核能則產生了百分之五的能源。我們將需要以某種組合方式大幅擴展它們產生的電量，以取代化石燃料的位置。這是一座難以攀登的大山，但有幾個合理的策略可以讓我們達到這個目標，也有一些充滿希望的例子來指導我們的方向。法國百分之七十以上的電力和百分之四十五的總能源需求來自核能和可再生能源（主要是核能）。擴大核能發電量作為一個臨時或長期戰略看起來可能很可怕，但值得注意的是，化石燃料每單位發電量殺死的人數，比核能還要多數千人。無論我們在這漫長的旅程中最後選擇什麼解決方案，重要的是要開始並繼續前進。

我們不能夠假設我們必然會成功。無論如何，化石燃料的終結很快就會到來，需要一致的努力與權宜的勇氣，才能打造一個新的、可持續的外部能源系統。我擔心我們這物種近來無節制的進步和技術突破的歷史，已使我們過於自滿，對深層的教訓視而不見。正如我們在德馬尼西（第四章）等地看到的那樣，滅絕是一種常態。我們的星球是一個具挑戰性且變幻莫測的居所，物種和社會都反覆經受考驗，通常都會失敗。如果我們不找出一個永續的方法來維持我們物種的外部能源供應，我們也會失敗。地球將吞噬我們，然後繼續存在，對此無動於衷，而我們的骨頭和廢墟則會被凍結在泥土中。地下的空間可是非常大的。

建設一座更好的動物園

即使我們急於保護我們物種的外部能源生命線，我們也必須與它對我們的身體造成的損害進行鬥爭。我們的工業化能源經濟使現代生活成為可能，但它也使我們生病。我們一直在打造我們的世界，著眼於成長和舒適。但我們需要更好地塑造我們的環境，以保護我們內部的代謝引擎。

如果不採取果斷的行動來改變我們的食物環境，我們將永遠無法扭轉全球肥胖大流行的趨勢。正如我們在第五章和第六章中所討論的，體重增加從根本上說是一個能量不平衡的問題，也就是吃進的卡路里比你燃燒的還多。哈札族和其他人給我們的教訓是，我們對於改變自身燃燒多少熱量無能為力。每日能量消耗是有限的，卡在一個你的身體要努力維持的狹窄範圍內。因此，肥胖主要是一個過度消費的問題。為了解決這個問題，我們需要改變我們的食物。

我們都應該對我們的飲食負責，但暴飲暴食並不只是意志力或紀律的失敗，背後的原因其實更隱蔽。我們的大腦在潛意識裡調節攝取量，使用古老、演化的系統來管理代謝率、飢餓感和飽足感。我們傾注在生產和加工食品上的能量，使得食品從營養的來源轉變為更類似於毒品的東西。在我們的超市貨架和廣告中占主導地位的，是高度加工、經過調味處理的食品，它們很容易勝過我們大腦調節能量平衡的能力。正如霍爾的研究（第六章）所顯示的，以加工食品為主的飲食會導致暴飲暴食和體重增加。

廉價的加工高熱量食品是工業化生產和我們依賴容易取得的外部能源導致的直接後果（圖9.2）。

這確實是一個驚人的成就，我們已成功地把生態學的基本原則之一推翻了。在自然界中，像蜂蜜、獵物或水果等富含能量的食物，總是比像樹葉這樣的低熱量食物更少、更難得到；但是在現代超市裡，情況卻恰恰相反。高度加工的物品，如油、甜味劑和垃圾食品每公克含有更多的卡路里，而每卡路里的成本卻更低。連鎖店賣的的一個雙倍巧克力甜甜圈含有三百五十大卡熱量，一次買一打的話一個只要八十三美分，代表每一百大卡只價值二十五美分。以〇．四五公斤一美元的價格計算，美味的紅蘋果每一百大卡要價三十七美分，比甜甜圈高百分之六十。蘋果顯然對你更好，而且我們從霍爾特關於飽足感的研究中知道（第六章），蘋果的飽足感是甜甜圈的兩倍以上，但是誰要選蘋果啊？甜甜圈就是故意做得超好吃的啊！如果你的口袋裡有一美元，而且你餓了，你會買個甜甜圈還是買些蘋果？

如果我們能把這些怪異的食物安排到我們的生活中，我們應該也能把它們排除到生活之外。沒有人（至少我沒有）希望生活在一個沒有甜甜圈的世界，但是我們必須使食物的成本更能反映出它對我們健康的影響。一種方法是增加不健康食品的成本。對蘇打水和其他含糖飲料徵稅通常是不受歡迎的，但它們似乎有效地減少了人們的消費數量。將這些稅收擴大到其他高度加工的食品可能也會降低它們的攝取量，而且無論如何都會為政府提供一個收入來源，用來因應我們不斷膨脹的腰圍所帶來不斷擴大的健康成本。

我們還需要使未加工的健康食品更便宜、更容易取得。二〇一五年，有超過三千九百萬名低收入的美國人生活在「食物沙漠」；如果你住在城市，需要步行〇．八公里以上才能到達食品超市，或是你在農村，需要開車十六公里以上才能到達食品超市，就符合所謂「食物沙漠」的定義。而即使這些人可以去到超市，他們也面臨著我們的工業化食品系統的不正當定價：加工食品的每大卡熱量通常比新鮮水果和蔬菜、肉類和魚類以及其他未加工食品便宜得多。令人驚訝的是，肥胖和心臟代謝疾病對貧困社區的影響特別大。我們已經透過每年數十億美元的補貼操縱了食品和能源市場。如果我們更聰明一點，我們會利用這些資金來確保健康食品更便宜、更豐富。由於健康軌跡是在兒童時期形成的，所以我們應該把學校營養列為優先事項，限制垃圾食品的獲取，增加菜單上原型食物的比例。

我們不需要等待法規或社會的轉變來對我們的個人食物環境進行有益的改變。正如基文納特和其他人所認為的那樣，做一些小事讓誘人的高熱量食物遠離你，可以產生很大的影響。如果你的家裡沒有碳酸飲料和餅乾，你就不能無意識地吃下去。你辦公桌上不需要放那碗糖果，那對任何人都沒有幫助。不要把加工過的、富含能量的食物放在伸手可及的地方，讓它們更難取得，能使你在決定何時和如何放縱時，更加地注意和謹慎。

現代化也使我們變得久坐不動。我們演化為狩獵採集者，使我們擁有為了行動而生的身體（第四章和第七章）。像鯊魚一樣，我們需要不斷地移動來生存。但是我們投入在食物生產和運輸上的所有外部能量，使體力勞動在我們的工業化環境變得可有可無。在過去的一個世紀裡，美國勞動力中從事律師、醫生和行政人員等白領工作的比例增加了兩倍，從一九一〇年的大約百分之二十五到二〇〇〇年的百分之七十五。今日，美國超過百分之十三的工作被歸類為「久坐」，另外百分之二十四只需要「輕度運動」，這些百分比在白領職業中更高。在並不遙遠的過去，我們的狩獵採集者祖先經常在一天內走上一萬五千步甚至更多，而現在是我們這個支系的演化歷史上，普通男性或女性首次可以不用離開他們的座椅來謀生。

由外部提供動力的運輸和機械化，使現代生活得以進行，畢竟沒人會每天步行來回二十六公里去上班，或爬三十層樓梯去辦公室。儘管如此，我們仍然需要在日常生活中設法安排更多的身體活動。運動很棒，我們也的確需要動得更多。但我們需要超越那種既定的運動心態，彷彿我們的身體活動一定要安排在每週裡的幾天、每次幾小時那樣。就算我們在健身房度過夜晚和週末，長時間的久坐也一樣致命。我們需要可步行的城市和城鎮，以及真正對人力移動方式的投資。哥本哈根這樣的城市就在這方面處於領先地位，他們設計了有利於自行車而非汽車移動的都市。自行車共享系統也極可能有所幫助，增加日常身體活動，減少疾病。

工業化和現代化也導致我們付出了其他更難量化的代價。像哈札族一樣，我們的狩獵採集者祖先在與家庭和朋友密切往來的社會結構中度過了他們的生活。他們在戶外、在陽光下度過他們的日子。由於每個人都從事同樣的工作，所以沒有持久的財富可供幾代人集中使用，社會和經濟不平等的現象也很少。哈札族能自豪地自稱平等主義者，而且他們不對任何人負責，只對自己負責。

隨著農業與工業化的發展，社會契約也發生了重大變化。階級差異和等級制度出現了，先是土地鞏固了財富，接下來是資金。當然，這種制度對上層階級很有效，但對那些被困在底層的人來說卻是一場災難，因為他們被當作奴隸，或被以其他方式剝削他們的勞動。其餘的人則被夾在中間的某個地方，他們渴望攀登社經地位的階梯，同時也迫切希望不要被夾在下面的齒輪裡。

從對金錢的恐懼到我們被拋在後頭的痛苦感受，再到每天對我們尊嚴的攻擊，這種社經地位安排所帶來的壓力，對我們這個物種來說是種新的挑戰，我們似乎不太能好好處理它們。生活在社經光譜不快樂的一端，使我們生病並縮短了我們的生命。生活在貧困中的人，罹患肥胖症、糖尿病、心臟病和其他心臟代謝疾病的比例比富人更高，且這種影響比我們僅從飲食和運動的差異所預期的要大。同樣的，有色人種和其他邊緣化群體的健康狀況更差，壽命更短。如果我們真的想改變我們的環境，進而改善我們的代謝健康，那麼我們需要解決社會經濟差異，而不僅僅是飲食和運動。

不幸的是，工業化也減少了一些可能有助於抵銷壓力影響的工具。首先，日常身體活動減少了。我們的社會聯繫也在減少，家庭更小，更分散，孤獨變得如此普遍，以至於現在已成為一種公認的健康問題。現代化也把我們帶進了室內，但在戶外的時間可以緩解壓力，促進身體活動，而且似乎比單純的身體活動更能改善心臟代謝健康。哈札族基本上所有清醒的時間都在戶外度過，而典型的美國人一生中，有百分之八十七的時間是在建築物中度過的，還有百分之六的時間待在汽車裡。當我們努力想將過去狩獵採集者的健康要素帶回我們的現代生活，我們就需要廣泛、全面地思考。這可不僅僅是塊莖的問題。

回到營地

我希望那些是火。

坐在姆凱倫格（Mkelenge）外的一大片溫暖、平坦的岩石上，這個哈札族營地座落在堤卡山的懸崖上，我透過阿拉伯膠樹的空隙向外看下面寬闊的谷底。我帶著一種反思的心情。這是我幾年來頭一次回到哈札族營地，自我首次進行哈札族能量學研究計畫以來，已經過了十年。幾分鐘前，橙色的太陽在寬闊的山谷遠處的懸崖上濺起了最後的水花，沉入了西方的地平線下。當世界失去色彩並開始變暗，我在下方平坦的遠處看到了以前在哈札族營地從未見過的東西：燈光。

我數了數，一共五處燈光，像錯落的星星一樣散落在幾公里遠的地方。他們可能不是哈札族，下面一望無際的地方比較受達托加（Datoga）牧民的歡迎，他們會在乾燥的灌木叢中放牛和牧羊。我的大腦最初認為那些是烹飪用火，但顏色不對。火是橙紅色的，而這些是明確無誤的電白色。為什麼達托加家庭會在屋外做飯呢？

顯而易見的結論進入了我的思考，電力正在滲透哈札族營地。

我試著對這件事保持冷靜，*hamna shida*。也許還很高興。燈光很有用，天知道我在自己的日常生活中有多依賴它們（我的口袋裡有一個手電筒，帳篷裡還有兩個）。我有什麼資格評判這件事？如果達托加人的家裡有一盞燈，對做晚間家務的婦女和孩子來說有巨大的幫助。而且這些都是小型的太陽能板發電系統，不是貫穿哈札族區域中心的電線。至少這些是乾淨能源。

我提醒自己，哈札族幾十年來一直在應付工業化世界的侵襲，他們讓出了土地，但試圖在艱難的情況下做到最好。他們已經很高興地採用了一些現代技術，你會發現營地裡偶爾會有手電筒或收音機，不過電池很難買到。手機已經越來越普遍，在每個營地你都會發現有人知道要爬到哪座山上去找信號，就算他們自己根本沒有手機。他們很樂意利用坦尚尼亞政府偶爾發放的食物援助，可能是幾袋玉米。儘管如此，哈札族的文化依舊一直保持著令人難以置信的彈性和完整性。他們以自己的方式，一點一滴地接受了現代世界。

不過，我還是無法擺脫一些更憂鬱的感覺，一種失落感。工業化世界正在緩慢地、不留情面地強行進入哈札族營地。當然不是今天，可能不是明年，甚至可能不是下個十年，但這道冰川正在向前推進，文明的無盡重量迫使它穿過我面前的山谷，撕扯著它下面的結構。哈札族生活在這些山上，從事打獵和採集已經幾百個世代，也許有幾千代了。這一切再過多少年就會全部消失？再過多久，哈札族就會被迫加入工業化世界，像之前無數的原住民文化一樣，淪為社經金字塔的底層？今天營地裡的年輕男女未來會不會住在用煤渣磚建造的骯髒房子裡度過他們的黃金歲月，在叢林中的生活只能出現在午夜夢迴，卻要眼看著他們的後代子孫與肥胖症、心臟病和其他現代世界的負擔鬥爭？在他們教會我們如何好好生活之後，工業化世界會這樣回報他們嗎？

我在姆凱倫格看到的情況給了我希望。哈札族的男性和女性一如往常，遵循古老的傳統進行狩獵和採集。不管是年老還是年少的女性，早上都在外面尋找 *makalitako* 和 *ewka* 塊莖，帶回家在公共的火堆上烤（圖9.1）。他們會做酸溜溜的猴麵包樹果實冰沙，搗碎果核以取出營養的中心部分。男性整天在外面打獵或在營地裡研究箭和弓。那是一年中的特殊時期，旱季後期，猴麵包樹開了花，濃郁的白色香花在枝頭飛舞，隨處落在地上，吸引著食草動物。男性會在日出前離開營地，在開花的猴麵包樹旁埋伏打獵。獵物很多，營地裡大家大啖飛羚、麂羚和犬羚。

我們也有理由對未來抱有希望。營地裡到處都是頑皮的孩子，說著哈札族語跑來跑去。男孩帶著一把輕巧的弓和他們父親的斧頭走出營地，尋找蜂蜜和野味。女孩和她們的媽媽、阿姨們一起覓食，學習如何透過敲擊葡萄樹附近的地面來評估塊莖的品質。朋友和家人一起度過每一天，分享食物，歡笑和交談。來自附近其他營地的鄰居會經過這裡拜訪、休息，也許還能吃到零食。這個群體很強大。

我離開姆凱倫格時感覺很樂觀，不僅是對哈札族，對我們其他人也是如此。關於我們的身體和新陳代謝的健康，我們還有很多東西需要學習，但我們已經了解得足夠多了，可以開始更好地照顧自己，培養一代更健康的孩子。這要從了解我們的起源開始，要願意向哈札族這樣堅持古老傳統的文化學習，以及要有創意，以永續的方式將這些經驗帶入我們自己的生活。我們是地球上最聰明、最有創造力的物種，擁有如神一般的技術力量。當然，我們可以學會好好對待我們的身體、我們的鄰居和我們的星球。

致謝

本書內容來自無數的家人、朋友與合作者的幫助和投入，歷時十多年終於完成。首先我要感謝我的妻子珍妮絲和孩子們，艾力克斯和克拉拉，感謝他們在我做田野調查、被困在實驗室測量尿液樣本、或躲在地下室敲敲打打寫完這本書時，都給予我支持並幽默以對。謝謝你們。我愛你們。

我也同樣感謝我的家人（媽媽、爸爸、喬治、海德、霍莉和艾蜜麗），他們培養我進行批判性思考並享受良好的論證。傑夫・科倫（Jeff Kurland）、艾倫・沃克（Alan Walker）、鮑伯・伯寇德（Bob Burkolder）和賓夕維尼亞州立大學的大家都在我奠定基礎的大學階段提供了指導和機會，塑造了我作為科學家的軌跡，最終讓這本書得以實現。

哈札族社群相當大方與好客，慷慨地歡迎我和同僚進入他們的營地，忍受我們數不盡的問題和要求。本書中我與哈札族（以及其他地方）進行的研究故事和對話都來自真實的經歷，並根據我的記憶和偶爾的日記，盡可能精準呈現。我感謝哈札族的好客和友誼，希望本書中對他們生活的描述能確實地描繪出他們非凡的文化。想了解更多關於哈札族社群的資訊，請參考 HadzaFund.org。

如果沒有我的好朋友和合作者布萊恩・伍德和大衛・雷克倫，我就不可能完成在哈札族的研究。多年來，我在坦尚尼亞的研究工作也獲得了許多朋友的幫助和豐富，包括：瑪莉雅姆・安雅薇爾（Mariamu Anyawire）、賀里斯・克里歐法（Herieth Cleophas）、傑克・哈里斯（Jake Haris）、克里斯欽・基夫納（Christian Kifner）、菲德斯・基雷（Fides Kirei）、莉芙・林恩（Lieve Lynen）、納森尼爾・馬寇尼（Nathaniel Makoni）、奧德克斯・馬布拉（Audax Mabulla）、伊博拉恩・馬布拉（Ibrahim Mabulla）、卡拉・馬洛（Carla Mallol）、法蘭克・馬洛威（Frank Marlowe）、茹絲・馬席雅斯（Ruth Mathias）、伊蓮娜・馬盧琪（Elena Mauriki）、邦加・帕羅（Bunga Paolo）、道迪・彼得森（Daudi Peterson）、克里斯多福（Christopher Schmelling）和娜妮・史奇默（Nani Schmelling）。

科學是一項團隊運動，我非常幸運能向許多在人類演化和能量學領域中最優秀的研究人員學習，並與他們合作。史蒂芬・基文納特、凱文・霍爾、丹尼爾・李伯曼和約翰・司畢曼，多年來都與我分享了他們重要的見解，以及對本書早期的草稿提供意見回饋。本書的觀點和內容也得益於與下列人士的對話與合作：萊斯利・艾略、安德魯・貝韋納（Andrew Biewener）、瑞克・布萊畢卡斯（Rick Bribiescas）、約翰・布斯（John Buse）、文森・卡魯（Vincent Careau）、艾瑞克・沙努（Eric Charnov）、史帝夫・邱吉爾（Steve Churchill）、梅格・克福特（Meg Crofoot）、莫琳・德文（Maureen Devlin）、拉娜・道格斯、霍莉・鄧斯渥（Holly Dunsworth）、彼得・艾利森（Peter Ellison）、梅麗莎・埃莫瑞・湯普森（Melissa Emery Thompson）、芮德・費瑞（Reid Ferring）、麥可・古爾文、安東尼・哈克尼、路易斯・哈爾西（Lewis Halsey）、史帝夫・亨斯菲爾（Steve Heymsfield）、金・希爾（Kim Hill）、理查・肯恩（Richard Kahn）、希拉德・卡普蘭（Hillard Kaplan）、威廉・克拉斯（William Kraus）、克里斯多夫・庫薩瓦、米契爾・厄文、凱倫・艾斯勒、愛咪・盧克、保羅・麥克林（Paul MacLean）、菲利希雅・麥迪曼諾斯（Felicia Madimenos）、安德魯・馬歇爾（Andrew Marshall）、艾德・梅蘭森、黛博拉・莫伊歐（Deborah Muoio）、馬丁・穆樂（Martin Muller）、蓋伊・普萊斯克（Guy Plasqui）、蘇珊・拉塞特、艾瑞克・拉維辛、黎安・瑞德曼（Leanne Redman）、潔西卡・洛斯曼（Jessica Rothman）、史蒂芬・羅斯、羅伯特・舒梅克、喬許亞・史諾德格斯（Joshua Snodgrass）、戴爾・舒勒、勞倫斯・杉山（Lawrence Sugiyama）、班傑明・川博（Benjamin Trumble）、克勞蒂雅・威倫希雅（Claudia Valegia）、卡岩・馮薛克（Carel Van Schaik）、艾琳・沃格爾（Erin Vogel）、卡拉・沃克（Kara Walker）、克里斯汀・沃爾（Christine Wall）、珂拉斯・威斯特托普、威廉・黃、理查・藍翰，以及山田陽介（Yosuke Yamada）。我也要感謝美國國家科學基金會、溫納－格倫人類學基金會（Wenner-Gren Foundation）和李奇基金會支持我的研究。

我很幸運地與一個由學生、博士後和研究助理組成的偉大團隊密切合作，本書大部分的研究都多虧了他們的努力，而且幾乎所有的研究都很有趣。我感謝他們的合作精神、聰明的想法和努力的工作。我的完整感謝名單本身就能寫一本書了，但我不能不提到凱特琳・瑟伯（領導了「全美橫越賽」研究）、山姆・烏拉賀（領導了本書中提到的舒阿爾人研究），以及瑪麗・布朗、艾瑞克・卡斯蒂略（Eric Castillo）、馬丁・霍拉（Martin Hora）、約格・耶格爾（Jörg Jäger）、伊蓮・科茲馬（Elaine Kozma）、麥拉・萊爾德（Myra Laird）、卡拉・奧科博克、珍妮・帕坦（Jenny Paltan）、瑞貝卡・林巴赫（Rebeca Rimbach）、哈利法・斯塔福德（Khalifa Staford）、贊恩・斯旺森（Zane Swanson）和安娜・瓦雷納（Ana Warener）。

我由衷感謝我的經紀人馬克斯・布羅克曼（Max Brockman），感謝他努力為這本書找到落腳的出版社。我感謝卡羅琳・薩頓（Caroline Sutton），我目光敏銳且總是予我鼓勵的編輯，以及漢娜・斯泰格邁爾（Hannah Steigmeyer）、多里安・黑斯廷斯（Dorian Hastings）和企鵝蘭登書屋的製作團隊，感謝他們在製作這本書的漫長過程中對我的引導。凱莎・柯諾帕（Kasia Konopka）製作了本書中的圖表。維多莉亞・埃爾哈特（Victoria Ehrhardt）、荷莉・丹尼爾斯（Holly Daniels）、艾蜜莉・汗（Emily Khan）、薩利姆・汗（Saleem Khan）和珍妮絲・王（Janice Wang）都閱讀了本書的草稿並提供很有幫助的意見。最後，我要感謝杜克大學這裡的社群，特別是布萊恩・海爾和凡妮莎・伍茲，感謝他們在我寫這本書時的友誼和支持。

附註

第一章：隱形的手

16 哈札族是狩獵採集者：關於哈札族的詳細探討，請見：Frank Marlowe, *The Hadza:Hunter-Gatherers of Tanzania* (Univ. of California Press, 2010).

20 三十七兆細胞：E. Bianconi et al.(2013). "An estimation of the cells in the human body." *Ann. Hum. Biol.* 40 (6):463–71, doi: 10.3109/ 03014460.2013.807878.

20 每盎司的太陽：一個七十公斤的人每天大約燃燒兩千八百大卡，相當於每天每公斤四十大卡。太陽質量為一．九八九乘以十的三十次方，一天製造七．九四二乘以十的二十七次方大卡，約每天每公斤〇．〇〇四大卡。參見 Vaclav Smil, *Energies:An Illustrated Guide to the Biosphere and Civilization* (MIT Press, 1999).

20 九歲的孩子會燃燒兩千卡路里：N. "Fat intake of children in relation to energy requirements." *Am. J. Clin. Nutr.* 72 (suppl):1246S–52S.

21 大多數醫生也不知道：R. A. J. Brown (2014). "When somebody loses weight, where go?" *BMJ* 349:g7257.

21 美國聯邦政府三個分支："Americans know literally nothing about the Constitution," CNN, modified September 13, 2017, https://www .cnn.com/2017/09/politics/constitution/index.html.

25 在二十五歲前死亡：作者未公開發表的分析，根據身體質量與成熟年齡，最長壽命以異速迴歸計算，胎盤哺乳動物使用 AnAge 資料庫。R. Tacutu Human Ageing Genomic Resources:new and updated databases." *Nucl. Acids Res.*46 (D1):D1083–90. doi:10.1093/nar/gkx1042.

25 與其他哺乳動物相比：E. L. Charnov and D. Berrigan (1993). "Why do female primates have such long lifespans and so few babies? *or* Life in the slow lane." *Evol. Anthro.* 1 (6): 191–94.

26 偏好的是緩慢的生活節奏：Stearns, M. Ackermann, M. Doebeli, and M. Kaiser (2000). "Experimental evolution of aging, growth, and reproduction in fruitflies." *PNAS* 97 (7):3309–13; S. K. Auer, C. A. Dick, N. B. Metcalfe, and D. N. Reznick (2018). "Metabolic rate evolves rapidly and in parallel with the pace of life history." *Nat. Commun.* 9: 14.

26 非人類靈長類動物的力量大約是人類的兩倍：M. C. O' Neill et al.(2017). "Chimpanzee super strength and human skeletal muscle evolution." PNAS 114 (28):7343–48; K. Bozek et al.(2014). "Exceptional evolutionary divergence of human muscle and brain metabolomes parallels human cognitive and physical uniqueness." *PLoS Biol.*12 (5): e1001871. doi:10.1371/journal.pbio.1001871.

28 這一假說獲得一些人大聲疾呼的支持：Brian K. McNab (2008). "An analysis of the factors that influence the level and scaling of mammalian BMR." *Comp. Biochem. Phys. A—Mol. Integ. Phys.* 151: 5–28.

28 更快的生活節奏照理說會需要更快的新陳代謝引擎：T. J. Case (1978). "On the evolution and adaptive significance of postnatal growth rates in the terrestrial vertebrates." *Quar. Rev.*

Biol. 53 (3): 243–82.

28 以這些結果為基礎的研究逐漸形成了一個共識：P. H. Harvey, M. D. Pagel, and J. A. Rees (1991). "Mammalian metabolism and life histories." *Am. Nat.* 137 (4): 556–66.

32 紅毛猩猩每天燃燒的熱量比人類少：H. (2010). "Metabolic adaptation for low energy throughput in orangutans." *PNAS* 107 (32): 14048–52.

33 三趾樹懶和大熊貓：Y. Nie et al.(2015). "Exceptionally daily energy expenditure in the bamboo-eating giant panda." *Science* 349 (6244): 171–74.

33 我們對紅毛猩猩生態學和生物學的一切了解：Serge A. Wich, S. Suci Utami Atmoko, Tatang Mitra Setia, and Carel P. van Schaik, *Orangutans:Geographic Variation in Behavioral Ecology and Conservation* (Oxford Univ.Press, 2008).

36 靈長類動物燃燒的熱量只有其他胎生哺乳動物的一半：Pontzer et al.(2014). "Primate energy expenditure and life history." *PNAS* 111 (4): 1433–37.

37 彼得・惠勒在一九九五年發表闡述此觀點的論文：L. C. Aiello and P. Wheeler (1995). "The Expensive Tissue Hypothesis:the brain and the digestive system in human and primate evolution." *Curr. Anthropol.* 36: 199–221.

38「自然界被迫在另一方面進行節約」：Charles Darwin, *On the Origin of Species* (John Murray, 1861), 147.

38 亞瑟・濟斯對東南亞靈長類動物的研究：Arthur Keith (1891). "Anatomical notes on Malay apes." *J. Straits Branch Roy. Asiatic Soc.* 23: 77–94.

39 對野生靈長類進行了首次二重標識水的研究：K. A. Nagy and K. Milton Energy metabolism and food consumption by howler monkeys." *Ecology* 60: 475-80.

39 牠們的大腦比吃水果的物種小：K. Milton (1993). "Diet and primate evolution." *Scientific American*, August, 86–93.

39 主張為了擁有更大的大腦付出的代價：K. Isler and C. P. van Schaik (2009)."The Expensive Brain:A framework for explaining evolutionary changes in brain size." *J. Hum. Evol.* 57: 392–400.

40 演化出了有顯著差異的每日能量消耗值：Pontzer et al.(2016). "Metabolic acceleration and the evolution of human brain size and life history." *Nature* 533: 390–92.

第二章：新陳代謝到底是什麼？

50 所做的功加上獲得的熱量：我在這裡稍微簡化了，把製造分子的形成能量（本來應該包括在能量的詳盡計算中）和移動物體的機械能混在一起。

50 釋放出足夠的能量（七百三十大卡）：J. Taylor and R. L. Hall (1947). "Determination of the heat of combustion of nitroglycerin and the thermochemical constants of nitrocellulose." *J. Phys. Chem.* 51 (2): 593–611.

51 升高攝氏一度：使一毫升的水上升攝氏一度所需的能量，稍微會根據水的原本溫度而決定。現代一卡路里的定義相當於四・一八四焦耳的能量。一焦耳的定義是將一公斤往上抬一公尺（抵抗重力）所需的能量，單位得名自十九世紀發現機械能與熱能間關係的焦耳（James Prescott Joule）。

51 提到大卡的時候，將英文的「卡路里」的字首 c 大寫：J.L. Hargrove. (2006). "History of the Calorie in Nutrition." *J. Nutr.* 136: 2957–610

51 把食品標示上的焦耳換成卡路里：其實每卡路里是四・一八焦耳，除以四約有百分之五的落差，但以日常使用來說已經足夠。此外，要注意 kJ 是千焦耳（一千焦耳），MJ 是百萬焦耳。

54 製造出小蒼蠅的小機器：感謝賓州大學教授肯尼斯・威斯（Kenneth Weiss）博士在我接受大學訓練的期間以這個觀點讓我大開眼界。

56 六千五百萬年依賴碳水化合物的歷史：R. W. Sussman (1991). "Primate origins and the evolution of angiosperms." *Am. J. Primatol.* 23 (4): 209–23.

59 吃的澱粉和糖大約有百分之八十：R. Holmes (1971). "Carbohydrate digestion and absorption." *J. Clin. Path.* 24, Suppl. (Roy. Coll. Path.) (5): 10–13.

60 流向我們腸道的血液會增加一倍以上：P. J. Matheson, M. A. Wilson, and R. N. Garrison (2000). "Regulation of intestinal blood flow." *Jour. Surg. Res.* 93: 182–96.

60 低升糖指數的食物可能對你更好：對於升糖指數進行的詳細研究獲得的證據並不一致。M. J. Franz (2003). "The glycemic index:Not the most effective nutrition therapy intervention." *Diabetes Care* 26: 2466–68.

60 與一片柳橙相比：F. S. Atkinson, K. Foster-Powell, and J. C. Brand-Miller (2008). "International tables of glycemic index and glycemic load values:2008." *Diabetes Care* 31 (12): 2281–83.

60 有數兆個細菌：R. Sender, S. Fuchs, and R. Milo (2016). "Revised estimates for the number of human and bacteria cells in the body." *PLoS Biol.* 14 (8): e1002533.

60 約莫是一個一・八公斤重的超有機體：I. Rowland et al.(2018). "Gut microbiota functions:Metabolism of nutrients and other food components." *Eur. J. Nutr.* 57 (1): 1–24.

61 碳水化合物是能量：糖也會用來建構身體，舉例來說，DNA 裡的 D 就是「去氧核糖」（deoxyribose），也就是由膳食碳水化合物（醣類）組成的一個糖分子。

62 膽汁是肝臟產生的綠色汁液："Secretion of Bile and the Role of Bile Acids in Digestion," Colorado State University, accessed March 13, 2020, http://www.vivo.colostate.edu/hbooks/pathphys/digestion/liver/bile.html.

62 膽酸（也稱為膽鹽）：M. J. Monte, J. J. Marin, A. Antelo, and J. Vazquez-Tato (2009). "Bile acids: Chemistry, physiology, and pathophysiology." *World J. Gastroenterol.* 15 (7): 804–16.

64 肥胖是一個主要的風險因素：S. L. Friedman, B. A. Neuschwander-M. Rinella, and A. J. Sanyal (2018). "Mechanisms of NAFLD development therapeutic strategies." *Nat. Med.* 24 (7): 908–22.

64 典型的鹼性電池：Wikipedia, accessed March https://en.wikipedia.org/wiki/Energy_density.

66 胺基酸序列排列形成蛋白質：這裡有所簡化，跳過了從 DNA 到 RNA 序列的數個步驟。清楚的入門介紹請參見："Essentials of Genetics," Nature Education, https://www.nature.com /scitable/ebooks/essentials-of-genetics-8/contents/。

66 組織和分子會隨著時間而分解：E. Shambaugh III (1977).

"Urea biosynthesis I. The urea cycle relationships to the citric acid cycle." *Am. J. Clin. Nutr.* 30 (12): 2083–87

67 每天提供約百分之十五的熱量：C. E. Berryman, H. R. Lieberman, V. L. Fulgoni III, Pasiakos (2018). "Protein intake trends and conformity with Dietary Reference Intakes in the United States: Analysis of the National Health Nutrition Examination Survey, 2001–2014." *Am. J. Clin. Nutr.* 108 (2): 405–13

68 每個分子每天會從ADP變成ATP再變回來：Lawrence Cole, *Biology of Life Biochemistry, and Philosophy* (Academic Press, 2016).

68 果糖和半乳糖的故事基本相同：J. M. Rippe and T. J. (2013). "Sucrose, high-fructose corn syrup, and fructose, their metabolism potential health effects: What do we really know?" *Adv. Nutr.* 4 236–45.

69 被稱為克氏循環的圓形軌道：由漢斯·克列布斯（Hans A. Krebs）與強森（A. Johnson）在一九三七年發線，為克列布斯贏得諾貝爾醫學獎。克列布斯與學生寇特·韓森勒特（Kurt Henseleit）在一九三二年發現尿素循環，克列布斯應該很高興自己是因能量製造而不是尿液製造的發現而出名。

70 不是原子本身：如果把這些原子的質量轉換成能量，我們必須遵守愛因斯坦著名的公式 $E = mc^2$，而且會需要核子反應爐。一公克的葡萄糖會產生兩百一十億大卡的能量，讓眼前一切瞬間蒸發。

75 狗已經演化成以我們的情感為獵物：Brian Hare and Vanessa Woods, *The Genius of Dogs: How Dogs Are Smarter Than You Think* (Dutton, 2013).

75 演化出一種新的光合作用配方：R. M. Soo et al. (2017). "On the origins of oxygenic photosynthesis and aerobic respiration in Cyanobacteria." *Science* 355 (6332): 1436–40.

76 被閃電擊中的機率是七十萬分之一："Flash Facts About Lightning," *National Geographic*, accessed March 13, 2020, https://news.nationalgeographic .com/news/2004/06/flash-facts-about-lightning/.

77 二十八·三五公克有超過一百萬個細菌：K. Lührig et al. (2015). "Bacterial community analysis of drinking water biofilms in southern Sweden." *Microbes Environ.* 30 (1): 99–107.

77 大約有十三·八六億立方公里的水："How Much Water Is There Earth?" USGS, https://water.usgs.gov/edu/earthhowmuch.html

78 由獨具見解的演化生物學家琳·馬古利斯所主張：Lynn Margulis, *Origin of Eukaryotic Cells* (Yale University Press, 1970)

第三章：我將為此付出什麼代價？

85 燃素被認為是可燃物中的基本物質：Wikipedia, accessed March 13, 2020, https://en.wikipedia.org/wiki/Phlogiston_theory

85 化學家約瑟夫·普里斯特利："Joseph Priestley and the Discovery of Oxygen," American Chemical Society, International Historic Chemical Landmarks, accessed March 13, 2020, http://www.acs.org/ content/acs/en /education/ whatischemistry/landmarks/josephpriestleyoxygen.html

86 他們把一隻天竺鼠放在一個小的金屬容器：Esther Inglis-Arkell, "The Guinea Pig That Proved We Have an Internal Combustion Engine," Gizmodo, last modified June 23, 2013, https://io9.gizmodo.com/the-guinea-pig -that-proved-we-have-an-internal-combusti-534671441

87 使用耗氧量和二氧化碳產生量做為主要測量方法：參見馬克斯·魯伯納的前衛研究，例如 Max Rubner (1883). "Uber den Einfluss der Korpergrosse auf Stoff- und Kraftwechsel." *Zeitschr. f. Biol.* 19: 535–62.

88 芭芭拉·安斯沃思《身體活動綱要》：B. E. Ainsworth et al. (2011). "Compendium of Physical Activities: A second update of codes and MET values." *Medicine and Science in Sports and Exercise* 43 (8): 1575–81.

94 約納斯·魯本森與同僚的大型整合分析：Jonas Rubenson (2007). "Reappraisal of the comparative cost of human locomotion using gait-specific allometric analyses." *J. Experi. Biol.* 210: 3513–24.

94 我們的哈札族數據和這個群體更大的樣本相符：H. Pontzer et al. (2012). "Hunter-gatherer energetics and human obesity." *PLoS One* 7 (7): e40503.

95 寶拉·贊帕羅對頂尖游泳運動員的研究：P. Zamparo et al. (2005). "Energy cost of swimming of elite long-distance swimmers." *Eur. J. Appl. Physiol.* 94 (5–6): 697–704.

95 騎自行車要便宜得多：P. E. di Prampero (2000). "Cycling on Earth, in space, on the Moon." *Eur. J. Appl. Physiol.* 82 (5–6): 345–60.

96 向上的成本都會隨著體重的增加而增加：Elaine E. Kozma (2020), *Climbing Performance and Ecology in Humans, Chimpanzees, and Gorillas* (PhD dissertation, City University of New York).

99 我們最經濟的行走速度，大約是每小時走二·五英里：D. Abe, Y. Fukuoka, and M. Horiuchi (2015). "Economical speed and energetically optimal transition speed evaluated by gross and net oxygen cost of transport at different gradients." *PLoS One* 10: e0138154.

99 接近能量上的最佳速度：H. J. Ralston (1958). "Energy–relation and optimal speed during level walking." *Int. Z. Angew. Physiol. Arbeitphysiol.* 17 (4): 277–83.

99 在快節奏的大城市裡的人：M. H. Bornstein and H. G. Bornstein "The pace of life." *Nature* 259: 557–59.

100 由於行走步態本身的力學：Andrew Biewener Patek, *Animal Locomotion*, 2nd ed. (Oxford Univ. Press, 2018).

101 影響通常也很小，大約只有百分之一到四的差異：M. I. Lambert and T. L. Burgess (2010). "Effects of training, muscle damage and fatigue on running economy." *Internat. SportMed J.* 11(4): 363–79.

101 增加百分之三到十三的卡路里消耗：C. J. Arellano and R. Kram (2014). "The metabolic cost of human swinging the arms worth it?" *J. Exp. Biol.* 217: 2456–61.

102 半個大麥克（兩百七十大卡）："Nutrition Calculator," McDonald's, accessed March 13, 2020, https://mcdonalds.com/us/en-us /about-our-food/nutrition-calculator.html.

102 一個巧克力甜甜圈的熱量（三百四十大卡）："Nutrition." Dunkin' Donuts, accessed March 2020, https://

www.dunkindonuts.com/en/food-drinks /donuts/donuts.
104 BMR（以大卡／每日為單位）會隨著體重（以磅為單位）增加：濃縮自 C.J. Henry (2005). "Basal metabolic rate studies in humans: Measurement and development equations." *Publ. Health Nutr.* 8: 1133–52.
105 一個典型的六十八公斤，身體脂肪含量百分之三十的成年人，每天總共會消耗約八十五大卡：器官的消耗可參見：ZiMian Wang et al. (2012). "Evaluation of specific metabolic of major organs and tissues: Comparison between nonobese and women." *Obesity* 20 (1): 95–100.
106 每次跳動僅消耗兩卡路里的低廉成本：M. Horiuchi et al. (2017). Measuring the energy of ventilation and circulation during human walking using induced hypoxia." *Scientific Reports* 7 (1): 4938. doi: 10.1038/s41598-017 05068-8
106 將乳酸、甘油（來自脂肪）和胺基酸（來自蛋白質）轉換：J. E. Gerich, C. Meyer, H. J. Woerle, and M. Stumvoll (2001). "Renal gluconeogenesis: Its importance in human glucose homeostasis." *Diabetes Care* 24 (2): 382–91.
107 和其他有明顯的嘴和屁股的動物一樣：例如海星等許多動物只有一個孔洞，同時用來攝取營養與排出廢物。參見 A. Hejnol and M. Q. Martindale (2008). "Acoel development indicates the independent evolution of the bilaterian mouth and anus." *Nature* 456 (7220): 382–86. doi: 10.1038/nature07309.
108 莎拉・巴爾，約翰・科比與同僚最近進行的研究：S. M. Bahr et al. (2015). "Risperidone-induced weight gain is mediated through shifts in the gut microbiome and suppression of energy expenditure." *EBioMedicine* 2 (11): 1725–34. doi: 10.1016/j.ebiom.2015.10.018.
108 提供營養和清理廢物：M. Bélanger, I. Allaman, and P. J. Magistretti (2011). "Brain energy metabolism: Focus on astrocyte-neuron metabolic cooperation." *Cell Metabolism* 14 (6): 724–38.
108 每小時的代謝率僅增加約四大卡：R. W. Backs and K. A. Seljos (1994). "Metabolic and cardiorespiratory measures effort: The effects of level of difficulty in a working memory task." *Int. J. Psychophysiol.* 16 (1): 57–68; N. Troubat, M.-A. Fargeas-Gluck, and B. Dugué (2009). "The stress of chess players as a model effects of psychological stimuli on physiological responses: substrate oxidation and heart rate variability in man." *Eur. J. Appl. Physiol.* 105 (3): 343–49.
109 克里斯多夫・庫薩瓦與同僚的研究：Kuzawa et al. (2014). "Metabolic costs of human brain development." *Proc. Nat. Acad. Sciences* 111 (36): 13010–15. doi: 10.1073/pnas.1323099111.
110 範圍大致在攝氏二十四度到三十四度之間：B. R. M. Kingma, A. J. H. Frijns, L. Schellen, and Lichtenbelt (2014). "Beyond the classic thermoneutral zone: Including comfort." *Temperature* 1 (2): 142–49.
110 比不肥胖的成年人要低幾度：R. J. Brychta et al. (2019). "Quantification of the capacity cold-induced thermogenesis in young men with and without obesity." *J. Clin. Endocrin. Metab.* 104 (10): 4865–78. doi: 10.1210 /jc.2019-00728.
110 在北極的人的基礎代謝率高百分之十：W. R. Leonard et

al. (2002). influences on basal metabolic rates among circumpolar populations." *Am. J. Hum. Biol.* 14 (5): 609–20.

111 使我們的靜止代謝率攀升：F. Haman and D. P. Blondin (2017). "Shivering thermogenesis in humans: Origin, contribution and requirement." *Temperature* 4 (3): 217–26. doi: 10.1080/23328940.2017.1328999.

111 孩子十個有四個會因為急性感染而死去：M. Gurven and H. Kaplan (2007). "Longevity among hunter-gatherers: A cross-cultural examination." *Pop. and Devel. Rev.* 33 (2): 321–65.

112 到學生健康診所報到的美國大學男生：M. P. Muehlenbein, J. L. Hirschtick, J. Z. Bonner, and A. M. Swartz (2010). "Toward quantifying the usage costs of human immunity: Altered metabolic rates and hormone levels during acute immune activation in men." *Am. J. Hum. Biol.* 22: 546–56.

112 沒有現代化消毒優勢：M. D. Gurven et al. (2016). "High resting metabolic rate among Amazonian foragerhorticulturalists experiencing high pathogen burden." *Am. J. Physical Anth.* 161 (3): 414–25. doi: 10.1002/ajpa.23040.

113 五到十二歲的舒阿爾人小孩，基礎代謝率每天多兩百大卡：S. S. Urlacher et al. (2019). "Constraint and trade-offs regulate energy expenditure during childhood." *Science Advances* 5 (12): eaax1065. doi: 10.1126 /sciadv.aax1065.

114 生長成本約為每〇・四五公斤需兩千兩百大卡：J. C. Waterlow (1981). "The energy cost of growth. Joint FAO/WHO/UNU Expert Consultation on Energy and Protein Requirements." Rome, accessed March 14, 2020, http: //www.fao.org/3/M2885E/M2885E00.htm.

114 健康的懷孕九個月的總成本約為八萬大卡：N. F. Butte and J. C. King (2005). "Energy requirements during lactation." *Publ. Health Nutr.* 8: 1010–27.

115 與生長和繁殖方式的變化直接相關：T. J. Case (1978). "On the evolution and adaptive significance of postnatal growth rates in the terrestrial vertebrates." *Quar. Rev. Biol.* 53 (3): 243–82.

115 比它們的爬蟲動物祖先多十倍：K. A. Nagy, I. A. Girard, and T. K. Brown (1999). "Energetics of free-ranging mammals, reptiles, and birds." *Ann. Rev. Nutr.* 19: 247–77.

115 哺乳動物的生長速度比爬蟲動物快五倍：來自作者未公開發表的分析結果，根據成年身體質量與生長速率（公克／年）以及繁殖產出（公克／年）以異速迴歸計算，使用 AnAge 資料庫。R. Tacutu et al. (2018). "Human Ageing Genomic Resources: New and updated databases." *Nucleic Acids Research* 46 (D1): D1083–90.

116 這就是克萊伯代謝定律，以具開創精神的瑞士營養學家馬克斯・克萊伯命名：Max Kleiber, *The Fire of Life: An Introduction to Animal Energetics* (Wiley, 1961)。塞繆爾・布羅迪（Samuel Brody）與法蘭西斯・班尼迪克對此發現亦有貢獻。

118 在克萊伯的〇・七五附近，範圍在〇・四五到〇・八二之間：來自作者未公開發表的分析結果，根據成年身體質量與生長速率（公克／年）以及繁殖產出（公克／年）以異速迴歸計算，使用 AnAge 資料庫。R. Tacutu et al. (2018). "Human Ageing Genomic Resources: New and updated databases." *Nucleic Acids Research* 46 (D1): D1083–90.

119 西元前三五〇年的《論長壽和生命的短促》：Aristotle,

On Longevity and Shortness of Life. Written 350 B.C.E. Translated by G. R. T. Ross, accessed March 16, 2020, http://classics.mit.edu/Aristotle/longev_short.html.

120 魯伯納觀察到每公克組織在一生中消耗的總能量：Max Rubner, *Das Problem det Lebensdaur und seiner beziehunger zum Wachstum und Ernarnhung* (Oldenberg, 1908).

120 美國生物學家雷蒙・珀爾：Raymond Pearl, *The Biology of Death* (J. B. Lippincott, 1922).

120 老化的自由基理論：Denham Harman (1956). "Aging: A theory based on free radical and radiation chemistry." *J. Gerontol.* 11 (3): 298–300.

121 不一定都會顯示出對壽命的預期影響：有些研究發現攝取抗氧化劑對死亡風險有正面影響（例如 L.-G. Zhao et al.[2017]. "Dietary antioxidant vitamins intake and mortality:A report from two cohort studies of Chinese adults in Shanghai." *J. Epidem.* 27 [3]:89–97)。但其他研究者則沒有發現任何影響 (e.g., U. Stepaniak et al.[2016]. "Antioxidant vitamin intake and mortality in three Central and Eastern European urban populations:The HAPIEE study." *Eur. J. Mutr.* 55 (2): 547–60).

121 對於這種關聯是否存在感到失望：對此存疑的觀點，參見 J. R. Speakman (2005). "Body size, energy metabolism, and lifespan." *J. Exp. Biol.* 208: 1717–30.

121 減少進食量來降低新陳代謝率，能使牠們的壽命更長：Speakman and S. E. Mitchell (2011). "Caloric restriction." *Mol. Aspects Med.* 159–221.

121 冷血的格陵蘭鯊魚可以活四百歲：J. Nielsen Eye lens radiocarbon reveals centuries of longevity in the Greenland sharl (*Somniosus microcephalus*)." *Science* 353 (6300): 702–04.

122 心率（每分鐘心跳數）會與細胞代謝率相符：C. R. White and M. R. Kearney (2014). "Metabolic scaling Methods, empirical results, and theoretical explanations." *Compr. Physiol.* 4 (1): 231–56. doi: 10.1002/cphy.c110049.

123 法蘭西斯・班尼迪克與同僚亞瑟・哈里斯一直在積累大量的資料集：J. A. Harris and F. G. Benedict (1918). "A human basal metabolism." *PNAS* 4 (12): 370–73. doi: 10.1073/pnas.4.12.370

123 PAR與MET值基本相同：MET值固定是每小時每公斤一大卡，亦即一個人的基礎代謝率。PAR值則視個人基礎代謝率或估計的基礎代謝率而定。

124 世界衛生組織仍然使用這個方法：FAO Food and Nutrition Technical Report 1, FAO/WHO/UNU (2001). "Human energy requirements." http://www.fao.org/docrep/007/y5686e/y5686e00.htm#Contents.

125 成年人平均少報了百分之二十九的實際食物攝取量：L. Orcholski "Under-reporting of dietary energy intake in five populations African diaspora." *Brit. J. Nutri.* 113 (3): 464–72. doi: 10.1017 /S000711451400405X.

126 典型美國人的飲食熱量是兩千大卡：Marion Nestle Malden Nesheim, *Why Calories Count: From Science to Politics* (Univ. of California Press, 2013).

126 生理學家納森・利夫森：A. Prentice 1987). "Human energy on tap." *New Scientist*, November: 40–44.

126 發現身體水庫中的氧原子有另一種：N. Lifson, G. B. Gordon, M. B. Visscher, and A. O. Nier (1949). "The fate

of utilized molecular oxygen and the source of the oxygen of respiratory carbon dioxide, studied with the aid of heavy oxygen." *J. Biol. Chem.* 180 (2): 803–11.

127 利夫森使用這些同位素來追蹤離開身體的氧和氫原子的流動：N. Lifson, G. B. Gordon, R. McClintock (1955). "Measurement of total carbon dioxide production by means of D_2 ^{18}O." *J. Appl. Physiol.* 7: 704–10.

128 一個六十八公斤重的人所需的同位素數量將超過二十五萬美元：J. R. Speakman (1998). "The history and theory of the doubly labeled water technique." *Am. J. Clin. Nutr.* 68 (suppl): 932S–38S.

128 在一九八二年發表了第一份人體二重標識水的研究報告：D. A. Schoeller and E. van Santen (1982). "Measurement of energy expenditure in humans by doubly labeled water." *J. Appl. Physiol.* 53: 955–59.

130 數百名男性、女性和兒童的二重標識水測量資料：L. Dugas et al. (2011). "Energy expenditure in adults living in developing compared with industrialized countries: A meta-analysis of doubly labeled water studies." *Am. J. Clin. Nutr.* 93: 427–441; N. F. Butte (2000). "Fat intake of children in relation to energy requirements." *Am. J. Clin. Nutr.* 72 (5 Suppl): 1246S–52S; H. Pontzer et al. (2012). "Hunter-gatherer energetics human obesity." *PLoS One* 7 (7): e40503.

第四章：人類如何進化成最友善、最健壯、最肥胖的猿類

143 喬治亞團隊又發現兩個新的頭骨並提出馬沙維拉玄武岩的確切形成日期：L. Gabunia et al. (2000). "Earliest Pleistocene hominid cranial remains from Dmanisi, Republic of Georgia: Taxonomy, geological setting, and age." *Science* 288 (5468): 1019–25.

144 又發現了一個頭骨，這是在這地區發現的第四個頭骨：D. Lordkipanidze et al. (2005). "The earliest toothless hominin *Nature* 434: 717–18.

145 野生植物和獵物幾乎都是難以咀嚼的：正如人類演化的幾乎所有一切，牙齒的必要性或是在沒牙齒時所需的幫助，都是激烈爭論的議題。有些人主張這倒楣鬼應該是孤伶伶地撐下來，沒人幫忙，自己用石頭工具壓爛食物或硬吞大塊的食物。這永遠不會有肯定的答案。但對我來說，很難猜想他是在沒有接受幫助的情況下熬過重病活下來，應該有受到比人猿的彼此協助更大的幫助。

146 早期靈長類動物是與有花植物共同演化而來：R. W. Sussman (1991). "Primate origins and the evolution of angiosperms." *Am. J. Primatol.* 23 (4): 209–23.

147 人族演化從七百萬年前延續到了四百萬年前：關於我們這個物種演化更詳細的描述，參見 Glenn C. Conroy and Herman Pontzer, *Reconstructing Human Origins*, 3rd ed. (W. W. Norton, 2012).

148 另一本大書的主題：Conroy and Pontzer, *Reconstructing Human Origins*.

149 在肯亞北部一個三百三十萬年前的遺址中發現了石器：S. Harmand et al. (2015). "3.3-million-year-old stone tools from Lomekwi 3, West Turkana, Kenya." *Nature* 521: 310–15.

149 圖4.1. 人類的家譜。修改自Herman Pontzer (2017). "Economy

and endurance in human evolution." *Curr. Biol.* 27 (12): R613–21. doi: 10.1016/j.cub.2017.05.031.

150 肯亞和衣索比亞遺址的動物化石則顯示出屠宰的跡象：M. Domínguez-Rodrigo, T. R. Pickering, S. Semaw, and M. J. Rogers (2005). "Cutmarked bones from Pliocene archaeological sites at Gona, Afar, Ethiopia: Implications for the function of the world' s oldest stone tools." *J. Hum. Evol.* 48 (2): 109–21.

153 「攻擊獵物，或以其他方式獲得食物」：Charles Darwin, *The Descent of Man* (D. Appleton, 1871).

154 野生紅毛猩猩媽媽分享食物：A. V. Jaeggi, M. A. van Noordwijk, and C. P. van Schaik (2008). "Begging for information: Motheroffspring food sharing among wild Bornean orangutans." *Am. J. Primatol.* 533–41. doi: 10.1002/ajp.20525.

154 大猩猩從未被觀察到分享食物：A. V. Jaeggi and Schaik (2011). "The evolution of food sharing in primates." *Behav. Ecol. Sociobiol.* 65: 2125–40.

154 烏干達布東格森林的松索群體的成年黑猩猩：R. M. Wittig et al. (2014). "Food sharing is linked to urinary levels and bonding in related and unrelated wild chimpanzees." *Proc. Biol. Sci.* 281 (1778): 20133096. doi: 10.1098/rspb.2013.3096.

154 成年巴諾布猿（主要是雌性）會分享一種特定的水果：S. Yamamoto (2015). "Non-reciprocal but peaceful fruit sharing bonobos in Wamba." *Behaviour* 152: 335–57.

155 新的行為出現了，身體才隨之適應：A. Lister (2013). "Behavioural leads in evolution: Evidence from the fossil record." *Bio. J. Linnean Soc.* 112: 315–31.

157 把她們的母性發揮在與女兒和孫子分享食物：K. Hawkes et al. (1998). "Grandmothering, menopause, and the evolution of human life histories." *PNAS* 95 (3): 1336–39. doi: 10.1073/pnas.95.3.1336.

158 化石中的人的大腦大了近百分之二十：S. C. Antón, R. Potts, and L. C. Aiello (2014). "Evolution of early Homo: An integrated biological perspective." *Science* 345 (6192): 1236828. doi: 10.1126/science.1236828.

159 人屬的早期成員已經適應了耐力長跑：D. M. Bramble and D. E. Lieberman (2004). "Endurance running and the evolution of *Homo*." *Nature* 432: 345–52. doi: 10.1038/nature03052.

161 珍稀高價的原料貿易網路綿延數英里：A. S. Brooks et al. (2018). "Long-distance stone transport and pigment use in the earliest Middle Stone Age." *Science* 360 (6384): 90–94.

161 以年為單位計畫性地採收貝類：A. Jerardino, R. A. Navarro, and M. Galimberti (2014). "Changing collecting strategies of the clam *Donax serra* Röding (Bivalvia: Donacidae) during the Pleistocene at Pinnacle Point, South Africa." *J. Hum. Evol.* 68: 58–67. doi: 10.1016/j.jhevol.2013.12.012.

161 從波爾多到婆羅洲的洞穴牆壁上都繪製壁畫：M. Aubert et al. (2018). "Palaeolithic cave art in Borneo." *Nature* 564: 254–57.

161 我們衡量有氧運動峰值的常用指標「最大攝氧量」：H. Pontzer (2017). "Economy and endurance in human evolution." *Curr. Biol.* 27 (12): R613–21. doi: 10.1016/j.cub.2017.05.031.

162 四十萬年前，工具技術和狩獵技術已經相當成熟：H. Thieme (1997). "Lower Palaeolithic hunting spears from

Germany.” *Nature* 385: 807–10. doi: 10.1038/385807a0.

163 直到十幾歲才開始：H. Kaplan, K. Hill, J. Lancaster, and A. M. Hurtado (2000). “A theory of human life history evolution: Diet, intelligence, and longevity.” *Evol. Anthro.* 9 (4): 156–85.

163 黑猩猩、大猩猩和紅毛猩猩的平均生育間隔：M. E. Thompson (2013). “Comparative reproductive energetics of human and nonhuman primates.” *Ann. Rev. Anthropol.* 42: 287–304.

164 世界上已經充滿了各種奇怪而美妙的類人物種：Nick Longrich, “Were other humans the first victims of the sixth mass extinction?” The Conversation, November 21, 2019, accessed March 16, 2020, https:// theconversation.com/were-other-humans-the-first-victims-of-the-sixth--extinction-126638.

165 今天還是能在我們的染色體中發現他們的DNA碎片：S. Sankararaman, Mallick, N. Patterson, and D. Reich (2016). “The combined landscape and Neanderthal ancestry in present-day humans.” *Curr. Biol.* 47. doi: 10.1016/j.cub.2016.03.037.

165 尼安德塔人的大腦比我們的要大一些，而且已經開始製作洞穴藝術：D. L. Hoffmann et al. (2018). “U-Th dating of reveals Neandertal origin of Iberian cave art.” *Science* 359 (6378): 912–15. doi: 10.1126/ science.aap7778.

165 演奏音樂：N. J. Conard, M. C. Münzel (2009). “New flutes document the earliest musical southwestern Germany.” *Nature* 460: 737–40.

165 埋葬他們的屍體：W. Rendu et al. (2014). “Neandertal burial at La Chapelle-aux-Saints.” *PNAS* 111 86. doi: 10.1073/ pnas.1316780110.

165 智人是經由長期的自我馴化過程變得高度社會化：Brian Hare and Vanessa Woods, *Survival of the Friendliest* (Random House, 2020); Richard W. Wrangham, *The Goodness Paradox* (Pantheon, 2019).

169 它們每年在全球範圍內殺死的人比暴力行為多：Risk Factors Collaborators Global Burden of Disease 2015.” *Lancet* 388 (10053): 1659–1724

169 在全球人類社會變得不那麼暴力的時候出現：Steven Pinker, *The Better Angels of Our Nature* (Penguin, 2012).

170 黑猩猩和巴諾布猿只會增加不到百分之十的身體脂肪：H. Pontzer (2016). “Metabolic acceleration and the evolution of human brain size and history.” *Nature* 533: 390–92.

170 即使是哈札族這種狩獵採集者增加的脂肪也比牠們多：H. Pontzer et al. (2012). “Hunter-gatherer energetics and human obesity.” *PLoS One* 7 (7): e40503. doi: 10.1371/journal. pone.0040503.

第五章：新陳代謝的魔術師：能量補償和限制

179 狩獵採集者的生活是艱難的：關於哈札族生活與日常活動的描述與資料請參見 Frank W. Marlowe, *The Hadza: Hunter-Gatherers of Tanzania* (Univ. of California Press, 2010); D. A. Raichlen et al. (2017). “Physical activity patterns and biomarkers of cardiovascular disease risk in hunter-gatherers.” *Am. J. Hum. Biol.* 29: e22919. doi: 10.1002/ajhb.22919.

180 狩獵採集者的生活方式會讓西方人融化：H. Pontzer, B. M. Wood, and D. A. Raichlen (2018). “Hunter-gatherers as models

in public health." *Obes. Rev.* 19 (Suppl 1): 24–35.

182 哈札族的數據就落在美國和歐洲的測量資料上：H. Pontzer et al. (2012). "Hunter-gatherer energetics and human obesity." *PLoS One* 7: e40503.

186 五至十二歲的舒阿爾人兒童的每日能量消耗：S. Urlacher et al. (2019). "Constraint and trade-offs regulate energy expenditure during childhood." *Science Advances* 5 (12): eaax1065. doi: 10.1126/sciadv. aax1065.

186 齊曼內人男性和女性的日常能量消耗：M. D. Gurven et al. (2016). "High resting metabolic rate among Amazonian foragerhorticulturalists experiencing high pathogen burden." *Am. J. Phys. Anth.* 161 (3): 414–25. doi: 10.1002/ajpa.23040.

187 梅伍德和奈及利亞農村的黑人婦女的每日能量消耗：K. E. Ebersole et al. (2008). "Energy expenditure and adiposity in Nigerian and African-American women." *Obesity* 16 (9): 2148–54. doi: 10.1038 /oby.2008.330.

187 每日能量消耗的數值卻與工業化世界中養尊處優的城市人相同：L. R. Dugas et al. (2011). "Energy expenditure in adults living in developing compared with industrialized countries: A meta-analysis of doubly labeled water studies." *Am. J. Clin. Nutr.* 93: 427– 41.

188 活動量中等的成年人和活動量最高的人之間則沒有區別：H. Pontzer et al. (2016). "Constrained total energy expenditure and metabolic adaptation to physical activity in adult humans." *Curr. Biol.* 26 (3): 410–17. doi: 10.1016/ j.cub.2015.12.046.

188 訓練他們跑半程馬拉松：K. R. Westerterp et al. (1992). "Long-term effect of physical activity on energy balance and body composition." *Brit. J. Nutr.* 68: 21–30.

188 每週大約要跑四十公里：訓練內容描述每次訓練六十分鐘，一週四天，大約是每個週跑二十五英里，每英里（一．六公里）跑九分三十六秒的速度。

189 溫血動物身上的法則：H. Pontzer (2015). "Constrained total energy expenditure and the evolutionary biology of energy balance." *Exer. Sport. Sci. Rev.* 43: 110–16; T. J. O' Neal et al. (2017). "Increases in physical activity result in diminishing increments in daily energy expenditure in mice." *Curr. Biol.* 27 (3): 423–30.

190 袋鼠和熊貓也是如此：H. Pontzer et al. (2014). "Primate energy expenditure and life history." *PNAS* 111 (4): 1433–37; Y. Nie et al. (2015). "Exceptionally low daily energy expenditure in the bamboo-eating giant panda." *Science* 349 (6244): 171–74.

191 每日能量消耗和ＰＡＬ依舊保持不變：K. R. Westerterp and J. R. Speakman (2008). "Physical activity energy expenditure has not declined since the 1980s and matches energy expenditures of wild mammals." *Internat. J. Obesity* 32: 1256–63.

192 進行「中西部運動實驗一」：J. E. Donnelly et al. (2003). "Effects of a 16-month randomized controlled exercise trial on body weight composition in young, overweight men and women: The Midwest Exercise *Arch. Intern. Med.* 163 (11): 1343–50.

193 「中西部運動實驗二」再次嘗試了更嚴苛的運動計畫：S. D. Herrmann (2015). "Energy intake, nonexercise physical activity, and weight responders and nonresponders: The Midwest Exercise Trial 2." *Obesity* 23 (8):1539–49. doi: 10.1002/

oby.21073.

194 兩年的時間，平均減掉的體重不到二．二公斤：D. L. Swift et al. (2014). "The role of exercise and physical weight loss and maintenance." *Prog. Cardiov. Dis.* 56 (4): 441–47. pcad.2013 .09.012.

194 一小部分舒阿爾人男子的樣本中測出了較高的每日消耗量：L. Christopher et al. (2019). "High energy requirements throughput of adult Shuar forager-horticulturalists of Amazonian Ecuador." *Am J. Hum. Biol.* 31: e23223. doi: 10.1002/ajhb.23223.

194 肥胖者每天燃燒的能量與瘦子其實一樣多：D. A. Schoeller (1999). "Recent advances from application labeled water to measurement of human energy expenditure." *J. Nutr.* 129 1765–68.

195 對兒童的研究也顯示了同樣的結果：S. R. Zinkel et al. (2016). "High energy expenditure is not against increased adiposity in children." *Pediatr. Obes.* 11 (6): 528–10.1111/ijpo.12099.

197 研究《減肥達人》參賽者的新陳代謝變化：D. L. Johannsen Metabolic slowing with massive weight loss despite preservation mass." *J. Clin. Endocrinol. Metab.* 97 (7): 2489–96. doi: 10.1210/1444.

197 他們的基礎代謝率仍然低於預期：E. Fothergill et al. (2016). Persistent metabolic adaptation 6 years after 'The Biggest Loser' competition." *Obesity* 24 (8): 1612–19. doi: 10.1002/oby.21538.

198 研究之一是由法蘭西斯．班尼迪克在一九一七年進行：F. G. Benedict (1918). Physiological effects of a prolonged reduction in diet on twenty-five men." *Proc. Am. Phil. Soc.* 57 (5): 479–90.

199 明尼蘇達大學的安塞爾．凱斯與同僚：Ancel Keys, Josef Brozek, and Austin Henschel, *The Biology of Human Starvation*, vol. 1 (Univ. of Minnesota Press, 1950).

199 暴衝現象並沒有獲得詳細的研究：A. G. Dulloo, J. Jacquet, and L. Girardier (1997). "Poststarvation hyperphagia and body fat overshooting in humans: A role for feedback signals from lean and fat tissues." *Am. J. Clin. Nutr.* 65 (3): 717–23.

202 新陳代謝經理不僅僅是一個比喻或一個卡通人物：關於飢餓與飽足的神經元控制的精彩說明請參見：Stephan Guyenet, *The Hungry Brain: Outsmarting the Instincts That Make Us Overeat* (Flatiron Books, 2017).

204 幾天之內，甲狀腺激素，即主要控制我們代謝率的激素：L. Redman and E. Ravussin (2009). "Endocrine alterations in response to calorie restriction in humans." *Mol. Cell. Endocrin.* 299 (1): 129–36. doi: 10.1016/mce.2008.10.014.

204 人類在艱困的時期很快就會降低繁殖的重要性：關於能量可取得性對人類繁殖所扮演的角色，相關討論請參見Ellison, *On Fertile Ground* (Harvard Univ. Press, 2003).

204 如果食物嚴重不足，她們會停止排卵：Williams et al. (2010). "Estrogen and progesterone exposure is reduced response to energy deficiency in women aged 25–40 years." *Hum. Repro.* 25 (9) 2328-39. doi: 10.1093/humrep/deq172.

204 老鼠會以維持兩個器官的運作為優先：Mitchell et al. (2015). "The effects of graded levels of calorie restriction: Impact of short term calorie and protein restriction on body composition

C57BL/6 mouse." *Oncotarget* 6: 15902–30.

205 體重和ＢＭＩ幾乎沒有變化：Pontzer, B. M. Wood, and D. A. Raichlen (2018). "Hunter-gatherers models in public health." *Obes. Rev.* 19 (Suppl 1): 24–35.

206 我們的身體會試著運用：R. L. Leibel, M. Rosenbaum, and J. Hirsch (1995). "Changes in energy expenditure resulting from altered body weight." *N. Engl. J. Med.* 332 (10): 621–28.

206 美國成年人平均每年增加約〇．二公斤：S. Stenholm et al. (2015). "gain in middle-aged and older US adults, 1992–2010." *Epidemiology* 26 (2): 165–68. doi: 10.1097/EDE.0000000000000228.

207 假期間體重上升：E. E. Helander, B. Wansink, and A. Chieh (2016). gain over the holidays in three countries." *N. Engl. J. Med.* 375 (12): 1200–02. doi: 10.1056/NEJMc1602012.

207 像飛蛾會把門口的燈誤認為月亮一樣：R. Hertzberg, "Why insects like are so attracted to bright lights." *National Geographic*, October 5, 2018, accessed March 18, 2020, https:// www.nationalgeographic.com/animals/2018/10 moth-meme-lamps-insects-lights-attraction-news/.

210 可敬的「慧優體」："Dieters move away from calorie obsession," CBS, April 12, 2014, https://www.cbsnews.com/news/dieters-move-away-from -calorie-obsession/.

第六章：真正的飢餓遊戲：飲食、新陳代謝與人類演化

215 「指示器中的指示器」：原本被命名為 *Cuculus indicator*，歸在杜鵑屬，因為黑喉響蜜鴷會在其他鳥的巢裡下蛋，讓不知情的鳥父母幫忙孵蛋。參見 A. Spaarman, "An account of a journey into Africa from the Cape of Good-Hope, and a description of a new species of cuckow." *Phil. Trans. Roy. Soc. London* (Royal Society of London, 1777), 38–47.

215 黑喉響蜜鴷從其他物種中分裂出來：B. M. Wood et al. (2014). "Mutualism and manipulation in Hadza–honeyguide interactions." *Evol. Hum. Behav.* 35: 540–46.

219 鄧寧－克魯格效應：J. Kruger and D. Dunning (1999). "Unskilled and unaware of it: How difficulties in recognizing one's own incompetence lead to inflated self-assessments." *J. Pers. Soc. Psych.* 77 (6): 1121–34.

219 「無知比知識更容易產生自信」：Charles Darwin, *Descent of Man* (John Murray & Sons, 1871), 3.

219 執政能力和對世界事務的專業知識：看得出來這是開玩笑的嗎？如果不覺得這是玩笑，你就是鄧寧－克魯格效應的受害者了。

220 善待動物組織的演說重點："Is It Really Natural? The Truth About Humans and Eating Meat," PETA, January 23, 2018, accessed March 18, 2020, https:// www.peta.org/living/food/really-natural-truth-humans-eating-meat/.

221 人族祖先顯然一開始：H. Pontzer (2012). "Overview of hominin evolution." *Nature Education Knowledge* 3 (10): 8, accessed March 18, 2020, https://www.nature.com/scitable/knowledge/library /overview-of-hominin-evolution-89010983/.

222 昆蟲可能也是菜單上的常見菜色：L. R. Backwell and F. d'Errico (2001). "Evidence of termite foraging by Swartkrans early hominids." *PNAS* 98 (4): 1358–63. doi: 10.1073/

pnas.021551598.
222 對塊莖的利用：G. Laden and R. Wrangham (2005). "The rise of the hominids as an adaptive shift in fallback foods: Plant underground storage organs (USOs) and australopith origins." *J. Hum. Evol.* 49 (4): 482–98.
222 骨頭中明顯的同位素特徵：K. Jaouen et al. (2019). "Exceptionally high δ15N values in collagen single amino acids confirm Neandertals as high-trophic level carnivores." *PNAS* 116 (11): 4928–33. doi: 10.1073/pnas.1814087116.
222 消化道小了百分之四十：L. C. Aiello and P. Wheeler (1995). "The expensive tissue hypothesis: The brain and the digestive system in human and primate evolution." *Curr. Anthropol.* 36: 199–221.
223 用富含碳水化合物的穀物來平衡這些肉類：A. G. Henry, A. S. Brooks, and D. R. Piperno (2014). "Plant foods and the dietary ecology of Neanderthals and early modern humans." *J. Hum. Evol.* 69: 44–54; R. C. Power et al. (2018). "Dental calculus indicates widespread plant use within the stable Neanderthal dietary niche." *J. Hum. Evol.* 119: 27–41.
223 麵包歷史超過一萬四千年：A. Arranz-Otaegui et al. (2018). "Archaeobotanical evidence reveals the origins of bread 14,400 years ago in northeastern Jordan." *PNAS* 115 (31): 7925–30. doi: 10.1073/pnas.1801071115.
224 人類學家喬治・莫鐸克編寫的《民族誌地圖》：G. P. Murdock, *Ethnographic Atlas* (Univ. Pittsburgh Press, 1967).
226 掠奪齧齒類動物的巢穴，偷取牠們儲存的野生塊莖：S. Ståhlberg and I. Svanberg (2010). "Gathering food from rodent nests in Siberia." *J. Ethnobiol.* 30 (2): 184–202.
226 血糖和脂肪代謝對蜂蜜的反應是一樣的：S. K. Raatz, L. K. Johnson, and M. J. Picklo (2015). "Consumption of honey, sucrose, and high-fructose corn syrup produces similar metabolic effects in glucose-tolerant and -intolerant individuals." *J. Nutr.* 145 (10): 2265–72. doi: 10.3945 /jn.115.218016.
226 他們的心臟反而特別健康：H. Pontzer, B. M. Wood, and D. A. Raichlen (2018). "Hunter-gatherers as models in public health." *Obes. Rev.* 19 (Suppl 1): 24–35.
227 認為原始人的飲食只有百分之五的碳水化合物和百分之七十五的脂肪：Perlmutter, *Grain Brain: The Surprising Truth About Sugar* (Little, Brown Spark, 2013), 35.
227 這些研究催生了一些同儕審查的科學論文：L. Cordain et al. (2000). "Plant-animal subsistence macronutrient energy estimations in worldwide hunter-gatherer diets." *Am. J. Clin. Nutr.* 71: 682–92.
228 科登造成深遠影響的書《原始人飲食》：Loren Cordain, *The Paleo Diet* (John Wiley & Sons, 2002).
228 醫生，生物化學家和積極宣導者芬尼：S. D. Phinney (2004). "Ketogenic diets and physical performance." *Nutr. Metab.* (London) 1 (2). doi: 10.1186/1743-7075-1-2.
229 大約六千五百年前才在非洲開始發展：B. S. Arbuckle and E. L. Hammer (2018). of pastoralism in the ancient Near East." *J. Archaeol. Res.* 27: 391–449. s10814-018-9124-8.
229 平原地區的狩獵野牛文化：D. G. Bamforth (2011). archaeological evidence, and post-Clovis Paleoindian bison Great Plains." *American Antiquity* 76 (1): 24–40.

229 極圈文化甚至更年輕：“Inuit Ancestor Archaeology: The Earliest Times.” CHIN, 2000, accessed March 18, 2020, http://www .virtualmuseum.ca/edu/ViewLoitLo.do?method=preview&lang=EN&id=10101.

230 哈札族、齊曼內人、舒阿爾人和其他小規模社會的飲食：H. Pontzer, B. M. Wood, and D. A. Raichlen (2018). “Hunter-gatherers as models in public health.” *Obes. Rev.* 19 (Suppl 1): 24–35; L. Christopher et al. (2019). “High energy requirements and water throughput of adult Shuar forager-horticulturalists of Amazonian Ecuador.” *Am. J. Hum. Biol.* 31: e23223. doi: 10.1002/ajhb.23223.

231 在早期放牧群體中獨立發生了兩次：S. A. Tishkoff et al. (2007). “Convergent adaptation of human lactase persistence in Africa and Europe.” *Nature Genetics* 39 (1): 31–40. doi: 10.1038/ng1946

231 人類製造唾液澱粉酶的基因複本更多：G. H. Perry et al. (2007). “Diet and the evolution of human amylase gene copy number variation.” *Nature Genetics* 39 (10): 1256–60. doi: 10.1038/ng2123.

231 飲食中葉酸量的下降：A. Sabbagh et al. (2011). “Arylamine N-acetyltransferase 2 (NAT2) genetic diversity and traditional subsistence: A worldwide population survey.” *PloS One* 6 (4): e18507. doi: 10.1371/journal. pone.0018507.

231 脂肪酸去飽和酶基因（FADS1和2）的變化：S. Mathieson and I. Mathieson (2018). “FADS1 and the timing of human adaptation to agriculture.” *Mol. Biol. Evol.* 35 (12): 2957–70. doi: 10.1093/molbev/msy180.

231 地下水中天然的高濃度砷：M. Apata, B. Arriaza, E. and M. Moraga (2017). “Human adaptation to arsenic in Andean populations the Atacama Desert.” *Am. J. Phys. Anthropol.* 163 (1): 192–99. doi: 10.1002/ ajpa.23193. Epub 2017 Feb 16.

232 這些族群的FADS基因也發生了變化：M. Fumagalli et al. (2015). “Greenlandic Inuit show genetic signatures of diet adaptation.” *Science* 349 (6254): 1343–47.

232 這些族群中的大多數人是無法進行生酮飲食：Clemente et al. (2014). “A selective sweep on a deleterious mutation Arctic populations.” *Am. J. Hum. Gen.* 95 (5): 584–89. ajhg.2014.09.016.

234 奧茲博士正在推崇「排毒水」：“Dr. Oz;s detox water,” *WomenWorld Magazine*, May 27, 2019.

235 要消化「負熱量」的食物需要的能量比較多：M. E. Clegg and C. Cooper (2012). “Exploring myth: Does eating celery result in a negative energy balance?” *Proc. Nutr. Soc.* 71 (oce3): e217.

235 喝冰水不會改變你每天燃燒多少能量：沒有證據顯示身體會燃燒更多熱量來加熱冰水。就算會，一杯攝氏零度、兩百四十毫升的冰水，只需約九大卡（240 × 37 = 8,800卡）的熱量，就能將溫度提高到體溫。

235 一杯咖啡中一百毫克的咖啡因：A. G. Dulloo et al. (1989). “Normal caffeine consumption: Influence thermogenesis and daily energy expenditure in lean and postobese volunteers.” *Am. J. Clin. Nutr.* 49 (1): 44–50.

236 飽和脂肪和反式脂肪是重要風險因素：L. Hooper, N. Martin, Abdelhamid, and G. D. Smith (2015). “Reduction

in saturated fat intake for cardiovascular disease." *Cochrane Database Syst. Rev.* 6: CD011737. doi: 10.1002/14651858.CD011737; F. M. Sacks et al. (2017). "Dietary fats and cardiovascular disease: A presidential advisory from the American Heart Association." *Circulation* 136 (3): e1–e23. doi: 10.1161/CIR.0000000000000510.

236 推廣豆類的食譜《和善的豆類》：Margaret Keys and Ancel Keys, *The Benevolent Bean* (Doubleday, 1967).

237 胰島素會刺激多餘的葡萄糖轉化為脂肪：K. N. Frayn et al. (2003). "Integrative physiology of human adipose tissue." *Int. J. Obes. Relat. Metab. Disord.* 27: 875–88.

238 脂肪的積累成了暴飲暴食的原因：D. S. Ludwig and M. I. Friedman (2014). "Increasing adiposity: Consequence or cause of overeating?" *JAMA* 311: 2167–68.

238 霍爾的團隊讓超重或肥胖的人：K. D. Hall et al. (2016). "Energy expenditure and body composition changes after an isocaloric ketogenic diet in overweight and obese men." *Am. J. Clin. Nutr.* 104 (2): 324–33. doi: 10.3945/ajcn.116.133561.

239 透過減少碳水化合物或減少脂肪：K. D. Hall et al. (2015). "Calorie for calorie, dietary fat restriction results in more body fat loss than carbohydrate restriction in people with obesity." *Cell Metabolism* 22 (3): 427–doi: 10.1016/j.cmet.2015.07.021.

239 每日能量消耗沒有區別：W. G. Abbott, B. V. G. Ruotolo, and E. Ravussin (1990). "Energy expenditure in humans: dietary fat and carbohydrate." *Am. J. Physiol.* 258 (2 Pt 1): E347–51

239 「最佳飲食」研究，為六百零九名男性和女性隨機分配：Gardner et al. (2018). "Effect of low-fat vs low-carbohydrate diet on weight loss in overweight adults and the association with genotype secretion: The DIETFITS randomized clinical trial." *JAMA* 319 doi: 10.1001 /jama.2018.0245.

239 在一九六〇年代和七〇年代，約翰．尤金：Yudkin, *Pure, White and Deadly: The Problem of Sugar* (Davis-Poynter, 1972)

240 心臟病死亡的人數雖然仍然高得驚人：H. K. Weir et al. (2016). "Heart disease and cancer deaths: projections in the United States, 1969–2020." *Prev. Chron. Dis.* 13:160211

240 過重，肥胖：C. D. Fryar, M. D. Carroll, and C. L. Ogden, "Prevalence of Overweight, Obesity, and Extreme Obesity Among Adults Aged 20 and Over: United 1960–1962 Through 2013–2014," Centers for Disease Control and Prevention, July 18, 2016, accessed March 18, 2020, https: //www.cdc.gov/hestat/obesity_adult_13_14/obesity_adult_13_14.htm.

240 糖尿病的盛行率卻繼續攀升：CDC' s Division of Diabetes Translation, "Long-term Diabetes April 2017," April 2017, accessed March 18, 2020, https://diabetes/statistics/slides/long_term_trends.pdf.

240 即使人們吃的糖變少："Food Availability (Per Capita) Data USDA Economic Research Service, last updated January 9, 2020, accessed March 18, 2020, https://www.ers.usda.gov/data-products food-availability-per-capita-data-system/.

240 在中國，來自脂肪的熱量比例急遽上升：J. Zhao et al. 2018). "Secular trends in energy and macronutrient intakes and among adult females (1991–2015): Results from the China Health and Nutrition Survey." *Nutrients* 10 (2): 115.

240 肥胖症和糖尿病仍在穩定攀升：R. C. W. Ma (2018).

"Epidemiology of diabetes and diabetic complications in China." *Diabetologia* 61: 1249–60. doi: 10.1007/s00125-018-4557-7.

240 肥胖和代謝性疾病在發展中國家日漸流行：T. Bhurosy and R. Jeewon (2014). "Overweight and obesity epidemic in developing countries: A problem with diet, physical activity, or socioeconomic status?" *Sci. World J.* 2014: 964236. doi: 10.1155/2014/964236.

241 路德維希與同僚檢視了減肥前後的新陳代謝率：C. B. Ebbeling et al. (2018). "Effects of a low carbohydrate diet on energy expenditure during weight loss maintenance: Randomized trial." *BMJ* (Clinical research ed.) 363: k4583. doi: 10.1136/bmj.k4583.

241 霍爾對他們的資料進行了重新分析：K. D. Hall (2019). "Mystery or method? Evaluating claims of increased energy expenditure during a ketogenic diet." *PloS One* 14 (12): e0225944. doi: 10.1371/journal.pone.0225944.

241 碳水化合物和脂肪的比例幾乎沒有影響：K. D. Hall and J. "Obesity energetics: Body weight regulation and the effects of diet composition." *Gastroenterology* 152 (7): 1718–27.e3. doi: 10.1053/j.gastro.2017.01.052.

241 來自糖（包括高果糖玉米糖漿）的熱量：T.A Khan and J. L Sievenpiper (2016). "Controversies about sugars: Results reviews and meta-analyses on obesity, cardiometabolic diabetes." *Eur. J. Nutr.* 55 (Suppl 2): 25–43. doi: 10.1007/s00394-016-1345-3.

242 導致脫水和體重迅速下降：S.N. Kreitzman, A. Y. Coxon, and K. F. Szaz (1992). "Glycogen of easy weight loss, excessive weight regain, and distortions body composition." *Am. J. Clin. Nutr.* 56 (1 Suppl): 292S–93S. ajcn/56.1.292S.

243 四種流行飲食之一進行為期十二個月的研究：M. L. Dansinger et al. (2005). "Comparison of the Atkins, Ornish, Watchers, and Zone diets for weight loss and heart disease risk reduction: randomized trial." *JAMA* 293 (1): 43–53. doi: 10.1001/jama.293.1.43.

244 潘・傑利特減掉四十五公斤：Susan Rinkunas, "Eating Only One Food Lose Weight Is a Terrible Idea," The Cut, August 16, 2009, accessed March https://www.thecut.com/2016/08/mono-diet -potato-diet-penn-jillette.html.

244 為期十週的垃圾食物飲食法：Madison Park, "Twinkie diet helps nutrition 27 pounds," CNN, November 8, 2010, http://www.cnn.com/11/08/twinkie.diet.professor/index.html.

244 低碳水化合物的飲食就被用來治療糖尿病：William Morgan, *Diabetes Mellitus: History, Chemistry, Anatomy, Pathology, Physiology, and Treatment* (The Homoeopathic Publishing Company, 1877).

244 消除了對胰島素和其他糖尿病藥物的需求：S. J. Athinarayanan et al. (2019). "Long-term effects of a novel continuous remote intervention including nutritional ketosis for the management of type 2 diabetes: A 2-year non-randomized clinical trial." *Fron. Endocrinol.* 10: 348. doi: 10.3389/fendo.2019.00348.

245 減輕體重可以逆轉第二型糖尿病：R. Taylor, A. Al-Mrabeh, and N. Sattar (2019). "Understanding the mechanisms of reversal of type 2 diabetes." *Lancet Diab. Endocrinol.* 7 (9):

726–36. doi: 10.1016/S2213-8587(19)30076-2.
245 間歇性斷食法沒有更成功：I. Cioffi et al. (2018). "Intermittent versus continuous energy restriction on weight loss and cardiometabolic outcomes: A systematic review and meta-analysis of randomized controlled trials." *J. Transl. Med.* 16: 371. doi: 10.1186/s12967-018-1748-4.
247 《住在大腦的肥胖駭客》：Stephan Guyenet, *The Hungry Brain: Outsmarting the Instincts That Make Us Overeat* (Flatiron Books, 2017).
248 對食物，特別是脂肪和糖有強烈的反應：M. Alonso-Alonso et al. (2015). "Food reward system: Current perspectives and future research needs." *Nutr. Rev.* 73 (5): 296–307. doi: 10.1093/nutrit/nuv002.
248 蛋白質的攝取量也受到監控：M. Journel et al. (2012). "Brain responses to high-protein diets." *Advances in Nutrition* (Bethesda, Md.) 3 (3): 322–29. doi: 10.3945/an.112.002071.
249 該系統與下丘腦進行溝通：K. Timper and J. C. Brüning (2017). "Hypothalamic circuits regulating appetite and energy Pathways to obesity." *Disease Models & Mechanisms* 10 (6): 679–10.1242 /dmm.026609.
249 牠們將不可避免地暴飲暴食並變胖：A. Sclafani Springer and D, Springer (1976). "Dietary obesity in adult rats: Similarities to hypothalamic human obesity syndromes." *Physiol. Behav.* 17 (3): 461–71.
250 從猴子到大象都成立，人類也是：猴子：P. B. Higgins et al. (2010). "Eight week exposure sugar high fat diet results in adiposity gain and alterations in metabolic biomarkers in baboons (*Papio hamadryas sp.*)." *Cardiovasc. Diabetol.* 10.1186/1475-2840-9-71; 大象：K. A. Morfeld, C. L. Meehan, J. L. Brown (2016). "Assessment of body condition in African (*Loxodonta africana*) and Asian (*Elephas maximus*) elephants in North American management practices associated with high body condition scores." *PLoS One* 11: e0155146. doi: 10.1371/journal.pone.0155146; 人類：R. Rising et al. (1992). "Food intake measured by an automated food-selection system: Relationship to energy expenditure." *Am. J. Clin. Nutr.* 55 (2): 343–49
250 添加的糖和油是今天美國飲食中主要兩個的熱量來源：S. A. Bowman et al., "Retail Intakes: Mean Amounts of Retail Commodities per Individual, USDA Agricultural Research Service and USDA Economic Research 2013.
250 這些食物總是讓你想吃更多：George Dvorsky, "How Flavor Chemists Make Your Food So Addictively Good," Gizmodo, November 8, 2012, accessed March 18, 2020, https://io9.gizmodo.com flavor-chemists-make-your-food-so-addictively-good-5958880.
250 說明了加工食品能有多強大：K. D. Hall et al. (2019). "Ultraprocessed diets cause excess calorie intake and weight gain: An inpatient randomized controlled trial of ad libitum food intake." *Cell Metabol.* 30 (1): 67–77.e3.
251 解釋每人平均體重的增加：S. H. Holt, J. C. Miller, P. Petocz, and E. Farmakalidis (1995). "A satiety index of common foods." *Eur. J. Clin. Nutr.* 49 (9): 675–90.
251 他們會增加類似分量的脂肪：C. Bouchard et al. (1990). "The response to long-term overfeeding in identical twins." *N.*

Engl. J. Med. 322 (21): 1477–82.

251 雙胞胎對食物不足也有類似的反應：A. Tremblay et al. (1997). "Endurance training with constant energy intake in identical twins: Changes over time in energy expenditure and related hormones." *Metabolism* 46 (5): 499–503.

252 九百多個與肥胖有關的基因變異：L. Yengo et al. and the GIANT Consortium (2018). "Meta-analysis of genome-wide association studies for height and body mass index in ~700000 individuals of European ancestry." *Hum. Mol. Gen.* 27 (20): 3641–49. doi: 10.1093/hmg/ddy271.

252 一九九五年測試了三十八種不同的食物：S. H. Holt, J. C. Miller, P. Petocz, and E. Farmakalidis (1995). "A satiety index of common foods." *Eur. J. Clin. Nutr.* 49 (9): 675–90.

254 人們在經歷壓力後都會吃得更多：B. Hitze et al. (the selfish brain organizes its supply and demand." *Frontiers in Neuroenergetics* 2: 7. doi: 10.3389/fnene.2010.00007.

254 在假期中平均增加〇・五到一公斤：Helander, B. Wansink, and A. Chieh (2016). "Weight gain over the three countries." *N. Engl. J. Med.* 375 (12): 1200–2. doi: 10.1056/NEJMc1602012.

254 貧窮和缺乏機會與肥胖和心腦血管代謝疾病密切相關：K. A. Scott, S. J. Melhorn, and R. R. Sakai (2012). "Effects social stress on obesity." *Curr. Obes. Rep.* 1: 16–25.

256 哈札族每天吃的纖維大約是典型美國人的五倍：H. Pontzer, B. M. Wood, and D. A. Raichlen (2018). "Hunter-models in public health." *Obes. Rev.* 19 (Suppl 1): 24–35.

256 這可能有助於保護他們免受心臟病的困擾：L. Hooper, N. Martin, A. Abdelhamid, and G. D. Smith Reduction in saturated fat intake for cardiovascular disease." *Cochrane Database Syst. Rev.* 6: CD011737. doi: 10.1002/14651858.CD011737.

第七章：要活命就快跑！

263 類人猿每晚有九或十個小時的睡眠時間：C. L. Nunn and D. R. Samson (2018). "Sleep in a comparative context: Investigating how human sleep differs from sleep in other primates." *Am. J. Phys. Anthropol.* 166 (3): 601–12.

263 黑猩猩每天大約爬一百・五公尺的高度：H. Pontzer and R. W. Wrangham "Climbing and the daily energy cost of locomotion in wild chimpanzees: Implications for hominoid locomotor evolution." *J. Hum. Evol.* 46 (3): 317–35.

264 人猿不會出現血管硬化或心臟病發作：K. Kawanishi et al. (2019). "Human species-specific loss of CMP-N-acetylneuraminic acid hydroxylase enhances atherosclerosis via intrinsic and extrinsic mechanisms." *PNAS* 116 (32): 16036–45. doi: 10.1073/pnas.1902902116.

265 能一次做十個以上扶地挺身的男性：Justin Yang et al. (2019). "Association between push-up exercise capacity and future cardiovascular events among active adult men." *JAMA* Network Open 2 (2): e188341. doi: 10.1001 / jamanetworkopen.2018.8341.

265 能走完至少三百六十五・七公尺的老年人：A. Yazdanyar et al. (2014) "Association between 6-minute walk test and all-cause mortality, coronary heart disease-specific mortality, and incident coronary heart disease." *Journal of Aging and Health* 26

(4): 583–99. doi: 10.1177/0898264314525665.
266 劇烈活動，定義為任何需要六個METS或更多的活動：“Examples of Moderate and Vigorous Physical Activity,” Harvard T. H. Chan School of Public Health, accessed March 20, 2020, https://www.hsph.harvard.edu/obesity -prevention-source/moderate-and-vigorous-physical-activity/.
266 引發一氧化氮釋放：G. Schuler, V. Adams, and Y. Goto (2013). “Role of exercise in the prevention of cardiovascular disease: Results, mechanisms, and new perspectives.” *Eur. Heart J.* 34: 1790–99.
266 延緩認知能力下降的速度：G. Kennedy et al. (2017). exercise reduce the rate of age-associated cognitive decline? A review mechanisms.” *J. Alzheimers Dis.* 55 (1): 1–18. doi: 10.3233/JAD-160665
266 步行和跑步能改善認知功能：D. G. E. Alexander (2017). “Adaptive capacity: An evolutionary model linking exercise, cognition, and brain health.” *Trends Neurosci.* 40 (7): 408–21. doi: 10.1016/j.tins.2017.05.001.
266 李伯曼在他的《天生不愛動》一書中的詳細說明：Daniel Lieberman, *Exercised: Why Something We Never Evolved to Do Is Healthy and Rewarding* (Pantheon, 2020).
266 運動的肌肉還會向血液中釋放數百種分子：M. Whitham et al. (2018). “Extracellular vesicles provide a means for tissue crosstalk during exercise.” *Cell Metab.* 27 (1): 237–51.e4.
268 為成年雄性老鼠設定不同程度的熱量限制：S. E. Mitchell et al. (2015). “The effects of graded levels of calorie restriction: I. Impact of short term calorie and protein restriction on body composition in the C57BL/6 mouse.” *Oncotarget* 6: 15902– 30.
268 對抗感染中的孩子會增加用於免疫防禦的能量：S. S. Urlacher et al. (2018). “Tradeoffs between immune function and childhood growth among Amazonian forager-horticulturalists.” *PNAS* 115 (17): E3914–21. doi: 10.1073 /pnas.1717522115.
269 當運動開始占用有限的日常能量預算中的一大塊：H. Pontzer (2018). “Energy constraint as a novel mechanism linking exercise and health.” *Physiology* 33 (6): 384–93.
270 運動是降低慢性發炎的有效途徑：M. Gleeson et al. (2011). “The anti-inflammatory effects of exercise: Mechanisms and implications for the prevention and treatment of disease.” *Nat. Rev. Immunol.* 11: 607–15.
271 使用公開演講來誘發壓力反應：U. Rimmele et al. (2007). “ Trained men show lower cortisol, heart rate and psychological responses to psychosocial stress compared with untrained men.” *Psychoneuroendocrinology* 32: 627–35.
271 對患有中度憂鬱症的大學女生的研究：C. Nabkasorn et al. (2006). “Effects of physical exercise on depression, neuroendocrine stress hormones and physiological fitness in adolescent females with depressive symptoms.” *Eur. J. Publ. Health* 16: 179–84.
272 將長跑者與年齡相同的久坐不動男性進行比較：A. C. Hackney (2020). “Hypogonadism in exercising males: Dysfunction or adaptive-regulatory adjustment?” *Front. Endocrinol.* 11: 11. doi: 10.3389/fendo.2020.00011.
272 降低生殖系統癌症風險的最有效方法之一：J. C. Brown, K. Winters- Stone, A. Lee, and K. H. Schmitz (2012). “Cancer,

physical activity, and exercise." *Compr Physiol.* 2: 2775–809.

273 在競技自行車運動誕生時就出現了興奮劑：Lorella Vittozzi, "Historical Evolution of the Doping Phenomenon," *Report on the I.O.As' Special Sessions and Seminars 1997*, International Olympic Academy, 1997, 68–70.

274 睪固酮及其合成的相似物質，占當年所有違規的百分之四十五：R. I. Wood and S. J. Stanton (2012). "Testosterone and sport: Current perspectives." *Horm. Behav.* 61 (1): 147–55. doi: 10.1016/j.yhbeh.2011.09.010.

276 為三十一名女性耐力運動員提供食物補充劑：K. K. Kapczuk, Z. Friebe, and J. Bajerska (2014). "Effects of dietary young female athletes with menstrual disorders." *J. Int. Soc. Sports Nutr.* 11:21

277 哈札族男女平均每天走一萬六千步左右：B.M. Wood et al. (2018). "Step counts from satellites: Methods for integrating accelerometer and GPS data for more accurate measures of pedestrian travel." *J. Meas. Phys. Behav.* 3 (1): 58–66.

278 每天的身體活動不到兩小時：這是估計值，涵蓋牠們習慣的一天走二到三公里以及大約攀爬一百公尺高度的時間。H. Pontzer. "Locomotor Ecology and Evolution in Chimpanzees and Humans." In Martin N. Muller, Richard W. Wrangham, and David R. Pilbeam, eds., *Chimpanzees in Human Evolution* (Harvard Univ. Press, 2017), 259–85.

278 牠們每天平均走五千步左右：黑猩猩走一步大約是半公尺的距離。H. Pontzer, D. A. Raichlen, and P. S. Rodman (2014). "Bipedal and quadrupedal locomotion chimpanzees." *J. Hum. Evol.* 66: 64–82.

278 對美國成年人進行了五至八年的追蹤調查：P. F. Saint-Maurice et al. (2018). "Moderate-to-vigorous physical activity and all-cause mortality: Do bouts matter?" *J. Am. Heart Assoc.* 7(6): e007678. doi: 10.1161/JAHA.117.007678.

279 一項針對十五萬名澳大利亞成年人的研究：E. Stamatakis et al. (2019). "Sitting time, physical activity, and risk of mortality in adults." *J. Am. Coll. Cardiol.* 73 (16): 2062–72. doi: 10.1016/j.jacc.2019.02.031.

279 著名的哥本哈根市心臟研究：P. Schnohr et al. (2015). "Dose of jogging and long-term mortality: The Copenhagen City Heart Study." *J. Am. Coll. Cardiol.* 65 (5): 411–19. doi: 10.1016/j.jacc.2014.11.023.

279 格拉斯哥郵務人員的研究：W. Tigbe, M. Granat, N. Sattar, and M. Lean (2017). "Time spent in sedentary posture is associated with waist circumference and cardiovascular risk." *Int. J. Obes.* 41: 689–96. doi: 10.1038 / ijo.2017.30.

279 西歐預期壽命最低的國家："Scotland's public health priorities," Scottish Government, Population Health Directorate, 2018, accessed March 20, 2020, https://www.gov.scot/publications/scotlands-public -health-priorities/pages/2/.

279 傳統族群的睡眠時間：G. Yetish et al. (2015) "Natural sleep and its seasonal variations in three pre-industrial societies." *Curr. Biol.* 25 (21): 2862–68. doi: 10.1016/j.cub.2015.09.046.

280 增加我們罹患心腦血管代謝疾病的風險：A. W. McHill et al. (2014) "Impact of circadian misalignment on energy metabolism during simulated nightshift work." *PNAS* 111 (48): 17302–07. doi: 10.1073/pnas.1412021111.

280 哈札族的成年人在白天也積累相同的休息時間：D. A. Raichlen et al. (2020) "Sitting, squatting, and the evolutionary biology of human inactivity." *PNAS*, Epub ahead of print. doi: 10.1073/pnas.1911868117.
281 一個億萬富翁不與人類接觸，在黑暗中隱居好幾個月：Wikipedia, accessed March 20, 2020, https://en.wikipedia.org/wiki/Howard_Hughes.
281 與一名營養師和醫務人員合作：J. Mayer, P. Roy, and K. P. Mitra (1956). "Relation between caloric intake, body weight, and Studies in an industrial male population in West Bengal." *Am. J. Clin. Nutr.* 4 (2): 169–75.
282 對近兩千名男性和女性進行了追蹤調查：L. R. Dugas et al. (2017). "Accelerometer-measured physical activity is not associated two-year weight change in African-origin adults from five diverse population." *Peer J.* 5: e2902. doi: 10.7717/peerj.2902.
282 身體活動改變了大腦調節飢餓和代謝的方式：A. Prentice and S. Jebb (2004). "Energy intake/physical activity interactions homeostasis of body weight regulation." *Nutr. Rev.* 62: S98–104.
283 久坐的生活方式所造成：I. Lee et al. (2012). "Effect of physical inactivity on major non-communicable diseases worldwide: An analysis of burden of disease and life expectancy." *Lancet* (London) 380 (9838): 219–29. doi: 10.1016/S0140-6736(12)61031-9
283 對波士頓肥胖員警的研究：K. Pavlou, S. Krey, and W. P. Steffee (1989). "Exercise adjunct weight loss and maintenance in moderately obese subjects." *Am. J. Clin. Nutr.* 49: 1115–23.
283 「全國體重控制登錄網」："The National Weight Control Registry," accessed 2020, http://www.nwcr.ws/.
285 成員比肥胖組每天多花近一小時從事輕度身體活動：D. M. Ostendorf et al. (2018) "Objectively measured physical activity and sedentary behavior in successful weight loss maintainers." *Obesity* 26 (1): 53–60. doi: 10.1002/oby.22052.

第八章：極端的能量學：人類耐力的極限

291 只有八人成功：Ocean Rowing, "Atlantic Ocean Crossings West–East from Canada," August 4, 2018, accessed March 21, 2020, http://www.oceanrowing.com/statistics/Atlantic_W-E__from_Canada.htm.
291 布萊斯在旅途中每天吃下四千至五千大卡的熱量：Christopher Mele, "Ohio teacher sets record for rowing alone across the Atlantic," *New York Times*, August 6, 2018, accessed March 21, 2020, https://www.nytimes.com/2018/08/06/world/bryce-carlson-rows-atlantic-ocean.html.
292 環法自行車賽選手每天燃燒八千五百大卡的熱量：K. R. Westerterp, W. H. Saris, M. van Es, and F. ten Hoor (1986). "Use of the doubly labeled water technique in humans during heavy sustained exercise." *J. App. Physiol.* 61 (6): 2162–67.
292 在十二小時的鐵人比賽中也會燃燒這麼多能量：B. C. Ruby et al. (2015). "Extreme endurance and the metabolic range of sustained activity is uniquely available for every human not just the elite few." *Comp. Exer. Physiol.* 11(1): 1–7.

292 據說訓練期間每天要吃一萬兩千大卡：Mun Keat Looi, "How Olympic swimmers can keep eating such insane quantities of food," Quartz, August 10, 2016, accessed March 21, 2020, https://qz.com/753956 /how-olympic-swimmers-can-keep-eating-such-insane-quantities-of-food/.

293 艾力克斯・哈欽森的優秀著作《極耐力》：Alex Hutchinson, *Endure: Mind, Body, and the Curiously Elastic Limits of Human Performance* (William 2018).

293 心理疲勞會降低耐力：參見 S. Marcora The effect of mental fatigue on critical power during cycling exercise." *Eur. J. App. Physiol.* 118 (1): 85–92. doi: 10.1007/s00421-017-3747-1.

295 你的身體在運動中所燃燒之燃料類型：J. A. Romijn et al. (1993). "Regulation of endogenous fat and carbohydrate in relation to exercise intensity and duration." *Am. J. Physiol.* 91.

297 把你的狗一隻隻吃掉的旅程：Mike Dash "The most terrible polar exploration ever: Douglas Mawson's journey," *Smithsonian*, January 27, 2012, accessed March 21, 2020, smithsonianmag.com/history/the -most-terrible-polar-exploration-mawsons-antarctic-journey -82192685/.

300 平均每天要消耗驚人的六千兩百大卡熱量：C. Thurber et al. (2019). "Extreme events reveal alimentary limit on sustained maximal human energy expenditure." *Science Advances* 5 (6): eaaw0341. doi: 10.1126/sciadv.aaw0341.

301 能量補償經常出現在 AEE 的部分：可參考範例：H. Pontzer et al. (2016). "Constrained energy expenditure and metabolic adaptation to physical humans." *Curr. Biol.* 26 (3): 410–17. doi: 10.1016/j. cub.Urlacher et al. (2019). "Constraint and trade-offs regulate energy expenditure during childhood." *Science Advances* 5 (12): eaax1065. doi: 10.1126/sciadv.aax1065.

301 「非運動性燃燒」，簡稱 NEAT：J. A. Levine (2002). "Nonexercise activity thermogenesis (NEAT)." *Best Pract. Res. Clin. Endocrinol. Metab.* 16 (4): 679–702.

301 測量 NEAT 對運動反應的研究：E. L. Melanson (2017). "The effect of exercise on non-exercise physical activity and sedentary behavior in adults." *Obes. Rev.* 18: 40–49. doi: 10.1111/obr.12507.

301 每天都像雲霄飛車的軌道一樣：K.-M. Zitting et al. (2018). "Human resting energy expenditure varies with circadian phase." *Curr. Biol.* 28 (22): 3685–90.e3. doi: 10.1016/j.cub.2018.10.005.

304 他將哺乳期的老鼠母親剃毛：E. Król, M. Murphy, and J. R. Speakman (2007). "Limits to sustained energy intake. X. Effects of fur removal on reproductive performance in laboratory mice." *J. Exp. Biol.* 210 (23): 4233–43.

306 進行脂類和葡萄糖的靜脈注射："The Dutch Doping Scandal—Part 3," Cycling News, November 29, 1977, accessed March 21, 2020, http://autobus.cyclingnews.com/results/archives/nov97/nov29a.html.

307 媽媽已被推到了代謝限制的邊緣：H. M. Dunsworth et al. (2012). "Metabolic hypothesis for human altriciality." *PNAS* 109 (38): 15212–16. doi: 10.1073/pnas.1205282109.

307 這種新陳代謝的觸發因素：J. C. K. Wells, J. M. DeSilva, and J. T. Stock (2012). "The obstetric dilemma: an ancient game of Russian roulette, variable dilemma sensitive to ecology?" *Am. J.*

Phys. Anthropol. 149 (55): 10.1002/ajpa.22160.

309 流傳的每天一萬兩千大卡的數字：Curtis Charles,"Michael Phelps reveals his 12,000-calorie diet was a myth, but he still ate so much food," *USA Today*, June 16, 2017, accessed March 21, 2020, https://ftw.2017/06/michael-phelps-diet-12000-calories-myth-but-still-ate-8000-to-10000-quote.

310 奧運游泳明星凱蒂・萊德基的自我飲食報告：Sabrina Marques, "Here' s how many calories Olympic swimmer Katie Ledecky eats in a day. It' s not your typical 19-year-old' s diet," Spooniversity, accessed 2020, https:// spoonuniversity.com/lifestyle/this-is-what-swimmer-katie-ledecky-s-diet -is-like.

310 菲爾普斯的身高和體重都遠高於平均值：Ishan Daftardar, "Scientific analysis of Michael structure," Science ABC, July 2, 2015, March 21, 2020, https://www.com/sports/michael-phelps-height-arms-torso-arm-span-feet-swimming.html.

312 在最早的鳥類祖先身上出現時，是為了隔熱或禦寒：M. J. Benton et al. (2019). "The early origin of feathers." *Trends in Ecology & Evolution* 34 (9): 856–69.

312 人類祖先開始用兩條腿走路：Charles Darwin, *The Descent of Man: And Selection to Sex* (J. Murray, 1871).

312 法國科學院禁止對其起源進行任何討論：S. Számadó and E. Szathmáry (2004). "Language evolution." *PLoS Biology* 2 (10): e346. doi: 10.1371 /journal.0020346.

第九章：人屬能源種的過去、現在，以及不確定的未來

316 只要打算移動超過一英里：Y. Yang and A. V. Diez-Roux (2012). "Walking distance by trip purpose and population subgroups." *Am. J. Prev. Med.* 43 (1): 11–19. doi: 10.1016/j.amepre.2012.03.015.

318 價值超過五百萬大卡的航空燃料：一架波音七四七飛機飛越一萬四千公里，平均每載運一位乘客就要燃燒六千千瓦小時的熱能：David J. C. MacKay, *Sustainable Energy: Without the Hot Air* (UIT Cambridge Ltd, 2009), https://www.withouthotair.com/c5/page_35.shtml.

319 生存危機：肥胖和氣候變遷："Syndemics: Health in context." *Lancet* 389 (10072): 881.

321 發現了一種已滅絕的人族化石遺骸：L. S. B. Leakey, P. V. Tobias, and J. R. Napier (1964). "A new species of the genus *Homo* from Olduvai Gorge." *Nature* 202: 7–9.

322 後續幾十年當中的發現：Glenn C. Conroy and Herman Pontzer, *Reconstructing Human Origins: A Modern Synthesis*, 3rd ed. (W. W. Norton, 2012).

322 拉動弓弦時的力量：H. Pontzer et al. (2017). "Mechanics of archery among Hadza hunter-gatherers." *J. Archaeol. Sci.* 16: 57–doi: 10.1016/j.jasrep.2017.09.025.

323 一百多萬年前的直立人出現時：F. Berna et al. (2012). "Acheulean fire at Wonderwerk Cave." *PNAS* 109 (20): E1215–20. doi: 10.1073/pnas.1117620109

323 保守估計人類約在四十萬年前左右開始用火：W. Roebroeks and P. Villa (2011). "On the earliest evidence for habitual use of fire in Europe." *PNAS* 108 (13): 5209–14. doi: 10.1073/pnas.1018116108.

324 他的優秀著作《著火》：Richard Wrangham, *Catching Fire:*

How Cooking Made Us Human (Basic Books, 2010).

324 木柴燃燒的火每〇・四五公斤的燃料能釋放約一千六百大卡的熱量：Wikipedia, accessed March 22, 2020, https://en.wikipedia.org/wiki/Wood_fuel

324 遵循生食飲食的男性和女性：C. Koebnick, C. Strassner, I. Hoffmann, and C. Leitzmann (1999). "Consequences of a long-term raw food diet on body weight and menstruation: Results of a questionnaire survey." *Ann. Nutr. Metab.* 43: 69–79.

325 火可以用來改變地貌：D. W. Bird, R. Bliege Bird, and B. F. Codding (2016). "Pyrodiversity and the anthropocene: The role of fire in the broad spectrum revolution." *Evol. Anthropol.* 25: 105–16. doi: 10.1002/evan.21482; F. Scherjon, C. Bakels, K. MacDonald, and W. Roebroeks (2015). "Burning the land: An ethnographic study of off-site fire use by current and historically documented foragers and implications for the interpretation of past fire practices in the landscape." *Curr. Anthropol.* 56 (3): 299–326.

325 學會使用窯爐來製造瀝青：P. R. B. Kozowyk et al. (2017). "Experimental methods for the Palaeolithic dry distillation of birch bark: Implications for the origin and development of Neandertal adhesive technology." *Sci. Rep.* 7: 8033. doi: 10.1038/s41598-017-08106-7.

325 開始生火，溫度足以燒製陶器：Cristian Violatti, "Pottery in Antiquity," Ancient History Encyclopedia, September 13, 2014, accessed March 22, 2020, https://www.ancient.eu/pottery/.

325 熔煉礦石，製造銅和其他金屬："Smelting," Wikipedia, accessed March 22, 2020, https://en.wikipedia.org/wiki/Smelting.

326 知道如何製造鐵和玻璃："History of Glass," Wikipedia, accessed March 22, 2020, https://en.wikipedia.org/wiki/History_of_glass.

326 一些族群開始接受一個徹底改變現狀的真知灼見：J. Diamond and P. Bellwood (2003). "Farmers and their languages: The first expansions." *Science* 300 (5619): 597–603.

328 一匹馬每小時可以輕鬆地產生大約六百四十大卡的功：R. D. Stevenson and R. J. Wassersug (1993). "Horsepower from a horse." *Nature* 364: 6434.

328 能做十個人的工作：Eugene A. Avallone et al, *Mark&Standard Handbook for Mechanical Engineers*, 11th ed. (McGraw-Hill, 2007).

328 在馬背上的人可以輕鬆地在一天內移動四十八公里：Nicky Ellis, "How far can a horse travel in a day?" Horses & Foals, April 15, 2019, accessed March 22, 2020, https://horsesandfoals.com/how-far-can-a-horse-travel-in-a-day/

328 受益於馴化所提供的額外熱量，所以生育率提高了：J.-P. Bocquet-Appel (2011). "When the population took off: The springboard of the Neolithic demographic transition." *Science* 333 (6042): 560–61. doi: 10.1126/science.1208880.

298 典型的哈札族婦女一生中會有六個孩子：N. G. Blurton Jones et al. (1992). "Demography of the Hadza, an increasing and high population of savanna foragers." *Am. J. Phys. Anthropol.* 89 (2): 159–81

329 擁有熱量優勢的齊曼內人婦女：M. Gurven et al. (2017). "The Tsimane Health and Life History Project: anthropology and biomedicine." *Evol. Anthropol.* 26 (2): 54–73. evan.21515.

329「集體大腦」：M. Muthukrishna Henrich (2016). "Innovation in the collective brain." *Phil. Trans. R. Soc.* B 371: 20150192. doi: /10.1098/rstb.2015.0192.
329 如何利用風的力量來航行：最古老的航行證據是在七千五百年前的波斯灣：參見 R. Carter (2006). "Boat remains and maritime trade Gulf during the sixth and fifth millennia BC." *Antiquity* 80 (3071): 52-63. 另參見 "Ancient Maritime History," Wikipedia, accessed 22, 2020, https://en.wikipedia.org/wiki /Ancient_maritime_history.
329 利用流動河水的能量："Watermill," Wikipedia, accessed March 22, wikipedia.org/wiki/Watermill.
329 幾個世紀後，風車也加入了它們的行列："Windmill," Wikipedia, accessed 2020, https://en.wikipedia.org/wiki/Windmill.
330 化石燃料提供超過三萬五千大卡的能量：能量數據："World Energy Balances 2019," International Energy Agency, accessed March 23, 2020, https://www.iea.org/data-and-statistics; 人口數據："World Population Prospects 2017," United Nations, Department of Economic and Social Affairs, Population Division, 2017—Data Booklet (ST/ESA/SER.A/401), accessed April 28, 2020, https://population.un.org/wpp/Publications/Files/WPP2017_DataBooklet.pdf.
330 農民占美國勞動力的百分之六十九：U.S. Census Bureau, *Historical Statistics of the United States 1780–1945* (1949), 74, accessed March 23, 2020, https://www2.census.gov/prod2/statcomp/documents /HistoricalStatisticsoftheUnitedStates1789-1945.pdf.
330 農民和牧場主人只占美國勞動力的百分之一．三：二〇一八年有兩百六十萬名農民："Ag and Food Sectors and the Economy," USDA Economic Research Service, March 3, 2020, accessed March 23, 2020, https://www.ers.usda.gov/data-products/ag-and-food-statistics-charting-the-essentials/ag-and-food-sectors-and -the-economy/; 二〇一八年美國總人口為三億兩千七百萬：U.S. and World Population Clock, accessed March 23, 2020, https://www.census.gov/popclock/.
330 每年大約消耗五百兆大卡熱量：Randy Schnepf, *Energy Use in Agriculture: Background and Issues*, Congressional Research Service Report for Congress, November 19, 2004, accessed March 23, 2020, https://nationalaglawcenter.org/wp-content/uploads/assets/crs/RL32677.pdf.
331 哈札族的成年人每小時的覓食，大約能獲得一千至一千五百大卡：哈札族與齊曼內人獲得食物所耗費的能量比率（圖 9.2）是以生產與活動資料計算而來：Frank W. Marlowe, *The Hadza: Hunter-Gatherers of Tanzania* (Univ. of California Press, 2010); M. Gurven et al. (2013) "Physical activity and modernization among Bolivian Amerindians." *PloS One* 8 (1): e55679. doi: 10.1371/journal.pone.0055679.
332 製造業一小時的勞動可以買到超過三千大卡：E. L. Chao, and K. P. Utgoff, *100 Years of U.S. Consumer Spending: Data for the Nation, New York City, and Boston*, U.S. Department of Labor, 2006, accessed March 23, 2020, https:// www.bls.gov/opub/100-years-of-u-s-consumer-spending.pdf.
332 糖在過去就是一種奢侈品：Anup Shah, "Sugar," Global Issues, April 25, 2003, accessed March 23, 2020, https://www.

globalissues.org/article/239/sugar.

332 每克熱量最高的食物，也是最便宜的：A. Drewnowski and S. E. Specter (2004). "Poverty and obesity: The role of energy density and energy costs." *Am. J. Clin. Nutr.* 79 (1): 6–16.

332 甜菜糖和高果糖玉米糖漿：S. A. Bowman et al., "Retail food commodity intakes: Mean amounts of retail commodities per individual, 2007– 08," USDA, Agricultural Research Service, Beltsville, MD, and USDA, Economic Research Service, Washington, D.C., 2013.

332 工業化飲食的能量密度：H. Pontzer, B. M. Wood, D. A. Raichlen (2018). "Hunter-gatherers as models in public health." *Obes. Rev.* 19 (Suppl 1):24–35.

333 兩次懷孕之間的恢復時間：C. E. Copen, M. E. Thoma, and S. Kirmeyer (2015). "Interpregnancy intervals in the United States: Data from the birth certificate and the National Survey of Family Growth." *National Vital Statistics Reports* 64 (3).

333 與齊曼內人的生育間隔相當，或者甚至更快一點：A. D. Blackwell et al. "Helminth infection, fecundity, and age of first pregnancy in women." *Science* 350 (6263): 970–72. doi: 10.1126/science.aac7902.

334 生殖策略變化背後的文化和生物因素：O. Galor (2012). "The demographic transition: Causes and consequences." *Cliometrica* 6 (1): 1–28. doi: 10.1007/s11698-011-0062-7.

334 每花一卡路里覓食，就能得到大約四十卡路里的食物：H. Pontzer (2012). "Relating ranging ecology, limb length, and locomotor economy in terrestrial animals." *Journal of Theoretical Biology* 296: 6–12. doi:10.1016 /j.jtbi.2011.11.018.

334 我們每生產一卡路里的食物會燃燒八卡路里："U.S. Food System Factsheet," Center for Sustainable Systems, University of Michigan, 2019. http://css.umich.edu/sites/default/files/Food%20System_CSS01-06_e2019.pdf.

335 我們每年的消耗達到了驚人的兩萬五千兆大卡："U.S. energy facts explained," U.S. Energy Information Administration, accessed March 23, 2020, https://www.eia.gov/energyexplained/us-energy-facts/.

335 少數國家的人均能源消耗：Data and Statistics, "Total primary energy supply (TPES) by source, World 1990–2017," International Energy Agency, 2019, accessed March 23, 2020, https://www.iea.org/data-and-statistics.

335 我們還剩下大約能使用五十年的石油和天然氣：Hannah Ritchie and Max Roser, "Fossil Fuels," Our World in Data, 2020, https://ourworldindata.org/fossil-fuels.

336 比十九世紀末的溫度高了攝氏〇．八度：National Academy of Sciences, *Climate Change: Evidence and Causes* (National Academies Press, 2014). doi: 10.17226/18730.

336 全球將再升溫攝氏八度：R. Winkelmann et al. (2015). "Combustion of available fossil fuel resources sufficient to eliminate the Antarctic ice sheet." *Science Advances* 1 (8): e1500589. doi: 10.1126/sciadv.1500589; K. Tokarska et al. (2016). "The climate response to five trillion tonnes of carbon." *Nature Clim. Change* 6: 851–55. doi: 10.1038/nclimate3036.

336 在古新世－始新世氣候最暖期：J. P. Kennett and L. D. Stott, "Terminal Paleocene Mass Extinction in the Deep Sea: Association with Global Warming," ch. 5 in National Research

Council (US) Panel, *Effects of Past Global Change on Life* (National Academies Press, 1995). https://www.ncbi.nlm.nih.gov/books/NBK231944/.

336 至少比今天高一百公尺（三百二十八英尺）：B. U. Haq, J. Hardenbol, and P. R. Vail (1987). "Chronology of fluctuating sea levels since the Triassic." *Science* 235 (4793): 1156–67.

336 大城市都位在海平面上十公尺以下的地點：G. McGranahan, D. Balk, and B. Anderson (2007). "The rising tide: Assessing the risks of climate change and human settlements in low elevation coastal zones." *Environment and Urbanization* 19 (1): 17–37. doi: 10.1177/0956247807076960.

336 有一半的人口生活在海平面上一百公尺以下的地方：J. E. Cohen and C. Small (1998). "Hypsographic demography: The of human population by altitude." *PNAS* 95 (24): 14009–14. doi: 10.1073/pnas.95.24.14009.

336 一九七〇年代以來，已開發國家的人均能源消耗穩定下降，只是相當緩慢：Hannah Ritchie and Max Roser, "Energy," Our World in Data, 2020, accessed March 23, 2020, https://ourworldindata.org/energy.

337 在美國和歐洲的工作通勤：美國：Elizabeth Kneebone and Natalie Holmes, "The growing distance between people and jobs in metropolitan America," Brookings Institute, 2015, https://www.brookings.edu/wp-content/uploads/2016/07/Srvy_JobsProximity.pdf; 歐洲："More than 20% of Europeans Commute at Least 90 Minutes Daily," sdworx, September 20, 2018, accessed March 23, 2020, https://www.sdworx.com/en/press/2018/2018-09-20-more-than-20percent-of-europeans-commute-at-least-90-minutes-daily.

337 我們必須在二〇五〇年之前在全球實現零碳排放：R. Eisenberg, H. B. Gray, and G. W. Crabtree (2019). "Addressing the challenge of carbon-free energy." *PNAS* 201821674. doi: 10.1073/pnas.1821674116.

338 有幾個合理的策略：David Roberts, "Is 100% renewable energy realistic? Here' s what we know," Vox, February 7, 2018, accessed March 2020, https://www.vox.com/energy-and-environment/2017/4/7/15159034/100-renewable-energy-studies.

338 化石燃料殺死的人數，比核能還要多數千人：A. Markandya and P. Wilkinson (2007). "Electricity generation and health." *Lancet* 370 (9591): 979–90

339 加工食品為主的飲食會導致暴飲暴食和體重增加：K. D. Hall et al. (2019). "Ultra-processed diets cause excess calorie intake and weight inpatient randomized controlled trial of ad libitum food intake." *Cell Merabolism* 30 (1): 67–77.e3. doi:10.1016/j.cmet.2019.05.008.

340 雙倍巧克力甜甜圈含有三百五十大卡熱量：Dunkin' Donuts, accessed March 23, 2020, https://www.dunkindonuts.com/.

340 對蘇打水和其他含糖飲料徵稅：A. M. Teng et al. (2019). "Impact of sugar-sweetened beverage purchases and dietary intake: Systematic review and meta-analysis." *Obes. Rev.* 20 (9): 1187–1204. doi: 10.1111/obr.12868.

340 低收入的美國人生活在「食物沙漠」："Food Access Research Atlas," USDA Economic Research accessed March 23, 2020, https://www .ers.usda.gov/data-products/research-atlas.

341 加工食品每大卡熱量通常比新鮮水果和蔬菜便宜：A. Drewnowski and S. E. Specter (2004). and obesity: The role of energy density and energy costs." *Am. J. Clin. Nutr.* 79 (1): 6–16.

341 每年數十億美元的補貼：Kimberly Amadeo, "Government Subsidies (Farm, Oil, Export, Etc): What Are the Major Federal Government Subsidies?" The Balance, January 16, 2020, accessed March 23, 2020, https://www.government-subsidies-definition-farm-oil-export-etc-3305788.

341 正如基文納特和其他人所認為的那樣：Stephan Guyenet, *The Hungry Brain: Outsmarting the Instincts That Make Us Overeat* (Flatiron Books, 2017).

341 白領工作的比例增加了兩倍：I. D. Wyatt and D. E. Hecker 2006). "Occupational changes during the 20th century." *Monthly Labor Review* (3): 35–57.

342 美國超過百分之十三的工作被歸類為「久坐」："Physical strength required for jobs in different occupations in 2016 on the Internet," The Economics Daily, Bureau of Labor Statistics, U.S. Department of Labor, accessed March 23, 2020, https://www.bls.gov/opub/ted/2017/physical-strength-required-for-jobs-in-different-occupations-in-2016.htm.

342 增加日常身體活動，減少疾病：D. Rojas-Rueda et al. (2016). "Health impacts of active transportation in Europe." *PloS One* 11 (3): e0149990. doi: 10.1371/journal.pone.0149990.

343 生活在貧困中的人，罹患肥胖症的比例更高：O. Egen et al. (2017). "Health and social conditions of the poorest versus wealthiest counties in the United States." *Am. J. Public Health* 107 (1): 130–35. doi: 10.2105/ AJPH.2016.303515.

343 邊緣化群體的健康狀況更差：J. R. Speakman and S. Heidari-Bakavoli (2016). "Type 2 diabetes, but not obesity, prevalence is positively associated with ambient temperature." *Sci. Rep.* 6: 30409. doi: 10.1038/srep30409; J. Wassink et al. (2017) "Beyond race/ethnicity: Skin color and cardiometabolic health among blacks and Hispanics in the United States." *J. Immigrant Health* 19 (5): 1018–26. doi: 10.1007/s10903-016-0495-y.

343 孤獨變得如此普遍：N. Xia and H. Li (2018). Loneliness, social isolation, and cardiovascular health." *Antioxidants & Redox Signaling* 28 (9): 837–51. doi: 10.1089/ars.2017.7312.

343 在戶外的時間可以緩解壓力：K. M. M. Beyer et al. (2018) "Time spent outdoors, activity levels, and chronic disease among adults." *J. Behav. Med.* 41 (4): 494–503. doi: 10.1007/s10865-018-9911-1.

343 百分之八十七的時間是在建築物中度過：N. E. Klepeis et al. (2001). "The National Human Activity Survey (NHAPS): A resource for assessing exposure to environmental pollutants." *J. Expo. Anal. Environ. Epidemiol.* 11 (3): 231–52. https://www.articles/7500165.pdf?origin =ppub